建筑专业施工图设计文件审查常见问题

宋　源　主　编
刘建平　　副主编

U0376500

中国建筑工业出版社

图书在版编目（CIP）数据

建筑专业施工图设计文件审查常见问题/宋源主编.
北京：中国建筑工业出版社，2015.10
　ISBN 978-7-112-18544-3

　Ⅰ.①建⋯　Ⅱ.①宋⋯　Ⅲ.①建筑制图-设计审
评　Ⅳ.①TU204

　中国版本图书馆 CIP 数据核字(2015)第 240531 号

　　　本书是作者把日常工作实践中遇到的常见问题与疑难问题，对照规范进行讲
解。内容共分三篇，第一篇常见问题，主要是逐个列出问题，并给出该问题对应的
规范；第二篇疑难问题解析，本篇对疑难问题进行了深入的解析；第三篇案例，结
合图纸，对一些实际的工程案例进行讲解。

　　　本书中的内容都是作者在实际工作中遇到的问题，适合于建筑专业设计人员、
施工图审查人员参考使用，也适合于相关专业的高校师生学习参考。

　　责任编辑：张　磊
　　责任设计：董建平
　　责任校对：李欣慰　赵　颖

建筑专业施工图设计文件审查常见问题

宋　源　主　编

刘建平　副主编

*

中国建筑工业出版社出版、发行(北京西郊百万庄)

各地新华书店、建筑书店经销

北京红光制版公司制版

廊坊市海涛印刷有限公司印刷

*

开本：787×1092 毫米　1/16　印张：13¼　字数：324 千字
2016 年 1 月第一版　　2019 年 11 月第四次印刷
定价：**35.00** 元
ISBN 978-7-112-18544-3
(27632)

本书编委会

主　　编：宋　源

副 主 编：刘建平

参与人员：赵献忠　王　健　李海宏　彭东明

　　　　　韩新明　刘红国

审　　核：刘照虹　买友群　黄　敏

前　言

改革开放三十多年来，中国经济取得了举世瞩目的成就，建筑业与建筑设计咨询行业也获得了快速的发展，中国的城乡环境面貌日新月异，一大批优秀的建筑作品应运而生，不断丰富与提升了中国人的生活空间和生活环境品质。

随着城市化建设的加速发展，建筑设计行业也不断深化改革，从过去单一的国有设计企业转变为国有、民营、个体、外资等多元机制并存的格局，从业成员数量不断增加，由此，建筑设计质量也成为业内和社会共同关心的焦点问题。

2000 年以来，国务院颁布了《建设工程质量管理条例》、《建设工程勘察设计管理条例》，建设部颁布了《房屋建筑和市政基础设施工程施工图设计文件审查管理办法》，从法规上确定了建设工程施工图设计文件审查制度（以下简称"施工图审查"）。在我国实行施工图审查制度，是转变政府职能、深化改革的重要内容。其目的是确保建设工程施工图设计文件符合国家法律、法规、规章尤其是强制性标准；确保工程设计不损害公共安全和公众利益；确保工程勘察设计质量以及国家财产和人民生命财产的安全。

自 2000 年实行施工图审查制度以来，在法规建设、施工图审查机构建设和审查人员培训等方面做了大量卓有成效的工作。通过审查，及时有效地纠正了勘察设计文件中的问题，对于提高工程勘察设计质量：从源头上消除工程质量问题和安全隐患，确保工程安全和投资效益等方面发挥了不可替代的作用。

在建筑工程设计中，建筑专业是"龙头"专业，建筑设计方案在消防、节能、无障碍等方面能否做到满足国家规范的最低限度要求极为重要。不合理的方案设计，不仅会导致建筑设计专业自身的问题，也会引起结构和机电专业在设计上的困难和不合理，导致建筑产品不能满足安全与使用的基本要求，形成工程质量隐患，危及人民生命财产安全。因此，为了进一步提高建筑专业施工图设计及审查人员的设计、审查质量。我们将施工图中遇到的常见问题及疑难问题进行了汇总与解析，提供设计、审查人员在施工图设计、审查中参考。

本书的编写是以深圳华森建筑咨询公司专业负责人员为主，结合日常工作实践中遇到的常见问题与疑难问题，由于时间及认识水平有限，仅做抛砖引玉，希望施工图建筑专业设计负责人员提出宝贵意见，并帮助我们逐步完善，共同为施工图负责工作的发展做出新的贡献。

目　　录

第三篇　案　例

第 一 篇
常 见 问 题

第一章　建　筑　防　火　设　计

第一节　《建筑设计防火规范》（GB 50016—2014）

【问题 1.1.1】 高层民用建筑各塔楼之间的防火间距均小于 13m。不符合《建筑设计防火规范》（GB 50016—2014）5.2.2 条表 5.2.2 的规定。

【问题 1.1.2】 高层民用建筑主楼与裙楼之间的防火间距小于 9.0m 且裙房与裙房之间的防火间距小于 6.0m（见图 1-1-2 高层建筑防火间距示意图）。建筑防火间距不符合《建筑设计防火规范》（GB 50016—2014）5.2.2 条表 5.2.2 的规定。

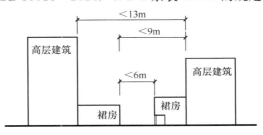

图 1-1-2　高层建筑防火间距示意

规范链接：

民用建筑之间的防火间距（m）　　表 5.2.2				
建筑类别		高层民用建筑	裙房和其他民用建筑		
		一、二级	一、二级	三级	四级
高层民用建筑	一、二级	13	9	11	14
裙房和其他民用建筑	一、二级	9	6	7	9
	三级	11	7	8	10
	四级	14	9	10	12

注：1　相邻两座单、多层建筑，当相邻外墙为不燃性墙体且无外露的可燃性屋檐，每面外墙上无防火保护的门、窗、洞口不正对开设且该门、窗、洞口的面积之和不大于外墙面积的 5％时，其防火间距可按本表的规定减少 25％。

2　两座建筑相邻较高一面外墙为防火墙，或高出相邻较低一座一、二级耐火等级建筑的屋面 15m 及以下范围内的外墙为防火墙时，其防火间距不限。

3　相邻两座高度相同的一、二级耐火等级建筑中相邻任一侧外墙为防火墙，屋顶的耐火极限不低于 1.00h 时，其防火间距不限。

4　相邻两座建筑中较低一座建筑的耐火等级不低于二级，相邻较低一面外墙为防火墙且屋顶无天窗，屋顶的耐火极限不低于 1.00h 时，其防火间距不应小于 3.5m；对于高层建筑，不应小于 4m。

5　相邻两座建筑中较低一座建筑的耐火等级不低于二级且屋顶无天窗，相邻较高一面外墙高出较低一座建筑的屋面 15m 及以下范围内的开口部位设置甲级防火门、窗，或设置符合现行国家标准《自动喷水灭火系统设计规范》GB 50084 规定的防火分隔水幕或本规范第 6.5.3 条规定的防火卷帘时，其防火间距不应小于 3.5m；对于高层建筑，不应小于 4m。

6　相邻建筑通过连廊、天桥或底部的建筑物等连接时，其间距不应小于本表的规定。

7　耐火等级低于四级的既有建筑，其耐火等级可按四级确定。

【问题 1.1.3】 高层民用建筑防火墙、承重墙、非承重墙内设置全嵌入式消火栓，其墙体全嵌入式消火栓的构造做法没有达到防火墙、承重墙、非承重墙耐火极限要求。不符合《建筑设计防火规范》（GB 50016—2014）5.1.2 条表 5.1.2 的规定。

规范链接：

不同耐火等级建筑相应构件的燃烧性能和耐火极限 （h）　　　表 5.1.2

构 件 名 称		耐 火 等 级			
		一级	二级	三级	四级
墙	防火墙	不燃性 3.00	不燃性 3.00	不燃性 3.00	不燃性 3.00
	承重墙	不燃性 3.00	不燃性 2.50	不燃性 2.00	难燃性 0.50
	非承重外墙	不燃性 1.00	不燃性 1.00	不燃性 0.50	可燃性
墙	楼梯间和前室的墙 电梯井的墙 住宅建筑单元之间的墙和分户墙	不燃性 2.00	不燃性 2.00	不燃性 1.50	难燃性 0.50
	疏散走道 两侧的隔墙	不燃性 1.00	不燃性 1.00	不燃性 0.50	难燃性 0.25
	房间隔墙	不燃性 0.75	不燃性 0.50	难燃性 0.50	难燃性 0.25
柱		不燃性 3.00	不燃性 2.50	不燃性 2.00	难燃性 0.50
梁		不燃性 2.00	不燃性 1.50	不燃性 1.00	难燃性 0.50
楼板		不燃性 1.50	不燃性 1.00	不燃性 0.50	可燃性
屋顶承重构件		不燃性 1.50	不燃性 1.00	可燃性 0.50	可燃性
疏散楼梯		不燃性 1.50	不燃性 1.00	不燃性 0.50	可燃性
吊顶（包括吊顶搁栅）		不燃性 0.25	难燃性 0.25	难燃性 0.15	可燃性

注：1　除本规范另有规定外，以木柱承重且墙体采用不燃材料的建筑，其耐火等级应按四级确定。
　　2　住宅建筑构件的耐火极限和燃烧性能可按现行国家标准《住宅建筑规范》GB 50368 的规定执行。

【问题 1.1.4】 高层民用建筑的消防登高面处，布置有进深大于 4.0m 的裙房（见图 1-1-4 高层建筑登高面示意图），不符合《建筑设计防火规范》（GB 50016—2014）第 7.2.1 条的规定。

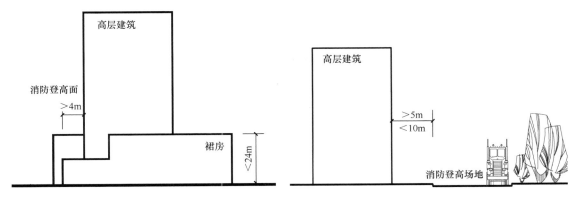

图 1-1-4 高层登高面示意   图 1-1-5 高层建筑与消防登高场地间距

规范链接：

7.2.1 高层建筑应至少沿一个长边或周边长度的 1/4 且不小于一个长边长度的底边连续布置消防车登高操作场地，该范围内的裙房进深不应大于 4m。建筑高度不大于 50m 的建筑，连续布置消防车登高操作场地确有困难时，可间隔布置，但间隔距离不宜大于 30m，且消防车登高操作场地的总长度仍应符合上述规定。

【问题 1.1.5】 某民用建筑、厂房、仓库的消防车登高操作场地设计（如图 1-1-5 所示）。不符合《建筑设计防火规范》（GB 50016—2014）7.2.2 条的规定。

规范链接：

7.2.2 消防车登高操作场地应符合下列规定：

　　1 场地与厂房、仓库、民用建筑之间不应设置妨碍消防车操作的树木、架空管线等障碍物和车库出入口。

　　2 场地的长度和宽度分别不应小于 15m 和 10m。对于建筑高度大于 50m 的建筑，场地的长度和宽度分别不应小于 20m 和 10m。

　　3 场地及其下面的建筑结构、管道和暗沟等，应能承受重型消防车的压力。

　　4 场地应与消防车道连通，场地靠建筑外墙一侧的边缘距离建筑外墙不宜小于 5m，且不应大于 10m，场地的坡度不宜大于 3%。

【问题 1.1.6】 高层民用公共建筑安全出口和疏散门没有分散布置，且两个安全出口最近边缘之间的水平距离不足 5m。不符合《建筑设计防火规范》（GB 50016—2014）5.5.2 条的规定。

规范链接：

5.5.2 建筑内的安全出口和疏散门应分散布置，且建筑内每个防火分区或一个防火分区的每个楼层、每个住宅单元每层相邻两个安全出口以及每个房间相邻两个疏散门最近边缘之间的水平距离不应小于 5m。

【问题 1.1.7】 高层民用公共建筑消防车道的设置，未能设置环形消防车道或未沿建筑的两个长边设置消防车道（如图 1-1-7 高层建筑消防车道示意）。不符合《建筑设计防火规范》（GB 50016—2014）7.1.2 条的规定。

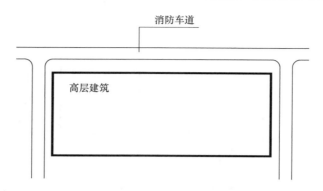

图 1-1-7　高层建筑消防车道示意

【问题 1.1.8】 高层建筑消防登高面长度不够，消防楼梯入口不在登高面范围内（如图 1-1-8 某高层建筑消防总图示意），不符合《建筑设计防火规范》（GB 50016—2014）7.2.1 条和 7.2.3 条的规定。

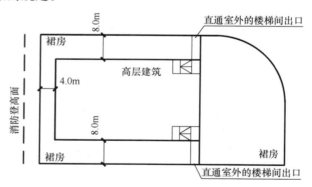

图 1-1-8　某高层建筑消防总图示意

【问题 1.1.9】 高层住宅首层公共外门的净宽小于 1.10m（如图 1-1-9 某住宅塔楼核心筒一层平面）。不符合《建筑设计防火规范》（GB 50016—2014）5.5.30 条的规定。

规范链接：

5.5.30 住宅建筑的户门、安全出口、疏散走道和疏散楼梯的各自总净宽度应经计算确定，且户门和安全出口的净宽度不应小于0.90m，疏散走道、疏散楼梯和首层疏散外门的净宽度不应小于1.10m。建筑高度不大于18m的住宅中一边设置栏杆的疏散楼梯，其净宽度不应小于1.0m。

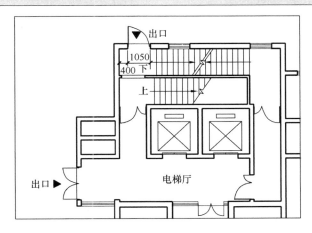

图1-1-9 某住宅塔楼核心筒一层平面

【问题1.1.10】 高层公共建筑（非医疗建筑）楼梯或前室首层疏散门的净宽（装修后的净宽）小于1.20m（如图1-1-10 某公共建筑首层示意）。不符合《建筑设计防火规范》（GB 50016—2014）5.5.18条的规定。

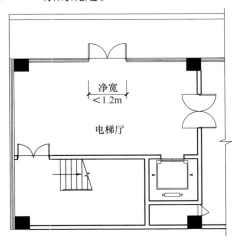

图1-1-10 某公共建筑首层示意图

规范链接：

5.5.18 除本规范另有规定外，公共建筑内疏散门和安全出口的净宽度不应小于0.90m，疏散走道和疏散楼梯的净宽度不应小于1.10m。高层公共建筑内楼梯间的首层疏散门、首层疏散外门、疏散走道和疏散楼梯的最小净宽度应符合表5.5.18的规定。

高层公共建筑内楼梯间的首层疏散门、首层疏散外门、疏散走道和疏散楼梯的最小净宽度（m）　表 5.5.18				
建筑类别	楼梯间的首层疏散门、首层疏散外门	走道		疏散楼梯
		单面布房	双面布房	
高层医疗建筑	1.30	1.40	1.50	1.30
其他高层公共建筑	1.20	1.30	1.40	1.20

【**问题 1.1.11**】　高层办公建筑（非医疗建筑）的走道净宽在单面布房时小于 1.3m，双面布房时小于 1.4m，其走道装修完后（含消火栓安装后）净尺寸不能满足规范要求（如图 1-1-11 高层办公建筑的走道）。不符合《建筑设计防火规范》（GB 50016—2014）5.5.18 条表 5.5.18 的规定。

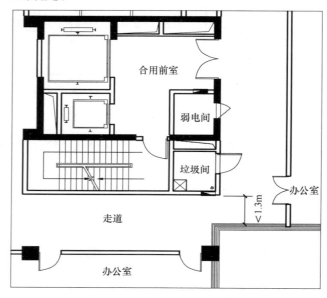

图 1-1-11　高层办公建筑的走道

规范链接：

5.5.18　除本规范另有规定外，公共建筑内疏散门和安全出口的净宽度不应小于 0.90m，疏散走道和疏散楼梯的净宽度不应小于 1.10m。高层公共建筑内楼梯间的首层疏散门、首层疏散外门、疏散走道和疏散楼梯的最小净宽度应符合表 5.5.18 的规定。

高层公共建筑内楼梯间的首层疏散门、首层疏散外门、疏散走道和疏散楼梯的最小净宽度（m）　表 5.5.18				
建筑类别	楼梯间的首层疏散门、首层疏散外门	走道		疏散楼梯
		单面布房	双面布房	
高层医疗建筑	1.30	1.40	1.50	1.30
其他高层公共建筑	1.20	1.30	1.40	1.20

【问题 1.1.12】 人员密集的公共场所、观众厅的疏散出口处，设置有门槛，其门净宽度小于 1.4m，且紧靠门口内外各 1.4m 范围内设置有踏步（如图 1-1-12 建筑出入口示意图）。人员密集的公共场所的室外疏散通道的净宽度小于 3.00m。不符合《建筑设计防火规范》（GB 50016—2014）5.5.19 条的规定。

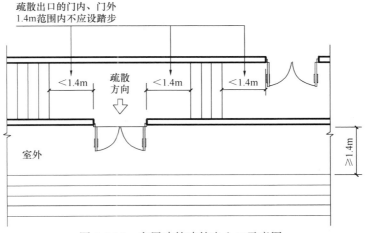

图 1-1-12　高层建筑建筑出入口示意图

规范链接：

5.5.19　人员密集的公共场所、观众厅的疏散门不应设置门槛，其净宽度不应小于 1.40m，且紧靠门口内外各 1.40m 范围内不应设置踏步。人员密集的公共场所的室外疏散通道的净宽度不应小于 3.00m，并应直接通向宽敞地带。

【问题 1.1.13】 建筑物的外墙为不燃烧体，紧靠防火墙两侧的门、窗洞口之间最近边缘的水平距离小于 2m；且相邻一侧未设置乙级防火窗等防止火灾水平蔓延的措施（如图 1-1-13 防火墙两侧的门窗洞口净距示意图）。不符合《建筑设计防火规范》（GB 50016—2014）6.1.3 条的规定。

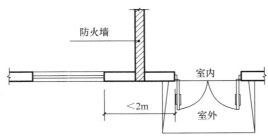

图 1-1-13　防火墙两侧外门窗洞口净距示意图

规范链接：

6.1.3　建筑外墙为难燃性或可燃性墙体时，防火墙应凸出墙的外表面 0.4m 以上，且防火墙两侧的外墙均应为宽度均不小于 2.0m 的不燃性墙体，其耐火极限不应低于外墙的耐火极限。建筑外墙为不燃性墙体时，防火墙可不凸出墙的外表面，紧靠防火墙两侧的门、窗、洞口之间最近边缘的水平距离不应小于 2.0m；采取设置乙级防火窗等防止火灾水平蔓延的措施时，该距离不限。

【**问题 1.1.14**】 公共建筑的某一防火分区与中庭防火分区的防火墙处的玻璃注明为防火玻璃，没有注明为不可开启或火灾时能自动关闭的甲级防火门、窗（如图 1-1-14 某公共建筑内中庭局部平面示意图）。不符合《建筑设计防火规范》（GB 50016—2014）6.1.5 条的规定。

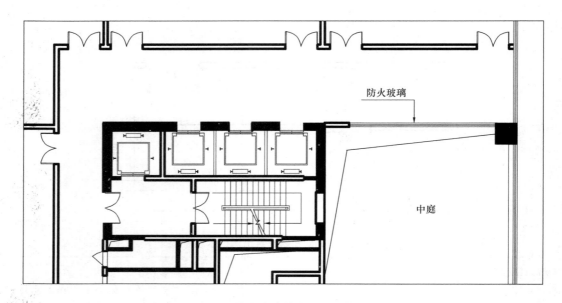

图 1-1-14　某公共建筑内中庭局部平面图

规范链接：

6.1.5　防火墙上不应开设门、窗、洞口，确需开设时，应设置不可开启或火灾时能自动关闭的甲级防火门、窗。可燃气体和甲、乙、丙类液体的管道严禁穿过防火墙。防火墙内不应设置排气道。

【**问题 1.1.15**】 建筑物内的防火墙设置在转角处，内转角两侧墙上的门、窗洞口之间最近边缘的水平距离小于 4m，且相邻一侧未设置乙级防火窗等防止火灾水平蔓延的措施（如图 1-1-15 高层建筑内转角处局部平面图）。不符合《建筑设计防火规范》（GB 50016—2014）6.1.4 条的规定。

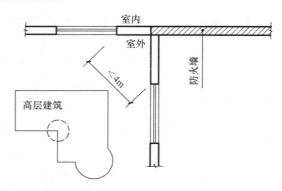

图 1-1-15　高层建筑内转角处局部平面图

规范链接：

6.1.4 建筑内的防火墙不宜设置在转角处，确需设置时，内转角两侧墙上的门、窗、洞口之间最近边缘的水平距离不应小于 4.0m；采取设置乙级防火窗等防止火灾水平蔓延的措施时，该距离不限。

【问题 1.1.16】 建筑物内设置中庭时，中庭与每层之间未进行防火分隔，房间与中庭回廊相通的门、窗未采用火灾时可自行关闭的甲级防火门或甲级防火窗其防火分区的建筑面积未按上、下层相连通的建筑面积叠加计算（如图 1-1-16 某建筑内中庭示意图），不符合《建筑设计防火规范》（GB 50016—2014）5.3.2 条的规定。

规范链接：

5.3.2 建筑内设置自动扶梯、敞开楼梯等上、下层相连通的开口时，其防火分区的建筑面积应按上、下层相连通的建筑面积叠加计算；当叠加计算后的建筑面积大于本规范第 5.3.1 条的规定时。应划分防火分区。建筑内设置中庭时，其防火分区的建筑面积应按上、下层相连通的建筑面积叠加计算；当叠加计算后的建筑面积大于本规范第 5.3.1 条的规定时，应符合下列规定：

1 与周围连通空间应进行防火分隔；采用防火隔墙时，其耐火极限不应低于 1.00h；采用防火玻璃墙时，其耐火隔热性和耐火完整性不应低于 1.00h。采用耐火完整性不低于 1.00h 的非隔热性防火玻璃墙时，应设置自动喷水灭火系统进行保护；采用防火卷帘时，其耐火极限不应低于 3.00h，并应符合本规范第 6.5.3 条的规定；与中庭相连通的门、窗，应采用火灾时能自行关闭的甲级防火门、窗；

2 高层建筑内的中庭回廊应设置自动喷水灭火系统和火灾自动报警系统；

3 中庭应设置排烟设施；

4 中庭内不应布置可燃物。

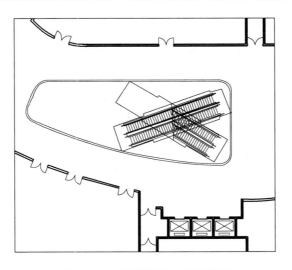

图 1-1-16 某建筑内中厅示意图

【问题 1.1.17】 两相邻防火分区的防火墙上开门时，未设置火灾时能自动关闭的甲级防火门（如图 1-1-17）。不符合《建筑设计防火规范》（GB 50016—2014）6.1.5 条的规定。

规范链接：

6.1.5 防火墙上不应开设门、窗、洞口，确需开设时，应设置不可开启或火灾时能自动关闭的甲级防火门、窗。可燃气体和甲、乙、丙类液体的管道严禁穿过防火墙。防火墙内不应设置排气道。

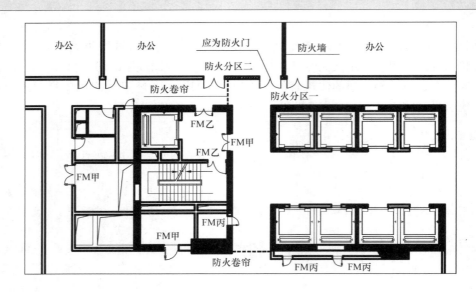

图 1-1-17 某办公建筑内平面示意图

【问题 1.1.18】 地下室、半地下室，水、电等设备用房与车库划为同一防火分区，其设备用房的防火分区允许最大建筑面积超过 2000m² （如图 1-1-18），不符合《建筑设计防火规范》（GB 50016—2014）5.3.1 条表 5.3.1 的规定：

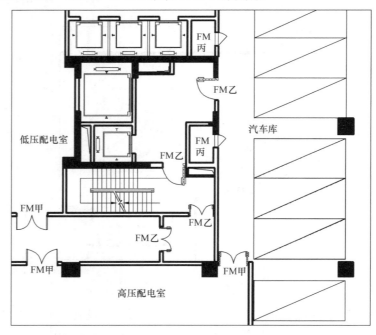

图 1-1-18 某地下车库设备房防火分区平面示意图

规范链接：

5.3.1　除本规范另有规定外。不同耐火等级建筑的允许建筑高度或层数、防火分区最大允许建筑面积应符合表 5.3.1 的规定。

不同耐火等级建筑的允许建筑高度或层数、防火分区最大允许建筑面积　表 5.3.1

名称	耐火等级	允许建筑高度或层数	防火分区的最大允许建筑面积（m²）	备注
高层民用建筑	一、二级	按本规范第 5.1.1 条确定	1500	对于体育馆、剧场的观众厅，防火分区的最大允许建筑面积可适当增加
单、多层民用建筑	一、二级	按本规范第 5.1.1 条确定	2500	
	三级	5 层	1200	
	四级	2 层	600	
地下或半地下建筑（室）	一级	—	500	设备用房的防火分区最大允许建筑面积不应大于 1000m²

注：1　表中规定的防火分区最大允许建筑面积，当建筑内设置自动灭火系统时，可按本表的规定增加 1.0 倍；局部设置时，防火分区的增加面积可按该局部面积的 1.0 倍计算。
　　2　裙房与高层建筑主体之间设置防火墙时，裙房的防火分区可按单、多层建筑的要求确定。

【问题 1.1.19】　高层建筑内设有上下层连通的走廊、敞开楼梯、自动扶梯等开口部位时，其上下开口部位未设有耐火极限大于 3.00h 的防火卷帘或水幕等分隔设施，同时上下连通楼层的建筑面积之和大于本规范第 5.3.1 条的规定，未划分防火分区（如图 1-1-19），不符合《建筑设计防火规范》（GB 50016—2014）5.3.2 条的规定。

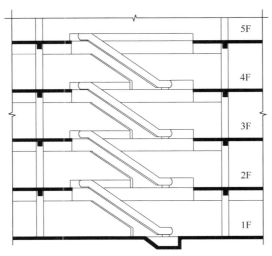

图 1-1-19　某高层商业建筑中庭剖面示意图

【问题1.1.20】 某住宅建筑高度大于60m，设置剪刀楼梯间，其剪刀楼梯间安全出口之间的距离小于5.00m，不符合《建筑设计防火规范》（GB 50016—2014）5.5.2条的规定。

【问题1.1.21】 某高层教学建筑的房间内任一点到该房间直通疏散走道的疏散门的距离大于15m（图1-1-21），不符合《建筑设计防火规范》（GB 50016—2014）5.5.17条第3款的规定。

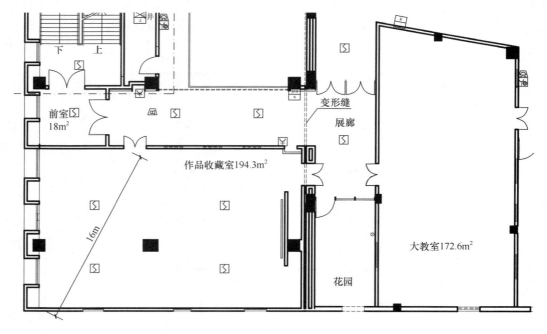

图1-1-21 某教学楼局部平面图

规范链接:

5.5.17 公共建筑的安全疏散距离应符合下列规定:

  1 直通疏散走道的房间疏散门至最近安全出口的直线距离不应大于表5.5.17的规定。

  2 楼梯间应在首层直通室外,确有困难时,可在首层采用扩大的封闭楼梯间或防烟楼梯间前室。当层数不超过4层且未采用扩大的封闭楼梯间或防烟楼梯间前室时,可将直通室外的门设置在离楼梯间不大于15m处。

  3 房间内任一点至房间直通疏散走道的疏散门的直线距离,不应大于表5.5.17规定的袋形走道两侧或尽端的疏散门至最近安全出口的直线距离。

  4 一、二级耐火等级建筑内疏散门或安全出口不少于2个的观众厅、展览厅、多功能厅、餐厅、营业厅等。其室内任一点至最近疏散门或安全出口的直线距离不应大于30m;当疏散门不能直通室外地面或疏散楼梯间时,应采用长度不大于10m的疏散走道通至最近的安全出口。当该场所设置自动喷水灭火系统时,室内任一点至最近安全出口的安全疏散距离可分别增加25%。

直通疏散走道的房间疏散门至最近安全出口的直线距离 (m)   表 5.5.17

名 称			位于两个安全出口 之间的疏散门			位于袋形走道两侧 或尽端的疏散门		
			一、二级	三级	四级	一、二级	三级	四级
托儿所、幼儿园 老年人建筑			25	20	15	20	15	10
歌舞娱乐放映游艺场所			25	20	15	9		
医疗 建筑	单、多层		35	30	25	20	15	10
	高层	病房部分	24	—	—	12	—	—
		其他部分	30	—	—	15	—	—
教学 建筑	单、多层		35	30	25	22	20	10
	高层		30	—	—	15	—	—
高层旅馆、展览建筑			30	—	—	15	—	—
其他 建筑	单、多层		40	35	25	22	20	15
	高层		40	—	—	20	—	—

  注:1 建筑内开向敞开式外廊的房间疏散门至最近安全出口的直线距离可按本表的规定增加5m。

    2 直通疏散走道的房间疏散门至最近敞开楼梯间的直线距离,当房间位于两个楼梯间之间时,应按本表的规定减少5m;当房间位于袋形走道两侧或尽端时,应按本表的规定减少2m。

    3 建筑物内全部设置自动喷水灭火系统时,其安全疏散距离可按本表的规定增加25%。

  【问题 1.1.22】 老年人活动场所及托儿所、幼儿园的儿童用房设置在高层建筑内时,没有设置独立的安全出口和疏散楼梯(如图1-1-22-1、图1-1-22-2)。不符合《建筑设计防火规范》(GB 50016—2014)5.4.4条第4款的规定。

规范链接：

5.4.4 托儿所、幼儿园的儿童用房，老年人活动场所和儿童游乐厅等儿童活动场所宜设置在独立的建筑内，且不应设置在地下或半地下；当采用一、二级耐火等级的建筑时，不应超过3层；采用三级耐火等级的建筑时，不应超过2层；采用四级耐火等级的建筑时，应为单层；确需设置在其他民用建筑内时，应符合下列规定：

1 设置在一、二级耐火等级的建筑内时，应布置在首层、二层或三层；

2 设置在三级耐火等级的建筑内时，应布置在首层或二层；

3 设置在四级耐火等级的建筑内时，应布置在首层；

4 设置在高层建筑内时，应设置独立的安全出口和疏散楼梯；

5 设置在单、多层建筑内时，宜设置独立的安全出口和疏散楼梯。

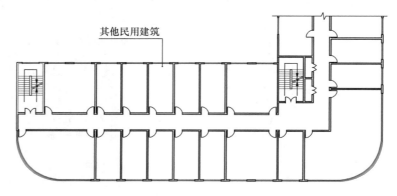

图 1-1-22-1 某综合楼二层平面图

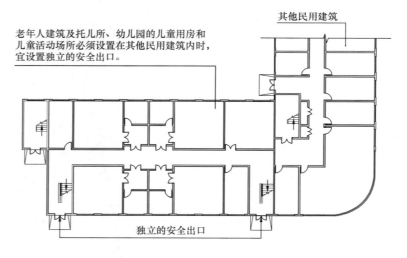

图 1-1-22-2 某综合楼一层平面图

【问题 1.1.23】 电缆井、管道井等竖向管道井，其井壁应为耐火极限不低于 1.00h 的不燃烧体，其井壁上的检查门未采用丙级防火门。不符合《建筑设计防火规范》（GB 50016—2014）6.2.9 条第 2 款的规定。

规范链接：

6.2.9 建筑内的电梯井等竖井应符合下列规定：

　　1 电梯井应独立设置，井内严禁敷设可燃气体和甲、乙、丙类液体管道，不应敷设与电梯无关的电缆、电线等。电梯井的井壁除设置电梯门、安全逃生门和通气孔洞外，不应设置其他开口。

　　2 电缆井、管道井、排烟道、排气道、垃圾道等竖向井道，应分别独立设置。井壁的耐火极限不应低于 1.00h，井壁上的检查门应采用丙级防火门。

　　3 建筑内的电缆井、管道井应在每层楼板处采用不低于楼板耐火极限的不燃材料或防火封堵材料封堵。建筑内的电缆井、管道井与房间、走道等相连通的孔隙应采用防火封堵材料封堵。

　　4 建筑内的垃圾道宜靠外墙设置，垃圾道的排气口应直接开向室外，垃圾斗应采用不燃材料制作，并应能自行关闭。

　　5 电梯层门的耐火极限不应低于 1.00h，并应符合现行国家标准《电梯层门耐火试验 完整性、隔热性和热通量测定法》GB/T 27903 规定的完整性和隔热性要求。

【问题 1.1.24】 居住建筑中首层平面各单元防烟楼梯前室的疏散门未向疏散方向开启，不符合《建筑设计防火规范》（GB 50016—2014）6.4.11 条的规定。

规范链接：

6.4.11 建筑内的疏散门应符合下列规定：

　　1 民用建筑和厂房的疏散门，应采用向疏散方向开启的平开门，不应采用推拉门、卷帘门、吊门、转门和折叠门。除甲、乙类生产车间外，人数不超过 60 人且每樘门的平均疏散人数不超过 30 人的房间，其疏散门的开启方向不限。

　　2 仓库的疏散门应采用向疏散方向开启的平开门，但丙、丁、戊类仓库首层靠墙的外侧可采用推拉门或卷帘门。

　　3 开向疏散楼梯或疏散楼梯间的门，当其完全开启时，不应减少楼梯平台的有效宽度。

　　4 人员密集场所平时需要控制人员随意出入的疏散门和设置门禁系统的住宅、宿舍、公寓建筑的外门，应保证火灾时不需使用钥匙等任何工具即能从内部易于打开，并应在显著位置设置具有使用提示的标识。

【问题 1.1.25】 一级耐火等级的高层建筑内的营业厅，该场所设置自动喷水灭火系统且直通安全出口，其室内最远点至最近安全出口的直线距离大于 37.50m（如图 1-1-25）。不符合《建筑设计防火规范》（GB 50016—2014）5.5.17 条第 4 款的规定。

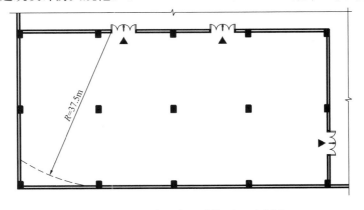

图 1-1-25　某高层商业建筑平面示意图

规范链接：

5.5.17 公共建筑的安全疏散距离应符合下列规定：

    1 直通疏散走道的房间疏散门至最近安全出口的直线距离不应大于表 5.5.17 的规定。

    2 楼梯间应在首层直通室外，确有困难时，可在首层采用扩大的封闭楼梯间或防烟楼梯间前室。当层数不超过 4 层且未采用扩大的封闭楼梯间或防烟楼梯间前室时，可将直通室外的门设置在离楼梯间不大于 15m 处。

    3 房间内任一点至房间直通疏散走道的疏散门的直线距离，不应大于表 5.5.17 规定的袋形走道两侧或尽端的疏散门至最近安全出口的直线距离。

    4 一、二级耐火等级建筑内疏散门或安全出口不少于 2 个的观众厅、展览厅、多功能厅、餐厅、营业厅等，其室内任一点至最近疏散门或安全出口的直线距离不应大于 30m；当疏散门不能直通室外地面或疏散楼梯间时，应采用长度不大于 10m 的疏散走道通至最近的安全出口。当该场所设置自动喷水灭火系统时，室内任一点至最近安全出口的安全疏散距离可分别增加 25%。

直通疏散走道的房间疏散门至最近安全出口的直线距离（m）　　　表 5.5.17

名　称			位于两个安全出口之间的疏散门			位于袋形走道两侧或尽端的疏散门		
			一、二级	三级	四级	一、二级	三级	四级
托儿所、幼儿园老年人建筑			25	20	15	20	15	10
歌舞娱乐放映游艺场所			25	20	15	9	—	—
医疗建筑	单、多层		35	30	25	20	15	10
	高层	病房部分	24	—	—	12	—	—
		其他部分	30	—	—	15	—	—
教学建筑	单、多层		35	30	25	22	20	10
	高层		30	—	—	15	—	—
高层旅馆、展览建筑			30	—	—	15	—	—
其他建筑	单、多层		40	35	25	22	20	15
	高层		40	—	—	20	—	—

    注：1 建筑内开向敞开式外廊的房间疏散门至最近安全出口的直线距离可按本表的规定增加 5m。

          2 直通疏散走道的房间疏散门至最近敞开楼梯间的直线距离，当房间位于两个楼梯间之间时，应按本表的规定减少 5m；当房间位于袋形走道两侧或尽端时，应按本表的规定减少 2m。

          3 建筑物内全部设置自动喷水灭火系统时，其安全疏散距离可按本表的规定增加 25%。

【问题 1.1.26】　某公共建筑中室外疏散楼梯，其栏杆扶手的高度小于 1.1m；楼梯的净宽度小于 0.9m；倾斜角度大于 45°。均不符合《建筑设计防火规范》（GB 50016—2014）6.4.5 条的规定。

规范链接：

6.4.5　室外疏散楼梯应符合下列规定：

　　1　栏杆扶手的高度不应小于 1.10m，楼梯的净宽度不应小于 0.90m。

　　2　倾斜角度不应大于 45°。

　　3　梯段和平台均应采用不燃材料制作。平台的耐火极限不应低于 1.00h，梯段的耐火极限不应低于 0.25h。

　　4　通向室外楼梯的门应采用乙级防火门，并应向外开启。

　　5　除疏散门外，楼梯周围 2m 内的墙面上不应设置门、窗、洞口。疏散门不应正对梯段。

【问题 1.1.27】　某建筑地下室水泵房、高压室、变配电室的门均直接开向楼梯前室。不符合《建筑设计防火规范》（GB 50016—2014）6.4.3 条第 5 款的规定。

规范链接：

6.4.3　防烟楼梯间除应符合本规范第 6.4.1 条的规定外，尚应符合下列规定：

　　1　应设置防烟设施。

　　2　前室可与消防电梯间前室合用。

　　3　前室的使用面积：公共建筑、高层厂房（仓库），不应小于 6.0m²；住宅建筑，不应小于 4.5m²。与消防电梯间前室合用时，合用前室的使用面积：公共建筑、高层厂房（仓库），不应小于 10.0m²；住宅建筑，不应小于 6.0m²。

　　4　疏散走道通向前室以及前室通向楼梯间的门应采用乙级防火门。

　　5　除住宅建筑的楼梯间前室外，防烟楼梯间和前室内的墙上不应开设除疏散门和送风口外的其他门、窗、洞口。

　　6　楼梯间的首层可将走道和门厅等包括在楼梯间前室内形成扩大的前室，但应采用乙级防火门等与其他走道和房间分隔。

6.4.1　疏散楼梯间应符合下列规定：

　　1　楼梯间应能天然采光和自然通风，并宜靠外墙设置。靠外墙设置时，楼梯间、前室及合用前室外墙上的窗口与两侧门、窗、洞口最近边缘的水平距离不应小于 1.0m。

　　2　楼梯间内不应设置烧水间、可燃材料储藏室、垃圾道。

　　3　楼梯间内不应有影响疏散的凸出物或其他障碍物。

　　4　封闭楼梯间、防烟楼梯间及其前室，不应设置卷帘。

　　5　楼梯间内不应设置甲、乙、丙类液体管道。

　　6　封闭楼梯间、防烟楼梯间及其前室内禁止穿过或设置可燃气体管道。敞开楼梯间内不应设置可燃气体管道，当住宅建筑的敞开楼梯间内确需设置可燃气体管道和可燃气体计量表时，应采用金属管和设置切断气源的阀门。

【问题 1.1.28】　某建筑封闭楼梯间内墙上开有窗。不符合《建筑设计防火规范》（GB 50016—2014）6.4.2 条第 2 款的规定。

规范链接：

6.4.2　封闭楼梯间除应符合本规范第6.4.1条的规定外，尚应符合下列规定：

　　1　不能自然通风或自然通风不能满足要求时，应设置机械加压送风系统或采用防烟楼梯间。

　　2　除楼梯间的出入口和外窗外，楼梯间的墙上不应开设其他门、窗、洞口。

　　3　高层建筑、人员密集的公共建筑、人员密集的多层丙类厂房、甲、乙类厂房，其封闭楼梯间的门应采用乙级防火门，并应向疏散方向开启；其他建筑，可采用双向弹簧门。

　　4　楼梯间的首层可将走道和门厅等包括在楼梯间内形成扩大的封闭楼梯间，但应采用乙级防火门等与其他走道和房间分隔。

【问题1.1.29】　某公共建筑的合用前室内开有配电间的门（如图1-1-29）。不符合《建筑设计防火规范》（GB 50016—2014）6.4.3条第5款的规定。

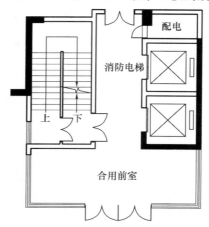

图1-1-29　某公共建筑大堂示意图

【问题1.1.30】　某地下建筑利用下沉式广场等室外开敞空间进行防火分隔时，不同防火分区通向下沉式广场安全出口最近边缘之间的水平距离小于13m。不符合《建筑设计防火规范》（GB 50016—2014）6.4.12条第1款的规定。

规范链接：

6.4.12　用于防火分隔的下沉式广场等室外开敞空间，应符合下列规定：

　　1　分隔后的不同区域通向下沉式广场等室外开敞空间的开口最近边缘之间的水平距离不应小于13m。室外开敞空间除用于人员疏散外不得用于其他商业或可能导致火灾蔓延的用途，其中用于疏散的净面积不应小于169m²。

　　2　下沉式广场等室外开敞空间内应设置不少于1部直通地面的疏散楼梯。当连接下沉广场的防火分区需利用下沉广场进行疏散时，疏散楼梯的总净宽度不应小于任一防火分区通向室外开敞空间的设计疏散总净宽度。

　　3　确需设置防风雨篷时，防风雨篷不应完全封闭，四周开口部位应均匀布置，开口的面积不应小于该空间地面面积的25%，开口高度不应小于1.0m；开口设置百叶时，百叶的有效排烟面积可按百叶通风口面积的60%计算。

【问题 1.1.31】 某建筑电梯机房的门直接开向防烟楼梯间（如图 1-1-31）。不符合《建筑设计防火规范》（GB 50016—2014）6.4.3 条第 5 款的规定。

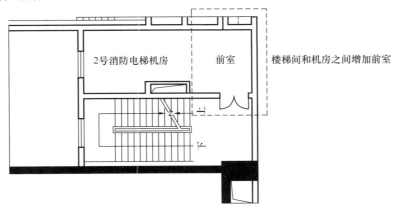

图 1-1-31 电梯机房不能直接向楼梯间开门

【问题 1.1.32】 某公共建筑（非托儿所、幼儿园、老年人建筑、医疗建筑、教学建筑）中位于两个安全出口之间的房间，房间建筑面积超过 120m²，仅设置有一个门（如图 1-1-32）。不符合《建筑设计防火规范》（GB 50016—2014）5.5.15 条第 1 款的规定：

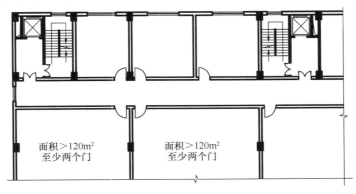

图 1-1-32 某建筑平面示意

规范链接：

5.5.15 公共建筑内房间的疏散门数量应经计算确定且不应少于 2 个。除托儿所、幼儿园、老年人建筑、医疗建筑、教学建筑内位于走道尽端的房间外，符合下列条件之一的房间可设置 1 个疏散门：

　　1 位于两个安全出口之间或袋形走道两侧的房间，对于托儿所、幼儿园、老年人建筑，建筑面积不大于 50m²；对于医疗建筑、教学建筑，建筑面积不大于 75m²；对于其他建筑或场所，建筑面积不大于 120m²。

【问题 1.1.33】 某托儿所、幼儿园、老年人建筑中，位于两个安全出口之间的房间，房间建筑面积大于 50m²，仅设置有一个疏散门。不符合《建筑设计防火规范》（GB 50016—2014）5.5.15 条第 1 款的规定。

【问题 1.1.34】 某公共建筑（非托儿所、幼儿园、老年人建筑、医疗建筑、教学建筑）中，位于走道尽端的房间，房间建筑面积超过 200m² 且疏散门的净宽度不小于 1.40m。不符合《建筑设计防火规范》（GB 50016—2014）5.5.15 条第 2 款的规定：

规范链接：

5.5.15 公共建筑内房间的疏散门数量应经计算确定且不应少于 2 个。除托儿所、幼儿园、老年人建筑、医疗建筑、教学建筑内位于走道尽端的房间外，符合下列条件之一的房间可设置 1 个疏散门：

2 位于走道尽端的房间，建筑面积小于 50m² 且疏散门的净宽度不小于 0.90m，或由房间内任一点至疏散门的直线距离不大于 15m，建筑面积不大于 200m² 且疏散门的净宽度不小于 1.40m。

【问题 1.1.35】 某公共建筑（非托儿所、幼儿园、老年人建筑、医疗建筑、教学建筑）中位于走道尽端的房间，且由房间内任一点到疏散门的直线距离不大于 15m、房间建筑面积不大于 200m²，仅设置了一个门，且其疏散门的净宽度小于 1.4m。不符合《建筑设计防火规范》（GB 50016—2014）5.5.15 条第 2 款的规定。

【问题 1.1.36】 某建筑地下室或半地下室设备间、房间建筑面积超过 200m² 时，未设置两个门。不符合《建筑设计防火规范》（GB 50016—2014）5.5.5 条的规定：

规范链接：

5.5.5 除人员密集场所外，建筑面积不大于 500m²、使用人数不超过 30 人且埋深不大于 10m 的地下或半地下建筑（室），当需要设置 2 个安全出口时，其中一个安全出口可利用直通室外的金属竖向梯。

除歌舞娱乐放映游艺场所外，防火分区建筑面积不大于 200m² 的地下或半地下设备间、防火分区建筑面积不大于 50m² 且经常停留人数不超过 15 人的其他地下或半地下建筑（室），可设置 1 个安全出口或 1 部疏散楼梯。

除本规范另有规定外，建筑面积不大于 200m² 的地下或半地下设备间、建筑面积不大于 50m² 且经常停留人数不超过 15 人的其他地下或半地下房间，可设置 1 个疏散门。

【问题 1.1.37】 某建筑楼梯间的窗口与两侧的门、窗洞口之间的水平距离小于 1m。不符合《建筑设计防火规范》（GB 50016—2014）6.4.1 条第 1 款的规定。

【问题 1.1.38】 某建筑楼梯间内设置有烧水间、可燃材料储藏室、垃圾道等。不符合《建筑设计防火规范》（GB 50016—2014）6.4.1 条第 2 款的规定。

规范链接：

6.4.1 疏散楼梯间应符合下列规定：

1 楼梯间应能天然采光和自然通风，并宜靠外墙设置。靠外墙设置时，楼梯间、前室及合用前室外墙上的窗口与两侧门、窗、洞口最近边缘的水平距离不应小于 1.0m。

2 楼梯间内不应设置烧水间、可燃材料储藏室、垃圾道。

3 楼梯间内不应有影响疏散的凸出物或其他障碍物。

4 封闭楼梯间、防烟楼梯间及其前室，不应设置卷帘。

5 楼梯间内不应设置甲、乙、丙类液体管道。

6 封闭楼梯间、防烟楼梯间及其前室内禁止穿过或设置可燃气体管道。敞开楼梯间内不应设置可燃气体管道，当住宅建筑的敞开楼梯间内确需设置可燃气体管道和可燃气体计量表时，应采用金属管和设置切断气源的阀门。

【问题 1.1.39】　居住建筑通至屋顶的楼梯间，其通向平屋面的门或窗未向外开启。不符合《建筑设计防火规范》（GB 50016—2014）5.5.3 条的规定。

规范链接：

5.5.3　建筑的楼梯间宜通至屋面，通向屋面的门或窗应向外开启。

【问题 1.1.40】　柴油发电机房内的储油间，采用防火墙与发电机间隔开，其防火墙上开门时，未设置甲级防火门。不符合《建筑设计防火规范》（GB 50016—2014）5.4.13 条第 4 款的规定。

规范链接：

5.4.13　布置在民用建筑内的柴油发电机房应符合下列规定：

　　1　宜布置在首层或地下一、二层。

　　2　不应布置在人员密集场所的上一层、下一层或贴邻。

　　3　应采用耐火极限不低于 2.00h 的防火隔墙和 1.50h 的不燃性楼板与其他部位分隔，门应采用甲级防火门。

　　4　机房内设置储油间时，其总储存量不应大于 1m³，储油间应采用耐火极限不低于 3.00h 的防火隔墙与发电机间分隔；确需在防火隔墙上开门时，应设置甲级防火门。

　　5　应设置火灾报警装置。

　　6　应设置与柴油发电机容量和建筑规模相适应的灭火设施，当建筑内其他部位设置自动喷水灭火系统时，机房内应设置自动喷水灭火系统。

【问题 1.1.41】　布置在民用建筑内柴油发电机房的储油间，未设置防止油品流散的设施（如图 1-1-41）。不符合《建筑设计防火规范》（GB 50016—2014）5.4.15 条第 2 款的规定。

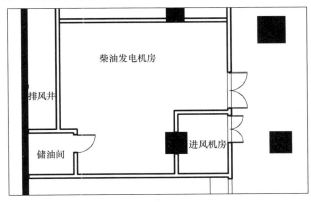

图 1-1-41　发电机房油箱间防止油品流散设施

规范链接：

5.4.15　设置在建筑内的锅炉、柴油发电机，其燃料供给管道应符合下列规定：

　　1　在进入建筑物前和设备间内的管道上均应设置自动和手动切断阀；

　　2　储油间的油箱应密闭且应设置通向室外的通气管，通气管应设置带阻火器的呼吸阀，油箱的下部应设置防止油品流散的设施；

　　3　燃气供给管道的敷设应符合现行国家标准《城镇燃气设计规范》GB 50028 的规定。

【问题 1.1.42】 非医疗建筑的高层公共建筑中，楼梯间墙到楼梯扶手中心线的梯段净宽小于 1.20m。不符合《建筑设计防火规范》（GB 50016—2014）5.5.18 条表 5.5.18 的规定。

规范链接：

5.5.18 除本规范另有规定外，公共建筑内疏散门和安全出口的净宽度不应小于 0.90m，疏散走道和疏散楼梯的净宽度不应小于 1.10m。

高层公共建筑内楼梯间的首层疏散门、首层疏散外门、疏散走道和疏散楼梯的最小净宽度应符合表 5.5.18 的规定。

高层公共建筑内楼梯间的首层疏散门、首层疏散外门、

疏散走道和疏散楼梯的最小净宽度（m） 表 5.5.18

建筑类别	楼梯间的首层疏散门、首层疏散外门	走道		疏散楼梯
		单面布房	双面布房	
高层医疗建筑	1.30	1.40	1.50	1.30
其他高层公共建筑	1.20	1.30	1.40	1.20

【问题 1.1.43】 公共建筑楼梯间的首层连接出口时，未采取防火措施与其他部分隔开，未形成扩大封闭楼梯间。不符合《建筑设计防火规范》（GB 50016—2014）5.5.17 条第 2 款的规定。

规范链接：

5.5.17 公共建筑的安全疏散距离应符合下列规定：

1 直通疏散走道的房间疏散门至最近安全出口的直线距离不应大于表 5.5.17 的规定。

2 楼梯间应在首层直通室外，确有困难时，可在首层采用扩大的封闭楼梯间或防烟楼梯间前室。当层数不超过 4 层且未采用扩大的封闭楼梯间或防烟楼梯间前室时，可将直通室外的门设置在离楼梯间不大于 15m 处。

3 房间内任一点至房间直通疏散走道的疏散门的直线距离，不应大于表 5.5.17 规定的袋形走道两侧或尽端的疏散门至最近安全出口的直线距离。

4 一、二级耐火等级建筑内疏散门或安全出口不少于 2 个的观众厅、展览厅、多功能厅、餐厅、营业厅等。其室内任一点至最近疏散门或安全出口的直线距离不应大于 30m；当疏散门不能直通室外地面或疏散楼梯间时，应采用长度不大于 10m 的疏散走道通至最近的安全出口。当该场所设置自动喷水灭火系统时，室内任一点至最近安全出口的安全疏散距离可分别增加 25%。

直通疏散走道的房间疏散门至最近安全出口的直线距离（m） 表 5.5.17

名称			位于两个安全出口之间的疏散门			位于袋形走道两侧或尽端的疏散门		
			一、二级	三级	四级	一、二级	三级	四级
托儿所、幼儿园老年人建筑			25	20	15	20	15	10
歌舞娱乐放映游艺场所			25	20	15	9	—	—
医疗建筑	单、多层		35	30	25	20	15	10
	高层	病房部分	24	—	—	12	—	—
		其他部分	30	—	—	15	—	—

续表

名称		位于两个安全出口之间的疏散门			位于袋形走道两侧或尽端的疏散门		
		一、二级	三级	四级	一、二级	三级	四级
教学建筑	单、多层	35	30	25	22	20	10
	高层	30	—	—	15	—	—
高层旅馆、展览建筑		30	—	—	15	—	—
其他建筑	单、多层	40	35	25	22	20	15
	高层	40	—	—	20	—	—

注：1 建筑内开向敞开式外廊的房间疏散门至最近安全出口的直线距离可按本表的规定增加 5m。

2 直通疏散走道的房间疏散门至最近敞开楼梯间的直线距离，当房间位于两个楼梯间之间时，应按本表的规定减少 5m；当房间位于袋形走道两侧或尽端时，应按本表的规定减少 2m。

3 建筑物内全部设置自动喷水灭火系统时，其安全疏散距离可按本表的规定增加 25%。

【问题 1.1.44】 公共建筑中前室的使用面积小于 $6.0m^2$。不符合《建筑设计防火规范》（GB 50016—2014）6.4.3 条第 3 款的规定。

【问题 1.1.45】 公共建筑中合用前室的使用面积小于 $10.0m^2$。不符合《建筑设计防火规范》（GB 50016—2014）6.4.3 条第 3 款的规定。

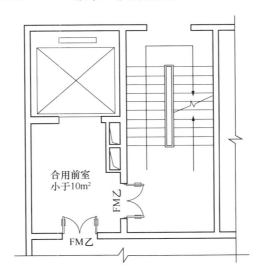

图 1-1-45 某公建核心筒平面图

【问题 1.1.46】 住宅建筑中前室的使用面积小于 $4.5m^2$。不符合《建筑设计防火规范》（GB 50016—2014）6.4.3 条第 3 款的规定。

【问题 1.1.47】 住宅建筑中合用前室的使用面积小于 $6.0m^2$。不符合《建筑设计防火规范》（GB 50016—2014）6.4.3 条第 3 款的规定。

规范链接：

6.4.3 防烟楼梯间除应符合本规范第 6.4.1 条的规定外，尚应符合下列规定：

1 应设置防烟设施。

2 前室可与消防电梯间前室合用。

3 前室的使用面积：公共建筑、高层厂房（仓库），不应小于 6.0m²；住宅建筑，不应小于 4.5m²。

与消防电梯间前室合用时，合用前室的使用面积：公共建筑、高层厂房（仓库），不应小于 10.0m²；住宅建筑，不应小于 6.0m²。

4 疏散走道通向前室以及前室通向楼梯间的门应采用乙级防火门。

5 除住宅建筑的楼梯间前室外，防烟楼梯间和前室内的墙上不应开设除疏散门和送风口外的其他门、窗、洞口。

6 楼梯间的首层可将走道和门厅等包括在楼梯间前室内形成扩大的前室，但应采用乙级防火门等与其他走道和房间分隔。

【问题 1.1.48】 地下室的疏散楼梯间在首层未直通室外。不符合《建筑设计防火规范》（GB 50016—2014）6.4.4 条第 2 款的规定。

规范链接：

6.4.4 除通向避难层错位的疏散楼梯外，建筑内的疏散楼梯间在各层的平面位置不应改变。

除住宅建筑套内的自用楼梯外，地下或半地下建筑（室）的疏散楼梯间，应符合下列规定：

1 室内地面与室外出入口地坪高差大于 10m 或 3 层及以上的地下、半地下建筑（室），其疏散楼梯应采用防烟楼梯间；其他地下或半地下建筑（室），其疏散楼梯应采用封闭楼梯间。

2 应在首层采用耐火极限不低于 2.00h 的防火隔墙与其他部位分隔并应直通室外，确需在隔墙上开门时，应采用乙级防火门。

3 建筑的地下或半地下部分与地上部分不应共用楼梯间，确需共用楼梯间时，应在首层采用耐火极限不低于 2.00h 的防火隔墙和乙级防火门将地下或半地下部分与地上部分的连通部位完全分隔，并应设置明显的标志。

【问题 1.1.49】 高层住宅入口大堂的楼梯、电梯的外墙为防火玻璃，未注明其耐火等级。不符合《建筑设计防火规范》（GB 50016—2014）5.1.2 条的规定：

规范链接：

5.1.2 民用建筑的耐火等级可分为一、二、三、四级。除本规范另有规定外，不同耐火等级建筑相应构件的燃烧性能和耐火极限不应低于表 5.1.2 的规定。

<table>
<tr><td colspan="6">**不同耐火等级建筑相应构件的燃烧性能和耐火极限**（h）　　　　　　表 5.1.2</td></tr>
<tr><td colspan="2" rowspan="2">构 件 名 称</td><td colspan="4">耐 火 等 级</td></tr>
<tr><td>一级</td><td>二级</td><td>三级</td><td>四级</td></tr>
<tr><td rowspan="3">墙</td><td>防火墙</td><td>不燃性
3.00</td><td>不燃性
3.00</td><td>不燃性
3.00</td><td>不燃性
3.00</td></tr>
<tr><td>承重墙</td><td>不燃性
3.00</td><td>不燃性
2.50</td><td>不燃性
2.00</td><td>难燃性
0.50</td></tr>
<tr><td>非承重外墙</td><td>不燃性
1.00</td><td>不燃性
1.00</td><td>不燃性
0.50</td><td>可燃性</td></tr>
</table>

续表

构件名称		耐火等级			
		一级	二级	三级	四级
墙	楼梯间和前室的墙 电梯井的墙 住宅建筑单元之间的墙和分户墙	不燃性 2.00	不燃性 2.00	不燃性 1.50	难燃性 0.50
	疏散走道两侧的隔墙	不燃性 1.00	不燃性 1.00	不燃性 0.50	难燃性 0.25
	房间隔墙	不燃性 0.75	不燃性 0.50	难燃性 0.50	难燃性 0.25
柱		不燃性 3.00	不燃性 2.50	不燃性 2.00	难燃性 0.50
梁		不燃性 2.00	不燃性 1.50	不燃性 1.00	难燃性 0.50
楼板		不燃性 1.50	不燃性 1.00	不燃性 0.50	可燃性
屋顶承重构件		不燃性 1.50	不燃性 1.00	可燃性 0.50	可燃性
疏散楼梯		不燃性 1.50	不燃性 1.00	不燃性 0.50	可燃性
吊顶（包括吊顶搁栅）		不燃性 0.25	难燃性 0.25	难燃性 0.15	可燃性

注：1 除本规范另有规定外，以木柱承重且墙体采用不燃材料的建筑，其耐火等级应按四级确定。
　　2 住宅建筑构件的耐火极限和燃烧性能可按现行国家标准《住宅建筑规范》GB 50368 的规定执行。

【问题 1.1.50】 一、二级耐火等级高层建筑的屋面可燃防水材料铺设在可燃、难燃的保温材料上面时，防水材料或可燃、难燃保温材料应采用不燃材料作防护层。不符合《建筑设计防火规范》（GB 50016—2014）5.1.5 条的规定。

规范链接：

5.1.5 一、二级耐火等级建筑的屋面板应采用不燃材料。

　　屋面防水层宜采用不燃、难燃材料，当采用可燃防水材料且铺设在可燃、难燃保温材料上时，防水材料或可燃、难燃保温材料应采用不燃材料作防护层。

【问题 1.1.51】 卡拉 OK 厅（含具有卡拉 OK 功能的餐厅）墙上的门和该场所与建筑内其他部位相通的门，未采用乙级防火门。不符合《建筑设计防火规范》（GB 50016—2014）5.4.9 条第 6 款的规定。

规范链接：

5.4.9 歌舞厅、录像厅、夜总会、卡拉 OK 厅（含具有卡拉 OK 功能的餐厅）、游艺厅（含电子游艺厅）、桑拿浴室（不包括洗浴部分）、网吧等歌舞娱乐放映游艺场所（不含剧场、电影院）的布置应符合下列规定：

1 不应布置在地下二层及以下楼层；

2 宜布置在一、二级耐火等级建筑内的首层、二层或三层的靠外墙部位；

3 不宜布置在袋形走道的两侧或尽端；

4 确需布置在地下一层时，地下一层的地面与室外出入口地坪的高差不应大于10m；

5 确需布置在地下或四层及以上楼层时，一个厅、室的建筑面积不应大于200m²；

6 厅、室之间及与建筑的其他部位之间，应采用耐火极限不低于2.00h的防火隔墙和1.00h的不燃性楼板分隔，设置在厅、室墙上的门和该场所与建筑内其他部位相通的门均应采用乙级防火门。

【问题1.1.52】 民用建筑及厂房的公共疏散用门采用推拉门、卷帘门、转门和折叠门，不符合《建筑设计防火规范》（GB 50016—2014）6.4.11条第1款的规定。

规范链接：

6.4.11 建筑内的疏散门应符合下列规定：

1 民用建筑和厂房的疏散门，应采用向疏散方向开启的平开门，不应采用推拉门、卷帘门、吊门、转门和折叠门。除甲、乙类生产车间外，人数不超过60人且每樘门的平均疏散人数不超过30人的房间，其疏散门的开启方向不限。

2 仓库的疏散门应采用向疏散方向开启的平开门，但丙、丁、戊类仓库首层靠墙的外侧可采用推拉门或卷帘门。

3 开向疏散楼梯或疏散楼梯间的门，当其完全开启时，不应减少楼梯平台的有效宽度。

4 人员密集场所内平时需要控制人员随意出入的疏散门和设置门禁系统的住宅、宿舍、公寓建筑的外门，应保证火灾时不需使用钥匙等任何工具即能从内部易于打开，并应在显著位置设置具有使用提示的标识。

【问题1.1.53】 高层建筑的地下室楼梯间不能天然采光和自然通风，不具备封闭楼梯间的条件，未设置机械加压送风系统或防烟楼梯间。不符合《建筑设计防火规范》（GB 50016—2014）6.4.2条第1款的规定。

规范链接：

6.4.2 封闭楼梯间除应符合本规范第6.4.1条的规定外，尚应符合下列规定：

1 不能自然通风或自然通风不能满足要求时，应设置机械加压送风系统或采用防烟楼梯间。

2 除楼梯间的出入口和外窗外，楼梯间的墙上不应开设其他门、窗、洞口。

3 高层建筑、人员密集的公共建筑、人员密集的多层丙类厂房、甲、乙类厂房，其封闭楼梯间的门应采用乙级防火门，并应向疏散方向开启；其他建筑，可采用双向弹簧门。

4 楼梯间的首层可将走道和门厅等包括在楼梯间内形成扩大的封闭楼梯间，但应采用乙级防火门等与其他走道和房间分隔。

【问题1.1.54】 高层塔式住宅建筑两座剪刀梯与消防电梯共用一个前室，即"三合一"前室设计，前室的面积小于12m²，前室的短边尺寸小于2.4m。不符合《建筑设计防火规范》（GB 50016—2014）5.5.28条第4款的规定：

规范链接：

5.5.28 住宅单元的疏散楼梯，当分散设置确有困难且任一户门至最近疏散楼梯间入口的距离不大于10m时，可采用剪刀楼梯间，但应符合下列规定：

1　应采用防烟楼梯间。

2　梯段之间应设置耐火极限不低于 1.00h 的防火隔墙。

3　楼梯间的前室不宜共用；共用时，前室的使用面积不应小于 6.0m²。

4　楼梯间的前室或共用前室不宜与消防电梯的前室合用；楼梯间的共用前室与消防电梯的前室合用时，合用前室的使用面积不应小于 12.0m²，且短边不应小于 2.4m。

【问题 1.1.55】　某医院的病房楼内相邻护理单元之间未采用耐火极限不低于 2.00h 的防火隔墙分隔，隔墙上的门未采用乙级防火门，设置在走道上的防火门未采用常开防火门。不符合《建筑设计防火规范》（GB 50016—2014）5.4.5 条的规定：

规范链接：

5.4.5　医院和疗养院的住院部分不应设置在地下或半地下。

医院和疗养院的住院部分采用三级耐火等级建筑时，不应超过 2 层；采用四级耐火等级建筑时，应为单层；设置在三级耐火等级的建筑内时，应布置在首层或二层；设置在四级耐火等级的建筑内时，应布置在首层。

医院和疗养院的病房楼内相邻护理单元之间应采用耐火极限不低于 2.00h 的防火隔墙分隔，隔墙上的门应采用乙级防火门，设置在走道上的防火门应采用常开防火门。

【问题 1.1.56】　附设在建筑内的消防控制室、消防水泵房和通风空气调节机房、变配电室等，未采用耐火极限不低于 2.00h 的防火隔墙与其他部位分隔。不符合《建筑设计防火规范》（GB 50016—2014）6.2.7 条的规定。

规范链接：

6.2.7　附设在建筑内的消防控制室、灭火设备室、消防水泵房和通风空气调节机房、变配电室等，应采用耐火极限不低于 2.00h 的防火隔墙和 1.50h 的楼板与其他部位分隔。

设置在丁、戊类厂房内的通风机房，应采用耐火极限不低于 1.00h 的防火隔墙和 0.50h 的楼板与其他部位分隔。

通风、空气调节机房和变配电室开向建筑内的门应采用甲级防火门，消防控制室和其他设备房开向建筑内的门应采用乙级防火门。

【问题 1.1.57】　建筑幕墙在每层上、下层开口之间的实体墙高度小于 0.8m，幕墙与每层楼板、隔墙处的缝隙未采用防火封堵材料封堵（如图 1-1-57）。不满足《建筑设计防火规范》（GB 50016—2014）6.2.5、6.2.6 条规定。

规范链接：

6.2.5　除本规范另有规定外，建筑外墙上、下层开口之间应设置高度不小于 1.2m 的实体墙或挑出宽度不小于 1.0m、长度不小于开口宽度的防火挑檐；当室内设置自动喷水灭火系统时，上、下层开口之间的实体墙高度不应小于 0.8m。当上、下层开口之间设置实体墙确有困难时，可设置防火玻璃墙，但高层建筑的防火玻璃墙的耐火完整性不应低于 1.00h，多层建筑的防火玻璃墙的耐火完整性不应低于 0.50h。外窗的耐火完整性不应低于防火玻璃墙的耐火完整性要求。

住宅建筑外墙上相邻户开口之间的墙体宽度不应小于 1.0m；小于 1.0m 时，应在开口之间设置突出外墙不小于 0.6m 的隔板。

实体墙、防火挑檐和隔板的耐火极限和燃烧性能，均不应低于相应耐火等级建筑外墙的要求。

6.2.6　建筑幕墙应在每层楼板外沿处采取符合本规范第6.2.5条规定的防火措施，幕墙与每层楼板、隔墙处的缝隙应采用防火封堵材料封堵。

幕墙竖框

幕墙横框

建筑幕墙

图 1-1-57　幕墙局部节点大样

【问题 1.1.58】　居住建筑的建筑高度不大于 27m，每个单元任一层的建筑面积小于 650m²，但是有一套房的户门至安全出口的距离大于 15m，仅设置 1 个安全出口。不符合《建筑设计防火规范》（GB 50016—2014）5.5.25 条第 1 款的规定。

【问题 1.1.59】　居住建筑的建筑高度大于 27m、不大于 54m，每个单元任一层的建筑面积不大于 650m²，但有一套房的户门至安全出口的距离大于 10m，仅设置 1 个安全出口。不符合《建筑设计防火规范》（GB 50016—2014）5.5.25 条第 2 款的规定。

规范链接：

5.5.25　住宅建筑安全出口的设置应符合下列规定：

1　建筑高度不大于 27m 的建筑，当每个单元任一层的建筑面积大于 650m²，或任一户门至最近安全出口的距离大于 15m 时，每个单元每层的安全出口不应少于 2 个；

2　建筑高度大于 27m、不大于 54m 的建筑，当每个单元任一层的建筑面积大于 650m²，或任一户门至最近安全出口的距离大于 10m 时，每个单元每层的安全出口不应少于 2 个；

3　建筑高度大于 54m 的建筑，每个单元每层的安全出口不应少于 2 个。

【问题 1.1.60】　建筑高度大于 27m、不大于 54m 的多单元住宅建筑，每个单元设置有一座通向屋顶的疏散楼梯，单元与单元之间设置有防火墙，但是户门采用普通门。不符合《建筑设计防火规范》（GB 50016—2014）5.5.26 条的规定。

规范链接：

5.5.26　建筑高度大于 27m，但不大于 54m 的住宅建筑，每个单元设置一座疏散楼梯时，疏散楼梯应通至屋面，且单元之间的疏散楼梯应能通过屋面连通，户门应采用乙级防火门。当不能通至屋面或不能通过屋面连通时，应设置 2 个安全出口。

【问题 1.1.61】　高层建筑内部的备用间，未明确注明为经营、存放和使用的非甲、乙类火灾危险性物品的备用间。不符合《建筑设计防火规范》（GB 50016—2014）5.4.2 条的规定。

> **规范链接：**
>
> 5.4.2　除为满足民用建筑使用功能所设置的附属库房外，民用建筑内不应设置生产车间和其他库房。
>
> 　　经营、存放和使用甲、乙类火灾危险性物品的商店、作坊和储藏间，严禁附设在民用建筑内。

【问题 1.1.62】　民用建筑和厂房的房间人数超过 60 人且每樘门的平均疏散人数超过 30 人，疏散用门未向疏散方向开启，不符合《建筑设计防火规范》（GB 50016—2014）6.4.11 条第 1 款的规定。

> **规范链接：**
>
> 6.4.11　建筑内的疏散门应符合下列规定：
>
> 　　1　民用建筑和厂房的疏散门，应采用向疏散方向开启的平开门，不应采用推拉门、卷帘门、吊门、转门和折叠门。除甲、乙类生产车间外，人数不超过 60 人且每樘门的平均疏散人数不超过 30 人的房间，其疏散门的开启方向不限。
>
> 　　2　仓库的疏散门应采用向疏散方向开启的平开门，但丙、丁、戊类仓库首层靠墙的外侧可采用推拉或卷帘门。
>
> 　　3　开向疏散楼梯或疏散楼梯间的门，当其完全开启时，不应减少楼梯平台的有效宽度。
>
> 　　4　人员密集场所内平时需要控制人员随意出入的疏散门和设置门禁系统的住宅、宿舍、公寓建筑的外门，应保证火灾时不需使用钥匙等任何工具即能从内部易于打开，并应在显著位置设置具有使用提示的标识。

【问题 1.1.63】　高层建筑直通室外安全出口上方，未设置挑出宽度不小于 1.0m 的防护挑檐。不符合《建筑设计防火规范》（GB 50016—2014）5.5.7 条的规定。

> **规范链接：**
>
> 5.5.7　高层建筑直通室外的安全出口上方，应设置挑出宽度不小于 1.0m 的防护挑檐。

【问题 1.1.64】　高层住宅建筑各层（首层除外）楼梯间安全出口的疏散门净宽小于 0.9m。不符合《建筑设计防火规范》（GB 50016—2014）5.5.30 条的规定。

> **规范链接：**
>
> 5.5.30　住宅建筑的户门、安全出口、疏散走道和疏散楼梯的各自总净宽度应经计算确定，且户门和安全出口的净宽度不应小于 0.90m，疏散走道、疏散楼梯和首层疏散外门的净宽度不应小于 1.10m。建筑高度不大于 18m 的住宅中一边设置栏杆的疏散楼梯，其净宽度不应小于 1.0m。

【问题 1.1.65】　高层医院建筑中，位于袋形走道两侧或尽端的病房部分房间门至最近的楼梯间的距离超过 12m。不符合《建筑设计防火规范》（GB 50016—2014）5.5.17 条，表 5.5.17 的规定。

【问题 1.1.66】　高层医院建筑中位于两个安全出口之间的病房房间门至最近的楼梯间的距离超过 24m。不符合《建筑设计防火规范》（GB 50016—2014）5.5.17 条表 5.5.17 的规定。

【问题 1.1.67】　高层公共建筑中尽端的房间门至最近的楼梯间的距离（如图 1-1-67）。不符合《建筑设计防火规范》（GB 50016—2014）5.5.17 条表 5.5.17 的规定：

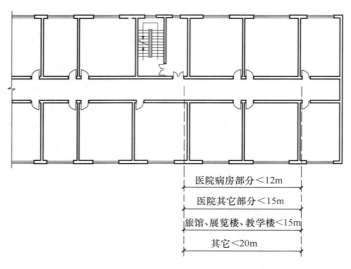

图 1-1-67 袋形走道平面示意图

规范链接:

5.5.17 公共建筑的安全疏散距离应符合下列规定:

　　1 直通疏散走道的房间疏散门至最近安全出口的直线距离不应大于表 5.5.17 的规定。

直通疏散走道的房间疏散门至最近安全出口的直线距离（m）　　表 5.5.17

名称			位于两个安全出口之间的疏散门			位于袋形走道两侧或尽端的疏散门		
			一、二级	三级	四级	一、二级	三级	四级
托儿所、幼儿园 老年人建筑			25	20	15	20	15	10
歌舞娱乐放映游艺场所			25	20	15	9	—	—
医疗 建筑	单、多层		35	30	25	20	15	10
	高层	病房部分	24	—	—	12	—	—
		其他部分	30	—	—	15	—	—
教学 建筑	单、多层		35	30	25	22	20	10
	高层		30	—	—	15	—	—
高层旅馆、展览建筑			30	—	—	15	—	—
其他 建筑	单、多层		40	35	25	22	20	15
	高层		40	—	—	20	—	—

　　注：1 建筑内开向敞开式外廊的房间疏散门至最近安全出口的直线距离可按本表的规定增加 5m

　　　　2 直通疏散走道的房间疏散门至最近敞开楼梯间的直线距离，当房间位于两个楼梯间之间时，应按本表的规定减少 5m；当房间位于袋形走道两侧或尽端时，应按本表的规定减少 2m。

　　　　3 建筑物内全部设置自动喷水灭火系统时，其安全疏散距离可按本表的规定增加 25%。

　　2 楼梯间应在首层直通室外，确有困难时，可在首层采用扩大的封闭楼梯间或防烟楼梯间前室。当层数不超过 4 层且未采用扩大的封闭楼梯间或防烟楼梯间前室时，可将直通室外的门设置在离楼梯间不大于 15m 处。

3　房间内任一点至房间直通疏散走道的疏散门的直线距离，不应大于表 5.5.17 规定的袋形走道两侧或尽端的疏散门至最近安全出口的直线距离。

4　一、二级耐火等级建筑内疏散门或安全出口不少于 2 个的观众厅、展览厅、多功能厅、餐厅、营业厅等。其室内任一点至最近疏散门或安全出口的直线距离不应大于 30m；当疏散门不能直通室外地面或疏散楼梯间时，应采用长度不大于 10m 的疏散走道通至最近的安全出口。当该场所设置自动喷水灭火系统时，室内任一点至最近安全出口的安全疏散距离可分别增加 25%。

【问题 1.1.68】　高层公共建筑中，房间不符合设置一个疏散门条件时，该房间相邻 2 个疏散门最近边缘之间的水平距离小于 5m。不符合《建筑设计防火规范》（GB 50016—2014）5.5.2 条的规定。

规范链接：

5.5.2　建筑内的安全出口和疏散门应分散布置，且建筑内每个防火分区或一个防火分区的每个楼层、每个住宅单元每层相邻两个安全出口以及每个房间相邻两个疏散门最近边缘之间的水平距离不应小于 5m。

【问题 1.1.69】　民用建筑二级耐火等级的建筑构件柱的耐火极限为 2.50h，建筑设计说明中钢柱的耐火极限的时间小于 2.50h，不符合《建筑设计防火规范》（GB 50016—2014）5.1.2 条表 5.1.2 的规定。

规范链接：

见【问题 1.1.49】规范链接。

【问题 1.1.70】　建筑高度不大于 18m 的住宅中一边设置栏杆的疏散楼梯，其净宽度小于 1.0m。不符合《建筑设计防火规范》（GB 50016—2014）5.5.30 条的规定。

规范链接：

5.5.30　住宅建筑的户门、安全出口、疏散走道和疏散楼梯的各自总净宽度应经计算确定，且户门和安全出口的净宽度不应小于 0.90m，疏散走道、疏散楼梯和首层疏散外门的净宽度不应小于 1.10m。建筑高度不大于 18m 的住宅中一边设置栏杆的疏散楼梯，其净宽度不应小于 1.0m。

【问题 1.1.71】　附设在建筑物内的消防控制室、灭火设备室、消防水泵房开向建筑内的门未采用乙级防火门。不符合《建筑设计防火规范》（GB 50016—2014）6.2.7 条的规定。

规范链接：

6.2.7　附设在建筑内的消防控制室、灭火设备室、消防水泵房和通风空气调节机房、变配电室等，应采用耐火极限不低于 2.00h 的防火隔墙和 1.50h 的楼板与其他部位分隔。

设置在丁、戊类厂房内的通风机房，应采用耐火极限不低于 1.00h 的防火隔墙和 0.50h 的楼板与其他部位分隔。

通风、空气调节机房和变配电室开向建筑内的门应采用甲级防火门，消防控制室和其他设备房开向建筑内的门应采用乙级防火门。

【问题 1.1.72】　高层建筑内的通风、空气调节机房和变配电室开向建筑内的门未采用甲级防火门（如图 1-1-72）。不符合《建筑设计防火规范》（GB 50016—2014）6.2.7 条的规定。

规范链接：

6.2.7 附设在建筑内的消防控制室、灭火设备室、消防水泵房和通风空气调节机房、变配电室等，应采用耐火极限不低于 2.00h 的防火隔墙和 1.50h 的楼板与其他部位分隔。

设置在丁、戊类厂房内的通风机房，应采用耐火极限不低于 1.00h 的防火隔墙和 0.50h 的楼板与其他部位分隔。

通风、空气调节机房和变配电室开向建筑内的门应采用甲级防火门，消防控制室和其他设备房开向建筑内的门应采用乙级防火门。

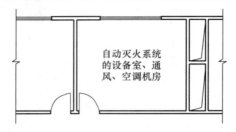

图 1-1-72 某高层建筑设备房平面示意图

【问题 1.1.73】 建筑物沿街道部分的长度超过 150m，或总长超过 220m，未设置穿过建筑物的消防车通道（如图 1-1-73）。不符合《建筑设计防火规范》（GB 50016—2014）7.1.1 条的规定。

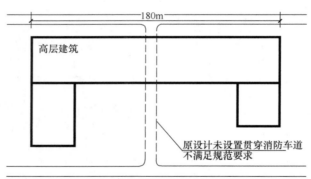

图 1-1-73 穿过建筑的消防车道示意图

规范链接：

7.1.1 街区内的道路应考虑消防车的通行，道路中心线间的距离不宜大于 160m。

当建筑物沿街道部分的长度大于 150m 或总长度大于 220m 时，应设置穿过建筑物的消防车道。确有困难时，应设置环形消防车道。

【问题 1.1.74】 有封闭内院或天井的建筑物沿街长度超过 80m，未设人行通道（如图 1-1-74）。不符合《建筑设计防火规范》（GB 50016—2014）7.1.4 条的规定。

规范链接：

7.1.4 有封闭内院或天井的建筑物，当内院或天井的短边长度大于 24m 时，宜设置进入内院或天井的消防车道；当该建筑物沿街时，应设置连通街道和内院的人行通道（可利用楼梯间），其间距不宜大于 80m。

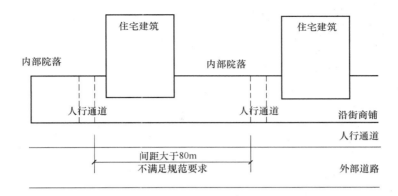

图 1-1-74 连接内庭院与外部道路的示意图

【问题 1.1.75】 附设在建筑中的儿童游乐厅未采用耐火极限不低于 2.00h 的防火隔墙与其他场所或部位分隔,其连通门没有采用乙级防火门。不符合《建筑设计防火规范》(GB 50016—2014) 6.2.2 条的规定。

规范链接:

6.2.2 医疗建筑内的手术室或手术部、产房、重症监护室、贵重精密医疗装备用房、储藏间、实验室、胶片室等,附设在建筑内的托儿所、幼儿园的儿童用房和儿童游乐厅等儿童活动场所、老年人活动场所,应采用耐火极限不低于 2.00h 的防火隔墙和 1.00h 的楼板与其他场所或部位分隔,墙上必须设置的门、窗应采用乙级防火门、窗。

【问题 1.1.76】 建筑高度大于 27m 的居住建筑的楼梯间有条件通屋顶,但未通至屋顶,不符合《建筑设计防火规范》(GB 50016—2014) 5.5.3 条的规定。

规范链接:

5.5.3 建筑的楼梯间宜通至屋面,通向屋面的门或窗应向外开启。

【问题 1.1.77】 高度不大于 21m 的住宅中的电梯井与疏散楼梯相邻布置,户门未采用乙级防火门,又未设置封闭楼梯间。不符合《建筑设计防火规范》(GB 50016—2014) 5.5.27 条第 1 款的规定。

规范链接:

5.5.27 住宅建筑的疏散楼梯设置应符合下列规定:

1 建筑高度不大于 21m 的住宅建筑可采用敞开楼梯间;与电梯井相邻布置的疏散楼梯应采用封闭楼梯间,当户门采用乙级防火门时,仍可采用敞开楼梯间。

2 建筑高度大于 21m、不大于 33m 的住宅建筑应采用封闭楼梯间;当户门采用乙级防火门时,可采用敞开楼梯间。

3 建筑高度大于 33m 的住宅建筑应采用防烟楼梯间。户门不宜直接开向前室,确有困难时,每层开向同一前室的户门不应大于 3 樘且应采用乙级防火门。

【问题 1.1.78】 商业用房的外门均为折叠推拉门,未设置疏散用的平开门,不符合《建筑设计防火规范》(GB 50016—2014) 6.4.11 条第 1 款的规定。

规范链接:

见【问题 1.1.62】规范链接。

【问题 1.1.79】 公共建筑中房间疏散门的净宽小于 0.9m（如图 1-1-79），不符合《建筑设计防火规范》（GB 50016—2014）5.5.18 条的规定。注意净宽是指土建门洞宽扣除门框后的宽度，门洞两侧的门框宽度之和一般不小于 150mm（含门框安缝的宽度）。

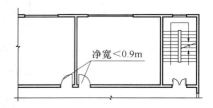

图 1-1-79 某建筑平面示意图

规范链接：

5.5.18 除本规范另有规定外，公共建筑内疏散门和安全出口的净宽度不应小于 0.90m，疏散走道和疏散楼梯的净宽度不应小于 1.10m。

【问题 1.1.80】 楼梯间与厨房主食库相邻，其隔墙端部与玻璃幕墙空隙未用防火材料封堵。不符合《建筑设计防火规范》（GB 50016—2014）6.2.6 条的规定。

规范链接：

6.2.6 建筑幕墙应在每层楼板外沿处采取符合本规范第 6.2.5 条规定的防火措施，幕墙与每层楼板、隔墙处的缝隙应采用防火封堵材料封堵。

【问题 1.1.81】 住宅中的电梯直通住宅楼下部的汽车库，电梯处未设置电梯候梯厅以及采取防火分隔措施（如图 1-1-81）。不符合《建筑设计防火规范》（GB 50016—2014）5.5.6 条的规定。

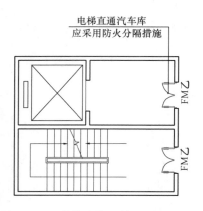

图 1-1-81 某住宅核心筒地下室平面图

规范链接：

5.5.6 直通建筑内附设汽车库的电梯，应在汽车库部分设置电梯候梯厅，并应采用耐火极限不低于 2.00h 的防火隔墙和乙级防火门与汽车库分隔。

【问题 1.1.82】 公共建筑的室内疏散楼梯两梯段扶手间的水平净距小于 150mm。不符合《建筑设计防火规范》（GB 50016—2014）6.4.8 条"不宜"的规定。

规范链接：

6.4.8 建筑内的公共疏散楼梯，其两梯段及扶手间的水平净距不宜小于 150mm。

【问题 1.1.83】 某建筑的内、外保温系统采用燃烧性能为 B2 级聚苯板做外保温材料。不符合《建筑设计防火规范》（GB 50016—2014）6.7.1 条"不宜"的规定。

规范链接：

6.7.1 建筑的内、外保温系统，宜采用燃烧性能为 A 级的保温材料，不宜采用 B2 级保温材料，严禁采用 B3 级保温材料；设置保温系统的基层墙体或屋面板的耐火极限应符合本规范的有关规定。

【问题 1.1.84】 某建筑内住宅部分与非住宅（非商业服务网点）部分之间的防火隔墙上开设有门窗洞口。不符合《建筑设计防火规范》（GB 50016—2014）5.4.10 条的规定。

规范链接：

5.4.10 除商业服务网点外，住宅建筑与其他使用功能的建筑合建时，应符合下列规定：

1 住宅部分与非住宅部分之间，应采用耐火极限不低于 2.00h 且无门、窗、洞口的防火隔墙和 1.50h 的不燃性楼板完全分隔；当为高层建筑时，应采用无门、窗、洞口的防火墙和耐火极限不低于 2.00h 的不燃性楼板完全分隔。建筑外墙上、下层开口之间的防火措施应符合本规范第 6.2.5 条的规定。

2 住宅部分与非住宅部分的安全出口和疏散楼梯应分别独立设置；为住宅部分服务的地上车库应设置独立的疏散楼梯或安全出口，地下车库的疏散楼梯应按本规范第 6.4.4 条的规定进行分隔。

3 住宅部分和非住宅部分的安全疏散、防火分区和室内消防设施配置，可根据各自的建筑高度分别按照本规范有关住宅建筑和公共建筑的规定执行；该建筑的其他防火设计应根据建筑的总高度和建筑规模按本规范有关公共建筑的规定执行。

【问题 1.1.85】 歌舞娱乐厅、放映游艺厅，房间建筑面积超过 50m² 且经常停留人数超过 15 人，仅设置有一个门。不符合《建筑设计防火规范》（GB 50016—2014）5.5.15 条第 3 款的规定。

规范链接：

5.5.15 公共建筑内房间的疏散门数量应经计算确定且不应少于 2 个。除托儿所、幼儿园、老年人建筑、医疗建筑、教学建筑内位于走道尽端的房间外，符合下列条件之一的房间可设置 1 个疏散门：

1 位于两个安全出口之间或袋形走道两侧的房间，对于托儿所、幼儿园、老年人建筑，建筑面积不大于 50m²；对于医疗建筑、教学建筑，建筑面积不大于 75m²；对于其他建筑或场所，建筑面积不大于 120m²。

2 位于走道尽端的房间，建筑面积小于 50m² 且疏散门的净宽度不小于 0.90m，或由房间内任一点至疏散门的直线距离不大于 15m、建筑面积不大于 200m² 且疏散门的净宽度不小于 1.40m。

3 歌舞娱乐放映游艺场所内建筑面积不大于 50m² 且经常停留人数不超过 15 人的厅、室。

【问题 1.1.86】 地下室楼梯间不能自然通风或自然通风不能满足要求时，未设置机械加压送风系统或防烟楼梯间。不符合《建筑设计防火规范》（GB 50016—2014）6.4.2

条第 1 款的规定：

【问题 1.1.87】 封闭楼梯间内墙上开有窗。不符合《建筑设计防火规范》（GB 500—2011）6.4.2 条第 2 款的规定。

规范链接：

6.4.2 封闭楼梯间除应符合本规范第 6.4.1 条的规定外，尚应符合下列规定：

1 不能自然通风或自然通风不能满足要求时，应设置机械加压送风系统或采用防烟楼梯间。

2 除楼梯间的出入口和外窗外，楼梯间的墙上不应开设其他门、窗、洞口。

3 高层建筑、人员密集的公共建筑、人员密集的多层丙类厂房、甲、乙类厂房，其封闭楼梯间的门应采用乙级防火门，并应向疏散方向开启；其他建筑，可采用双向弹簧门。

4 楼梯间的首层可将走道和门厅等包括在楼梯间内形成扩大的封闭楼梯间，但应采用乙级防火门等与其他走道和房间分隔。

【问题 1.1.88】 公共建筑防烟楼梯间和前室内的墙上开设有除疏散门和送风口外的其他门、窗、洞口。不符合《建筑设计防火规范》（GB 50016—2014）6.4.3 条第 5 款的规定。

规范链接：

6.4.3 防烟楼梯间除应符合本规范第 6.4.1 条的规定外，尚应符合下列规定：

1 应设置防烟设施。

2 前室可与消防电梯间前室合用。

3 前室的使用面积：公共建筑、高层厂房（仓库），不应小于 $6.0m^2$；住宅建筑，不应小于 $4.5m^2$。

与消防电梯间前室合用时，合用前室的使用面积：公共建筑、高层厂房（仓库），不应小于 $10.0m^2$；住宅建筑，不应小于 $6.0m^2$。

4 疏散走道通向前室以及前室通向楼梯间的门应采用乙级防火门。

5 除住宅建筑的楼梯间前室外，防烟楼梯间和前室内的墙上不应开设除疏散门和送风口外的其他门、窗、洞口。

6 楼梯间的首层可将走道和门厅等包括在楼梯间前室内形成扩大的前室，但应采用乙级防火门等与其他走道和房间分隔。

【问题 1.1.89】 公共建筑地下室的楼梯间，在首层通过门厅疏散到室外，门厅内设有其他功能的房间，房间的门未采用乙级防火门。不符合《建筑设计防火规范》（GB 50016—2014）6.4.4 条第 2 款的规定。

规范链接：

6.4.4 除通向避难层错位的疏散楼梯外，建筑内的疏散楼梯间在各层的平面位置不应改变。

除住宅建筑套内的自用楼梯外，地下或半地下建筑（室）的疏散楼梯间，应符合下列规定：

1 室内地面与室外出入口地坪高差大于 10m 或 3 层及以上的地下、半地下建筑（室），其疏散楼梯应采用防烟楼梯间；其他地下或半地下建筑（室），其疏散楼梯应采用封闭楼梯间。

2 应在首层采用耐火极限不低于 2.00h 的防火隔墙与其他部位分隔并应直通室外，确需在隔墙上开门时，应采用乙级防火门。

3 建筑的地下或半地下部分与地上部分不应共用楼梯间，确需共用楼梯间时，应在首层采用耐火极限不低于 2.00h 的防火隔墙和乙级防火门将地下或半地下部分与地上部分的连通部位完全分隔，并应设置明显的标志。

【问题 1.1.90】　某多层内走道式教学建筑，位于袋形走道两侧的房间疏散门至最近的疏散封闭楼梯间的距离大于 22m。不符合《建筑设计防火规范》（GB 50016—2014）5.5.17 条表 5.5.17 的规定。

> **规范链接：** 见【问题 1.1.67】规范链接

【问题 1.1.91】　消防水泵房设置在地下二层时，其疏散门未直通安全出口。不符合《建筑设计防火规范》（GB 50016—2014）8.1.6 条第 3 款的规定。

> **规范链接：**
>
> 8.1.6　消防水泵房的设置应符合下列规定：
>
> 　1　单独建造的消防水泵房，其耐火等级不应低于二级；
>
> 　2　附设在建筑内的消防水泵房，不应设置在地下三层及以下或室内地面与室外出入口地坪高差大于 10m 的地下楼层；
>
> 　3　疏散门应直通室外或安全出口。

【问题 1.1.92】　消防水泵房设置在地下一层时，其开向建筑内的门未采用乙级防火门。不符合《建筑设计防火规范》（GB 50016—2014）6.2.7 条的规定。

> **规范链接：**
>
> 6.2.7　附设在建筑内的消防控制室、灭火设备室、消防水泵房和通风空气调节机房、变配电室等，应采用耐火极限不低于 2.00h 的防火隔墙和 1.50h 的楼板与其他部位分隔。
>
> 　　设置在丁、戊类厂房内的通风机房，应采用耐火极限不低于 1.00h 的防火隔墙和 0.50h 的楼板与其他部位分隔。
>
> 　　通风、空气调节机房和变配电室开向建筑内的门应采用甲级防火门，消防控制室和其他设备房开向建筑内的门应采用乙级防火门。

【问题 1.1.93】　某住宅建筑的裙房设置有二层商业服务网点，网点二层的最远点距安全出口的疏散距离有 25m。不符合《建筑设计防火规范》（GB 50016—2014）5.4.11 和 5.5.17 条的规定。

> **规范链接：**
>
> 5.4.11　设置商业服务网点的住宅建筑，其居住部分与商业服务网点之间应采用耐火极限不低于 2.00h 且无门、窗、洞口的防火隔墙和 1.50h 的不燃性楼板完全分隔，住宅部分和商业服务网点部分的安全出口和疏散楼梯应分别独立设置。
>
> 　　商业服务网点中每个分隔单元之间应采用耐火极限不低于 2.00h 且无门、窗、洞口的防火隔墙相互分隔，当每个分隔单元任一层建筑面积大于 200m² 时，该层应设置 2 个安全出口或疏散门。每个分隔单元内的任一点至最近直通室外的出口的直线距离不应大于本规范表 5.5.17 中有关多层其他建筑位于袋形走道两侧或尽端的疏散门至最近安全出口的最大直线距离。
>
> 　　注：室内楼梯的距离可按其水平投影长度的 1.50 倍计算。
>
> 5.5.17　公共建筑的安全疏散距离应符合下列规定：
>
> 　1　直通疏散走道的房间疏散门至最近安全出口的直线距离不应大于表 5.5.17 的规定。

直通疏散走道的房间疏散门至最近安全出口的直线距离（m） 表 5.5.17						
名称	位于两个安全出口之间的疏散门			位于袋形走道两侧或尽端的疏散门		
	一、二级	三级	四级	一、二级	三级	四级
托儿所、幼儿园 老年人建筑	25	20	15	20	15	10
歌舞娱乐放映游艺场所	25	20	15	9	—	—
医疗 建筑 单、多层	35	30	25	20	15	10
医疗 建筑 高层 病房部分	24	—	—	12	—	—
医疗 建筑 高层 其他部分	30	—	—	15	—	—
教学 建筑 单、多层	35	30	25	22	20	10
教学 建筑 高层	30	—	—	15	—	—
高层旅馆、展览建筑	30	—	—	15	—	—
其他 建筑 单、多层	40	35	25	22	20	15
其他 建筑 高层	40	—	—	20	—	—

注：1 建筑内开向敞开式外廊的房间疏散门至最近安全出口的直线距离可按本表的规定增加5m。

2 直通疏散走道的房间疏散门至最近敞开楼梯间的直线距离，当房间位于两个楼梯间之间时，应按本表的规定减少5m；当房间位于袋形走道两侧或尽端时，应按本表的规定减少2m。

3 建筑物内全部设置自动喷水灭火系统时，其安全疏散距离可按本表的规定增加25%。

【问题 1.1.94】 公共建筑中室外疏散楼梯的疏散门正对楼梯段。不符合《建筑设计防火规范》（GB 50016—2014）6.4.5 条第 5 款的规定：

规范链接：

6.4.5 室外疏散楼梯应符合下列规定：

1 栏杆扶手的高度不应小于 1.10m，楼梯的净宽度不应小于 0.90m。

2 倾斜角度不应大于 45°。

3 梯段和平台均应采用不燃材料制作。平台的耐火极限不应低于 1.00h，梯段的耐火极限不应低于 0.25h。

4 通向室外楼梯的门应采用乙级防火门，并应向外开启。

5 除疏散门外，楼梯周围 2m 内的墙面上不应设置门、窗、洞口。疏散门不应正对梯段。

【问题 1.1.95】 附设在建筑中的歌舞娱乐厅、放映厅与其他部位隔开，连接两部分的门未采用乙级防火门。不符合《建筑设计防火规范》（GB 50016—2014）5.4.9 条第 6 款的规定。

规范链接：

5.4.9 歌舞厅、录像厅、夜总会、卡拉 OK 厅（含具有卡拉 OK 功能的餐厅）、游艺厅（含电子游艺厅）、桑拿浴室（不包括洗浴部分）、网吧等歌舞娱乐放映游艺场所（不含剧场、电影院）的布置应符合下列规定：

1 不应布置在地下二层及以下楼层；

2 宜布置在一、二级耐火等级建筑内的首层、二层或三层的靠外墙部位；

3 不宜布置在袋形走道的两侧或尽端；

4 确需布置在地下一层时，地下一层的地面与室外出入口地坪的高差不应大于10m；

5 确需布置在地下或四层及以上楼层时，一个厅、室的建筑面积不应大于200m²；

6 厅、室之间及与建筑的其他部位之间，应采用耐火极限不低于2.00h的防火隔墙和1.00h的不燃性楼板分隔，设置在厅、室墙上的门和该场所与建筑内其他部位相通的门均应采用乙级防火门。

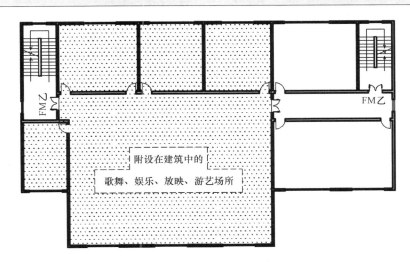

图 1-1-95 某建筑平面示意图

【问题 1.1.96】 厂房内有明火和高温的房间门没有采用乙级防火门。不符合《建筑设计防火规范》（GB 50016—2014）6.2.3 条第 2 款的规定：

规范链接：

6.2.3 建筑内的下列部位应采用耐火极限不低于2.00h的防火隔墙与其他部位分隔，墙上的门、窗应采用乙级防火门、窗，确有困难时，可采用防火卷帘，但应符合本规范第6.5.3条的规定：

1 甲、乙类生产部位和建筑内使用丙类液体的部位；

2 厂房内有明火和高温的部位；

3 甲、乙、丙类厂房（仓库）内布置有不同火灾危险性类别的房间；

4 民用建筑内的附属库房，剧场后台的辅助用房；

5 除居住建筑中套内的厨房外，宿舍、公寓建筑中的公共厨房和其他建筑内的厨房；

6 附设在住宅建筑内的机动车库。

【问题 1.1.97】 位于楼梯间的梯段上人员正常通行的高度，有突出墙面的结构柱，影响疏散。不符合《建筑设计防火规范》（GB 50016—2014）6.4.1 条第 3 款的规定。

规范链接：

6.4.1 疏散楼梯间应符合下列规定：

1 楼梯间应能天然采光和自然通风，并宜靠外墙设置。靠外墙设置时，楼梯间、前室及合用前室外墙上的窗口与两侧门、窗、洞口最近边缘的水平距离不应小于1.0m。

2 楼梯间内不应设置烧水间、可燃材料储藏室、垃圾道。

> 3 楼梯间内不应有影响疏散的凸出物或其他障碍物。
>
> 4 封闭楼梯间、防烟楼梯间及其前室，不应设置卷帘。
>
> 5 楼梯间内不应设置甲、乙、丙类液体管道。
>
> 6 封闭楼梯间、防烟楼梯间及其前室内禁止穿过或设置可燃气体管道。敞开楼梯间内不应设置可燃气体管道，当住宅建筑的敞开楼梯间内确需设置可燃气体管道和可燃气体计量表时，应采用金属管和设置切断气源的阀门。

【问题 1.1.98】 附设在建筑内的消防水泵房、空调机房未采用耐火极限不低于 2.00h 的隔墙与其他部位隔开。不符合《建筑设计防火规范》（GB 50016—2014）6.2.7 条的规定。

> **规范链接：**
>
> 6.2.7 附设在建筑内的消防控制室、灭火设备室、消防水泵房和通风空气调节机房、变配电室等，应采用耐火极限不低于 2.00h 的防火隔墙和 1.50h 的楼板与其他部位分隔。
>
> 设置在丁、戊类厂房内的通风机房，应采用耐火极限不低于 1.00h 的防火隔墙和 0.50h 的楼板与其他部位分隔。
>
> 通风、空气调节机房和变配电室开向建筑内的门应采用甲级防火门，消防控制室和其他设备房开向建筑内的门应采用乙级防火门。

【问题 1.1.99】 楼梯间的疏散门，其门扇完全开启时，减少了楼梯平台的有效宽度。不符合《建筑设计防火规范》（GB 50016—2014）6.4.11 条第 3 款的规定：

【问题 1.1.100】 厂房疏散门未设置平开门。不符合《建筑设计防火规范》（GB 50016—2014）6.4.11 条第 1 款的规定。

> **规范链接：**
>
> 6.4.11 建筑内的疏散门应符合下列规定：
>
> 1 民用建筑和厂房的疏散门，应采用向疏散方向开启的平开门，不应采用推拉门、卷帘门、吊门、转门和折叠门。除甲、乙类生产车间外，人数不超过 60 人且每樘门的平均疏散人数不超过 30 人的房间，其疏散门的开启方向不限。
>
> 2 仓库的疏散门应采用向疏散方向开启的平开门，但丙、丁、戊类仓库首层靠墙的外侧可采用推拉门或卷帘门。
>
> 3 开向疏散楼梯或疏散楼梯间的门，当其完全开启时，不应减少楼梯平台的有效宽度。
>
> 4 人员密集场所内平时需要控制人员随意出入的疏散门和设置门禁系统的住宅、宿舍、公寓建筑的外门，应保证火灾时不需使用钥匙等任何工具即能从内部易于打开，并应在显著位置设置具有使用提示的标识。

【问题 1.1.101】 附设在建筑内的配电房等电气用房门未采用甲级防火门。不符合《建筑设计防火规范》（GB 50016—2014）6.2.7 条的规定。

> **规范链接：**
>
> 6.2.7 附设在建筑内的消防控制室、灭火设备室、消防水泵房和通风空气调节机房、变配电室等，应采用耐火极限不低于 2.00h 的防火隔墙和 1.50h 的楼板与其他部位分隔。
>
> 设置在丁、戊类厂房内的通风机房，应采用耐火极限不低于 1.00h 的防火隔墙和 0.50h 的楼板与其他部位分隔。

通风、空气调节机房和变配电室开向建筑内的门应采用甲级防火门，消防控制室和其他设备房开向建筑内的门应采用乙级防火门。

【问题 1.1.102】 某建筑的变形缝内填充沥青麻丝，为非不燃材料。不符合《建筑设计防火规范》（GB 50016—2014）6.3.4 的规定。

规范链接：

6.3.4 变形缝内的填充材料和变形缝的构造基层应采用不燃材料。

电线、电缆、可燃气体和甲、乙、丙类液体的管道不宜穿过建筑内的变形缝，确需穿过时，应在穿过处加设不燃材料制作的套管或采取其他防变形措施，并应采用防火封堵材料封堵。

【问题 1.1.103】 柴油发电机房布置在民用建筑物的地下三层。不符合《建筑设计防火规范》（GB 50016—2014）5.4.13 条第 1 款的规定：

【问题 1.1.104】 柴油发电机房布置在民用建筑物的地下一层时，其上部为人员密集场的餐厅。不符合《建筑设计防火规范》（GB 50016—2014）5.4.13 条第 2 款的规定：

【问题 1.1.105】 柴油发电机房布置在民用建筑物的地下一层时，其上部为大型商业营业厅。不符合《建筑设计防火规范》（GB 50016—2014）5.4.13 条第 2 款的规定。

规范链接：

5.4.13 布置在民用建筑内的柴油发电机房应符合下列规定：

1 宜布置在首层或地下一、二层。

2 不应布置在人员密集场所的上一层、下一层或贴邻。

3 应采用耐火极限不低于 2.00h 的防火隔墙和 1.50h 的不燃性楼板与其他部位分隔，门应采用甲级防火门。

4 机房内设置储油间时，其总储存量不应大于 1m³，储油间应采用耐火极限不低于 3.00h 的防火隔墙与发电机间分隔；确需在防火隔墙上开门时，应设置甲级防火门。

5 应设置火灾报警装置。

6 应设置与柴油发电机容量和建筑规模相适应的灭火设施，当建筑内其他部位设置自动喷水灭火系统时，机房内应设置自动喷水灭火系统。

【问题 1.1.106】 民用建筑内地下室的储藏间未明确注明为非甲、乙类火灾危险性物品的储藏间。不符合《建筑设计防火规范》（GB 50016—2014）5.4.2 条的规定。

规范链接：

5.4.2 除为满足民用建筑使用功能所设置的附属库房外。民用建筑内不应设置生产车间和其他库房。

经营、存放和使用甲、乙类火灾危险性物品的商店、作坊和储藏间，严禁附设在民用建筑内。

【问题 1.1.107】 厂房内设有员工宿舍。不符合《建筑设计防火规范》（GB 50016—2014）3.3.5 条的规定。

【问题 1.1.108】 在丙类厂房内设置办公室、休息室时，没有采用耐火极限不低于

2.50h 的防火隔墙与其他部位分隔。不符合《建筑设计防火规范》（GB 50016—2014）3.3.5 条的规定。

【问题 1.1.109】 在丙类厂房内设置的办公室、休息室，没有设置 1 个独立的安全出口。不符合《建筑设计防火规范》（GB 50016—2014）3.3.5 条的规定。

【问题 1.1.110】 办公室、休息室贴邻乙类厂房布置时，没有采用耐火极限不低于 3.00h 的防爆墙与厂房分隔。且未设置独立的安全出口。不符合《建筑设计防火规范》（GB 50016—2014）3.3.5 条的规定。

> **规范链接：**
> 3.3.5 员工宿舍严禁设置在厂房内。
>
> 　　办公室、休息室等不应设置在甲、乙类厂房内，确需贴邻本厂房时，其耐火等级不应低于二级，并应采用耐火极限不低于 3.00h 的防爆墙与厂房分隔，且应设置独立的安全出口。
>
> 　　办公室、休息室设置在丙类厂房内时，应采用耐火极限不低于 2.50h 的防火隔墙和 1.00h 的楼板与其他部位分隔，并应至少设置 1 个独立的安全出口。如隔墙上需开设相互连通的门时，应采用乙级防火门。

【问题 1.1.111】 在丙、丁类仓库内设置办公室、休息室时，没有采用耐火极限不低于 2.50h 的防火隔墙和 1.00h 的楼板与其他部位分隔。不符合《建筑设计防火规范》（GB 50016—2014）3.3.9 条的规定。

【问题 1.1.112】 在丙、丁类仓库内设置的办公室、休息室，没有设置 1 个独立的安全出口。不符合《建筑设计防火规范》（GB 50016—2014）3.3.9 条的规定。

【问题 1.1.113】 在丙、丁类仓库内设置的办公室、休息室，当其与厂房连通时，其连通隔墙上未设乙级防火门。不符合《建筑设计防火规范》（GB 50016—2014）3.3.9 条的规定。

> **规范链接：**
> 3.3.9 员工宿舍严禁设置在仓库内。
>
> 　　办公室、休息室等严禁设置在甲、乙类仓库内，也不应贴邻。
>
> 　　办公室、休息室设置在丙、丁类仓库内时，应采用耐火极限不低于 2.50h 的防火隔墙和 1.00h 的楼板与其他部位分隔，并应设置独立的安全出口。隔墙上需开设相互连通的门时，应采用乙级防火门。

第二节 《住宅建筑规范》（GB 50368—2005）

【问题 1.1.114】 住宅建筑首层两个安全出口之间的距离小于 5.0m。不符合《住宅建筑规范》（GB 50368—2005）9.5.1 条第 4 款的规定。

【问题 1.1.115】 19 层以上的住宅建筑，每个住宅单元每层未设置两个安全出口。不符合《住宅建筑规范》（GB 50368—2005）9.5.1 条第 3 款的规定。

【问题 1.1.116】 某住宅建筑注明建筑总层数为 18 层，住宅部分层高为 3000mm，住宅底部有一层商业裙房，层高为 4800mm，住宅部分设置有一个安全出口。未按照《住宅建筑规范》（GB 50368—2005）9.1.6 条注 1 和注 2，的规定折算建筑层数，建筑层数折算后实际为 19 层。其住宅每层安全出口数量不符合《住宅建筑规范》（GB 50368—2005）9.5.1 第 3 款的规定：

【问题 1.1.117】　18 层的住宅套房的户门至安全出口的距离大于 10m，只有一部楼梯。不符合《住宅建筑规范》（GB 50368—2005）9.5.1 条第 2 款的规定：

规范链接：

9.5.1　住宅建筑应根据建筑的耐火等级、建筑层数、建筑面积、疏散距离等因素设置安全出口，并应符合下列要求：

　　1　10 层以下的住宅建筑，当住宅单元任一层的建筑面积大于 650m²，或任一套房的户门至安全出口的距离大于 15m 时，该住宅单元每层的安全出口不应少于 2 个。

　　2　10 层及 10 层以上但不超过 18 层的住宅建筑，当住宅单元任一层的建筑面积大于 650m²，或任一套房的户门至安全出口的距离大于 10m 时，该住宅单元每层的安全出口不应少于 2 个。

　　3　19 层及 19 层以上的住宅建筑，每个住宅单元每层的安全出口不应少于 2 个。

　　4　安全出口应分散布置，两个安全出口之间的距离不应小于 5m。

　　5　楼梯间及前室的门应向疏散方向开启；安装有门禁系统的住宅，应保证住宅直通室外的门在任何时候能从内部徒手开启。

【问题 1.1.118】　楼梯间窗口与客厅窗口最近边缘之间的水平间距小于 1.0m。不符合《住宅建筑规范》（GB 50368—2005）9.4.2 条的规定。

规范链接：

9.4.2　楼梯间窗口与套房窗口最近边缘之间的水平间距不应小于 1.0m。

【问题 1.1.119】　住宅建筑中相邻套房之间未采取防火分隔措施。不符合《住宅建筑规范》（GB 50368—2005）第 9.1.2 条的规定。

规范链接：

9.1.2　住宅建筑中相邻套房之间应采取防火分隔措施。

【问题 1.1.120】　住宅与其他功能空间处于同一建筑内时，住宅部分的安全出口与疏散楼梯未独立设置。不符合《住宅建筑规范》（GB 50368—2005）第 9.1.3 条的规定。

规范链接：

9.1.3　当住宅与其他功能空间处于同一建筑内时，住宅部分与非住宅部分之间应采取防火分隔措施，且住宅部分的安全出口和疏散楼梯应独立设置。

　　经营、存放和使用火灾危险性为甲、乙类物品的商店、作坊和储藏间，严禁附设在住宅建筑中。

【问题 1.1.121】　住宅建筑中底部有若干层的层高超过 3m，未按《住宅建筑规范》（GB 50368—2005）9.1.6 条注 2 的要求对这些层进行层数折算后，进行建筑防火设计。不符合《住宅建筑规范》（GB 50368—2005）9.1.6 条的规定：

> 规范链接：
>
> 9.1.6　住宅建筑的防火与疏散要求应根据建筑层数、建筑面积等因素确定。
>
> 注：1　当住宅和其他功能空间处于同一建筑内时，应将住宅部分的层数与其他功能空间的层数叠加计算建筑层数。
>
> 　　2　当建筑中有一层或若干层的层高超过3m时，应对这些层按其高度总和除以3m进行层数折算，余数不足1.5m时，多出部分不计入建筑层数；余数大于或等于1.5m时，多出部分按1层计算。

【问题 1.1.122】　住宅建筑上下相邻套房开口部位间未设置高度不低于 0.8m 的窗槛墙或设置耐火极限不低于 1.00h，其出挑宽度不应小于 0.5m，长度不应小于开口宽度的不燃性实体挑檐。不符合《住宅建筑规范》（GB 50368—2005）9.4.1 条的规定。

> 规范链接：
>
> 9.4.1　住宅建筑上下相邻套房开口部位间应设置高度不低于 0.8m 的窗槛墙或设置耐火极限不低于 1.00h 的不燃性实体挑檐，其出挑宽度不应小于 0.5m，长度不应小于开口宽度。

【问题 1.1.123】　住宅建筑中的电梯直通地下汽车库时，电梯在汽车库出入口部位未采取防火分隔措施。不符合《住宅建筑规范》（GB 50368—2005）第 9.4.4 条的规定。

> 规范链接：
>
> 9.4.4　当住宅建筑中的楼梯、电梯直通住宅楼层下部的汽车库时，楼梯、电梯在汽车库出入口部位应采取防火分隔措施。

【问题 1.1.124】　位于二层商业裙房大底盘上的多栋 18 层住宅建筑，各栋只有侧边（短边）邻近道路，可以通行消防车，不符合《住宅建筑规范》（GB 50368—2005）第 9.8.1 条的规定。

> 规范链接：
>
> 9.8.1　10 层及 10 层以上的住宅建筑应设置环形消防车道，或至少沿建筑的一个长边设置消防车道。

【问题 1.1.125】　12 层及 12 层以上的住宅未设置消防电梯。不符合《住宅建筑规范》（GB 50368—2005）第 9.8.1 条的规定：

> 规范链接：
>
> 9.8.3　12 层及 12 层以上的住宅应设置消防电梯。

第三节　《汽车库、修车库、停车场设计防火规范》
（GB 50067—2014）

【问题 1.1.126】　地下汽车库中，只有电气用房等注明耐火等级为一级，其他车库部分注明耐火等级为二级。不符合《汽车库、修车库、停车场设计防火规范》（GB 50067—2014）3.0.3 条的规定。

规范链接：

3.0.3　汽车库和修车库的耐火等级应符合下列规定：

　　1　地下、半地下和高层汽车库应为一级；

　　2　甲、乙类物品运输车的汽车库、修车库和Ⅰ类汽车库、修车库，应为一级；

　　3　Ⅱ、Ⅲ类汽车库、修车库的耐火等级不应低于二级；

　　4　Ⅳ类汽车库、修车库的耐火等级不应低于三级。

【问题 1.1.127】　建筑物外墙距离停车场防火间距小于 6.0m。不符合《汽车库、修车库、停车场设计规范》（GB 50067—2014）4.2.1 条表 4.2.1 的规定。

规范链接：

4.2.1　除本规范另有规定外，汽车库、修车库、停车场之间及汽车库、修车库、停车场与除甲类物品仓库外的其他建筑物的防火间距，不应小于表 4.2.1 的规定。其中，高层汽车库及其他建筑物，汽车库、修车库与高层建筑的防火间距应按表 4.2.1 的规定值增加 3m；汽车库、修车库与甲类厂房的防火间距应按表 4.2.1 的规定值增加 2m。

汽车库、修车库、停车场之间及汽车库、修车库、停车场
与除甲类物品仓库外的其他建筑物的防火间距（m）　　表 4.2.1

名称和耐火等级	汽车库、修车库		厂房、仓库、民用建筑		
	一、二级	三级	一、二级	三级	四级
一、二级汽车库、修车库	10	12	10	12	14
三级汽车库、修车库	12	14	12	14	16
停车场	6	8	6	8	10

注：1　防火间距应按相邻建筑物外墙的最近距离算起，如外墙有凸出的可燃物构件时，则应从其凸出部分外缘算起，停车场从靠近建筑物的最近停车位置边缘算起。

　　2　厂房、仓库的火灾危险性分类应符合现行国家标准《建筑设计防火规范》GB 50016 的有关规定。

【问题 1.1.128】　汽车坡道详图中，坡道两侧未用防火墙与停车区隔开，坡道的出入口未采用特级防火卷帘与停车区隔开，并且汽车坡道上未设置自动灭火系统，不符合《汽车库、修车库、停车场设计防火规范》（GB 50067—2014）5.3.3 条的规定。

规范链接：

5.3.3　除敞开式汽车库、斜楼板式汽车库外，其他汽车库内的汽车坡道两侧应采用防火墙与停车区隔开，坡道的出入口应采用水幕、防火卷帘或甲级防火门等与停车区隔开；但当汽车库和汽车坡道上均设置自动灭火系统时，坡道的出入口可不设置水幕、防火卷帘或甲级防火门。

【问题 1.1.129】　修车库车位数超过 15 个车位，未单独建造，不符合《汽车库、修车库、停车场设计防火规范》（GB 50067—2014）4.1.5 条的规定。

规范链接：

4.1.5　甲、乙类物品运输车的汽车库、修车库应为单层建筑，且应独立建造。当停车数量不大于 3 辆时，可与一、二级耐火等级的Ⅳ类汽车库贴邻，但应采用防火墙隔开。

【问题 1.1.130】　汽车库与幼儿园组合建造，汽车库的楼梯没有独立设置。不符合《汽车库、修车库、停车场设计防火规范》（GB 50067—2014）4.1.4 条的规定。

【问题 1.1.131】　地下汽车库与地下自行车库之间未采用耐火极限不低于 3.00h 的不燃烧体隔墙分隔。（图 1-1-131）不符合《汽车库、修车库、停车场设计防火规范》（GB 50067—2014）5.1.7 条的规定。

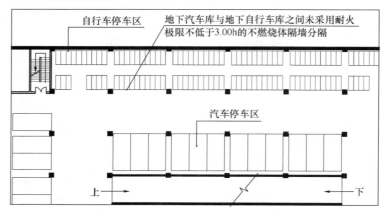

图 1-1-131　某地下室局部平面图

【问题 1.1.132】　某建筑的首层局部为架空停车库，与首层其他功能分区之间没有设置防火分隔。不满足《汽车库、修车库、停车场设计防火规范》（GB 50067—2014）5.1.7 条的规定。

【问题 1.1.133】　地下汽车库外墙门、窗、洞口的上方，未设置防火挑檐且上下窗槛墙高度不足 1.2m，不符合《汽车库、修车库、停车场设计防火规范》（GB 50067—2014）5.1.6 条的规定。

【问题 1.1.134】 汽车库内疏散楼梯净宽度小于 1.1m。不符合《汽车库、修出库、停车场设计防火规范》（GB 50067—2014）6.0.3 条第 3 款的规定。

规范链接：

6.0.3 汽车库、修车库的疏散楼梯应符合下列规定：

1 建筑高度大于 32m 的高层汽车库、室内地面与室外出入口地坪的高差大于 10m 的地下汽车库应采用防烟楼梯间，其他汽车库、修车库应采用封闭楼梯间；

2 楼梯间和前室的门应采用乙级防火门，并应向疏散方向开启；

3 疏散楼梯的宽度不应小于 1.1m。

【问题 1.1.135】 汽车库室内最远工作点至楼梯间距离在设有自动灭火系统时超过 60m。（图 1-1-135）不符合《汽车库、修车库、停车场设计防火规范》（GB 50067—2014）6.0.6 条的规定。

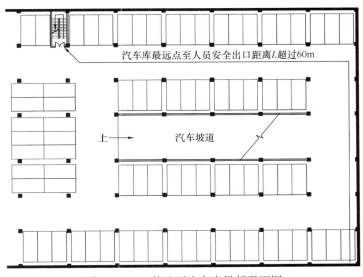

图 1-1-135 某地下汽车库局部平面图

规范链接：

6.0.6 汽车库室内任一点至最近安全出口的疏散距离不应超过 45m，当设置自动灭系统时，其距离不应超过 60m，对于单层或设在建筑物首层的汽车库，室内任一点至室外出口的疏散距离不应超过 60m。

【问题 1.1.136】 地下汽车库停车数量超过 100 个车位，仅设置一个汽车疏散出口，不符合《汽车库、修车库、停车场设计防火规范》（GB 50067—2014）6.0.8 条的规定。

规范链接：

6.0.8 室内无车道且无人员停留的机械式汽车库可不设置人员安全出口，但应按下列规定设置供灭火救援用的楼梯间：

1 每个停车区域当停车数量大于 100 辆时，应至少设置 1 个楼梯间；

2 楼梯间与停车区域之间应采用防火隔墙进行分隔，楼梯间的门应采用乙级防火门；

3 楼梯的净宽不应小于 0.9m。

【问题 1.1.137】 地下汽车库内的防火墙、防火隔墙均未砌至梁、板的底部。不符合《汽车库、修车库、停车场设计防火规范》(GB 50067—2014) 5.2.1 条的规定。

规范链接：

5.2.1 防火墙应直接设置在建筑的基础或框架、梁等承重结构上，框架、梁等承重结构的耐火极限不应低于防火墙的耐火极限。防火墙、防火隔墙应从楼地面基层隔断至梁、楼板或屋面结构层的底面。

【问题 1.1.138】 某综合体建筑，地下室车库停车数量达到 300 辆 Ⅱ 类汽车库标准，没有设置消防器材间。不符合《汽车库、修车库、停车场设计防火规范》(GB 50067—2014) 4.1.129 条的规定。

规范链接：

4.1.129 Ⅰ、Ⅱ 类汽车库、停车场宜设置耐火等级不低于二级的消防器材间。

【问题 1.1.139】 某综合体建筑，地下室车库设置有修车位。不满足《汽车库、修车库、停车场设计防火规范》(GB 50067—2014) 4.1.8 条的规定。

规范链接：

4.1.8 地下、半地下汽车库内不应设置修理车位、喷漆间、充电间、乙炔间和甲、乙类物品库房。

【问题 1.1.140】 某建筑的地下汽车库，采用机械双层停车方式，防火分区面积大于 2600m² 。不满足《汽车库、修车库、停车场设计防火规范》(GB 50067—2014) 5.1.1 条的规定。

规范链接：

5.1.1 汽车库防火分区的最大允许建筑面积应符合表 5.1.1 的规定。其中，敞开式、错层式、斜楼板式汽车库的上下连通层面积应叠加计算，每个防火分区的最大允许建筑面积不应大于表 5.1.1 规定的 2.0 倍；室内有车道且有人员停留的机械式汽车库，其防火分区最大允许建筑面积应按表 5.1.1 的规定减少 35%。

汽车库防火分区的最大允许建筑面积 （m²）　　　　　表 5.1.1

耐火等级	单层汽车库	多层汽车库、半地下汽车库	地下汽车库、高层汽车库
一、二级	3000	2500	2000
三级	1000	不允许	不允许

注：除本规范另有规定外，防火分区之间应采用符合本规范规定的防火墙、防火卷帘等分隔。

【问题 1.1.141】 某建筑的地下汽车库，人员安全出口为汽车坡道，人员安全出口和汽车疏散出口未分开设置。不满足《汽车库、修车库、停车场设计防火规范》(GB 50067—2014) 6.0.1 条的规定。

规范链接：

6.0.1 汽车库、修车库的人员安全出口和汽车疏散出口应分开设置。设置在工业与民用建筑内的汽车库，其车辆疏散出口应与其他场所的人员安全出口分开设置。

第四节 《建筑内部装修设计防火规范》（GB 50222—1995）

【问题 1.1.142】 装修设计人员不熟悉建筑设计防火规范，图纸存在设计不规范、装修材料燃烧等级未达规范要求或未标明选用材料燃烧等级等问题。

【问题 1.1.143】 与建筑防火设计相关的内容，在装修设计图纸中，未能正确表达，如门的防火等级、开启方向；装修设计改变疏散距离、疏散宽度、疏散出口数量等，从而使设计达不到相关规范要求。

【问题 1.1.144】 装修设计在平面布置和采用建筑材料上未满足《建筑内部装修设计防火规范》（GB 50222—1995）的要求。

【问题 1.1.145】 位于某建筑首层的资料储藏室，其顶棚的装修材料选用 B_1 级。不符合《建筑内部装修设计防火规范》（GB 50222—1995）3.1.3 条的规定。

规范链接：
3.1.3 图书室、资料室、档案室和存放文物的房间，其顶棚、墙面应采用 A 级装修材料，地面应采用不低于 B_1 级的装修材料。

【问题 1.1.146】 消防水泵房、排烟机房等未采用 A 级装修材料。不符合《建筑内部装修设计防火规范》（GB 50222—1995）3.1.5 条的规定。

规范链接：
3.1.5 消防水泵房、排烟机房、固定灭火系统钢瓶间、配电室、变压器室、通风和空调机房等，其内部所有装修均应采用 A 级装修材料。

【问题 1.1.147】 无自然采光楼梯间、封闭楼梯间、防烟楼梯间的顶棚、墙面和地面未采用 A 级装修材料。不符合《建筑内部装修设计防火规范》（GB 50222—1995）3.1.6 条的规定。

规范链接：
3.1.6 无自然采光楼梯间、封闭楼梯间、防烟楼梯间的顶棚、墙面和地面均应采用 A 级装修材料。

【问题 1.1.148】 地上建筑的水平疏散走道和安全出口的门厅，其顶棚装饰材料未采用 A 级装修材料。不符合《建筑内部装修设计防火规范》（GB 50222—1995）3.1.13 条的规定。

规范链接：
3.1.13 地上建筑的水平疏散走道和安全出口的门厅，其顶棚装饰材料应采用 A 级装修材料，其他部位应采用不低于 B_1 级的装修材料。

【问题 1.1.149】 建筑室内装修设计减少建筑的安全出口、疏散出口数量。不符合《建筑内部装修设计防火规范》（GB 50222—1995）第 3.1.15A 条的规定。

【问题 1.1.150】 建筑室内装修设计减少建筑内部的疏散通道净宽度。不符合《建筑内部装修设计防火规范》（GB 50222—1995）第 3.1.15A 条的规定。

规范链接：
第 3.1.15A 条 建筑内部装修不应减少安全出口、疏散出口和疏散走道的设计所需的净宽度和数量。

[说明] 本条为新增条文。

据调查，室内装修设计存在随意减少建筑内的安全出口、疏散出口和疏散走道的宽度和数量的现象，为防止这种情况出现，作出本条规定。

【问题 1.1.151】 建筑室内装修设计遮挡消防设施。不符合《建筑内部装修设计防火规范》（GB 50222—1995）第3.1.15条的规定。

规范链接：

3.1.15 建筑内部装修不应遮挡消防设施、疏散指示标志及安全出口，并不应妨碍消防设施和疏散走道的正常使用。

【问题 1.1.152】 歌舞厅、录像厅、放映厅、游艺厅、网吧等歌舞娱乐放映游艺场所（以下简称歌舞娱乐放映游艺场所）设置在一、二级耐火等级建筑的四层及四层以上时，室内装修的顶棚材料未采用A级装修材料，其他部位未采用不低于B1级的装修材料。不符合《建筑内部装修设计防火规范》（GB 50222—1995）第3.1.18条的规定。

规范链接：

第3.1.18条 当歌舞厅、卡拉OK厅（含具有卡拉OK功能的餐厅）、夜总会、录像厅、放映厅、桑拿浴室（除洗浴部分外）、游艺厅（含电子游艺厅）、网吧等歌舞娱乐放映游艺场所（以下简称歌舞娱乐放映游艺场所）设置在一、二级耐火等级建筑的四层及四层以上时，室内装修的顶棚材料应采用A级装修材料，其他部位应采用不低于B1级的装修材料；当设置在地下一层时，室内装修的顶棚、墙面材料应采用A级装修材料，其他部位应采用不低于B1级的装修材料。

第五节 其 他《规 范》

【问题 1.1.153】 位于某综合建筑内的厨房热加工间上方为其他功能用房，外墙窗洞上方未设宽度不小于1m的防火挑檐。不满足《饮食建筑设计规范》（JGJ 64—1989）第3.3.11条的规定。

规范链接：

第3.3.11条 热加工间的上层有餐厅或其他用房时，其外墙开口上方应设宽度不小于1m的防火挑檐。

【问题 1.1.154】 办公建筑的开放式、半开放式办公室，其室内任何一点至最近的安全出口的直线距离超过30m。不满足《办公建筑设计规范》（JGJ 67—2006）5.0.2条的规定。

规范链接：

5.0.2 办公建筑的开放式、半开放式办公室，其室内任何一点至最近的安全出口的直线距离不应超过30m。

【问题 1.1.155】　某办公综合楼建筑，建筑上部办公部分与二层的对外餐厅共用疏散楼梯。不满足《办公建筑设计规范》(JGJ 67—2006) 5.0.3 条的规定。

规范链接：

5.0.3　综合楼内的办公部分的疏散出入口不应与同一楼内对外的商场、营业厅、娱乐、餐饮等人员密集场所的疏散出入口共用。

【问题 1.1.156】　某办公建筑内的档案室，采用普通木门。不满足《办公建筑设计规范》(JGJ 67—2006) 5.0.5 条的规定。

规范链接：

5.0.5　机要室、档案室和重要库房等隔墙的耐火极限不应小于 2h，楼板不应小于 1.5h，并应采用甲级防火门。

【问题 1.1.157】　某综合建筑内有影城，银幕材料的燃烧性能为 B_2 级。不满足《电影院建筑设计规范》(JGJ 58—2008) 6.1.6 条的规定。

规范链接：

6.1.6　银幕架、扬声器支架应采用不燃材料制作，银幕和所有幕帘材料不应低于 B_1 级。

【问题 1.1.158】　某综合建筑内有影城，放映厅墙面的装修材料木龙骨未做阻燃处理的。不满足《电影院建筑设计规范》(JGJ 58—2008) 6.1.7 条的规定。

规范链接：

6.1.7　放映机房应采用耐火极限不低于 2.0h 的隔墙和不低于 1.5h 的楼板与其他部位隔开。顶棚装修材料不应低于 A 级，墙面、地面材料不应低于 B_1 级。

【问题 1.1.159】　电影院顶棚、墙面装饰采用的龙骨材料均为 B_1 级材料。不满足《电影院建筑设计规范》(JGJ 58—2008) 6.1.8 条的规定：

规范链接：

6.1.8　电影院顶棚、墙面装饰采用的龙骨材料均应为 A 级材料。

【问题 1.1.160】　某建筑的地下室设置有锅炉房，锅炉房上方为商业营业厅。不满足《锅炉房设计规范》(GB 50041—2008) 4.1.3 条的规定。

规范链接：

4.1.3　当锅炉房和其他建筑物相连或设置在其内部时，严禁设置在人员密集场所和重要部门的上一层、下一层、贴邻位置以及主要通道、疏散口的两旁，并应设置在首层或地下室一层靠建筑物外墙部位。

【问题 1.1.161】　商店营业厅的疏散门设置有平开门，且向疏散方向开启，其净宽小于 1.40m。不符合《商店建筑设计规范》(JGJ 48—2014) 第 5.2.3 条的规定。

规范链接：

5.2.3 商店营业厅的疏散门应为平开门，且应向疏散方向开启，其净宽不应小于 1.40m，并不宜设置门槛。

【问题 1.1.162】 商店营业区的疏散通道和楼梯间内的装修影响疏散宽度。不符合《商店建筑设计规范》（JGJ 48—2014）第 5.2.4 条的规定。

规范链接：

5.2.4 商店营业区的疏散通道和楼梯间内的装修、橱窗和广告牌等均不得影响疏散宽度。

【问题 1.1.163】 大型商店的营业厅设置在五层及以上时，未设置 2 个直通屋顶平台的疏散楼梯间。屋顶平台上无障碍物的避难面积小于最大营业层建筑面积的 50%。不符合《商店建筑设计规范》（JGJ 48—2014）第 5.2.5 条的规定。

规范链接：

5.2.5 大型商店的营业厅设置在五层及以上时，应设置不少于 2 个直通屋顶平台的疏散楼梯间。屋顶平台上无障碍物的避难面积不宜小于最大营业层建筑面积的 50%。

【问题 1.1.164】 新建步行商业街，没有考虑通行消防车未留有宽度不小于 4m 的消防车通道。不符合《商店建筑设计规范》（JGJ 48—2014）第 3.3.3 条第 2 款规定。

规范链接：

3.3.3 步行商业街除应符合现行国家标准《建筑设计防火规范》GB 5016 的相关规定外，还应符合下列规定：

　　1 利用现有街道改造的步行商业街，其街道最窄处不宜小于 6m；

　　2 新建步行商业街应留有宽度不小于 4m 的消防车通道；

　　3 车辆限行的步行商业街长度不宜大于 500m；

　　4 当有顶棚的步行商业街上空设有悬挂物时，净高不应小于 4.00m，顶棚和悬挂物的材料应符合现行国家标准《建筑设计防火规范》GB 50016 的相关规定，且应采取确保安全的构造措施。

【问题 1.1.165】 某十一层的通廊式宿舍建筑，未设封闭楼梯间。不符合《宿舍建筑设计规范》（JGJ 36—2005）第 4.5.2 条的规定。

规范链接：

4.5.2 通廊式宿舍和单元式宿舍楼梯间的设置应符合下列规定：

　　1 七层至十一层的通廊式宿舍应设封闭楼梯间，十二层及十二层以上的应设防烟楼梯间。

　　2 十二层至十八层的单元式宿舍应设封闭楼梯间，十九层及十九层以上的应设防烟楼梯间。七层及七层以上各单元的楼梯间均应通至屋顶。但十层以下的宿舍，在每层居室通向楼梯间的出入口处有乙级防火门分隔时，则该楼梯间可不通至屋顶。

　　3 楼梯间应直接采光、通风。

【问题 1.1.166】 某宿舍建筑楼梯梯段净宽小于 1.20m。不符合《宿舍建筑设计规范》（JGJ 36—2005）第4.5.3条的规定。

> **规范链接：**
>
> 4.5.3 楼梯门、楼梯及走道总宽度应按每层通过人数每100人不小于1m计算，且梯段净宽不应小于1.20m，楼梯平台宽度不应小于楼梯梯段净宽。

【问题1.1.167】 某宿舍建筑的楼梯间出口门洞宽度只有1200宽，不符合《宿舍建筑设计规范》（JGJ 36—2005）第4.5.7条的规定。

> **规范链接：**
>
> 4.5.7 宿舍安全出口门不应设置门槛，其净宽不应小于1.40m。

【问题1.1.168】 某图书馆建筑，地下室布置有综合书库，防火分区面积为1000m²，不符合《图书馆建筑设计规范》（JGJ 38—1999）第6.2.2条的规定。

> **规范链接：**
>
> 6.2.2 基本书库、非书资料库、藏阅合一的阅览空间防火分区最大允许建筑面积：当为单层时，不应大于1500m²；当为多层，建筑高度不超过24.00m时，不应大于1000m²；当高度超过24.00m时，不应大于700m²；地下室或半地下室的书库，不应大于300m²。
>
>   当防火分区设有自动灭火系统时，其允许最大建筑面积可按上述规定增加1.00倍，当局部设置自动灭火系统时，增加面积可按该局部面积的1.00倍计算。

【问题1.1.169】 某图书馆建筑，书库、非书资料库、珍善本书库、特藏书库等防火墙上的防火门设为乙级防火门。不符合《图书馆建筑设计规范》（JGJ 38—1999）第6.2.5条的规定。

> **规范链接：**
>
> 6.2.5 书库、非书资料库、珍善本书库、特藏书库等防火墙上的防火门应为甲级防火门。

【问题1.1.170】 某一级耐火等级的幼儿园建筑中的生活用房，设置在四层。不符合《托儿所、幼儿园建筑设计规范》（JGJ 39—1987）第3.6.2条的规定。

> **规范链接：**
>
> 第3.6.2条 托儿所、幼儿园的生活用房在一、二级耐火等级的建筑中，不应设在四层及四层以上；三级耐火等级的建筑不应设在三层及三层以上；四级耐火等级的建筑不应超过一层。平屋顶可作为安全避难和室外游戏场地，但应有防护设施。

【问题1.5.171】 某幼儿园建筑的楼梯间，未在楼梯间靠墙一侧设置0.60m高的幼儿扶手。不符合《托儿所、幼儿园建筑设计规范》（JGJ 39—1987）第3.6.5条的规定。

> **规范链接：**
>
> 第3.6.5条 楼梯、扶手、栏杆和踏步应符合下列规定：
>
> 一、楼梯除设成人扶手外，并应在靠墙一侧设幼儿扶手，其高度不应大于0.60m。
>
> 二、楼梯栏杆垂直线饰间的净距不应大于0.11m。当楼梯井净宽度大于0.20m时，必须采取

安全措施。

三、楼梯踏步的高度不应大于0.15m，宽度不应小于0.26m。

四、在严寒、寒冷地区设置的室外安全疏散楼梯，应有防滑措施。

【问题 1.1.172】 某幼儿园建筑，活动室采用单扇门，其宽度小于1.20m。不符合《托儿所、幼儿园建筑设计规范》（JGJ 39—1987）第3.6.6条的规定。

规范链接：

第3.6.6条 活动室、寝室、音体活动室应设双扇平开门，其宽度不应小于1.20m。疏散通道中不应使用转门、弹簧门和推拉门。

【问题 1.1.173】 某幼儿园建筑中，单面布置生活用房的走廊净宽度小于1.5m。不符合《托儿所、幼儿园建筑设计规范》（JGJ 39—1987）第3.6.3条的规定：

规范链接：

第3.6.3条 主体建筑走廊净宽度不应小于表3.6.3的规定。

走廊最小净宽度（m）   表3.6.3

房间名称 \ 房间布置	双面布房	单面布房或外廊
生活用房	1.8	1.5
服务供应用房	1.5	1.3

第二章　建　筑　设　计

第一节　《民用建筑设计通则》（GB 50352—2005）

【**问题 1.2.1**】　基地内建筑面积大于 3000m²，建筑基地只有一条 6m 宽道路与城市道路连接。道路宽度不符合《民用建筑设计通则》（GB 50352—2005）第 4.1.2 条的规定。

> **规范链接：**
> 4.1.2　基地应与道路红线相邻接，否则应设基地道路与道路红线所划定的城市道路相连接。基地内建筑面积小于或等于 3000m² 时，基地道路的宽度不应小于 4m，基地内建筑面积大于 3000m² 且只有一条基地道路与城市道路相连接时，基地道路的宽度不应小于 7m，若有两条以上基地道路与城市道路相连接时，基地道路的宽度不应小于 4m。

【**问题 1.2.2**】　基地机动车出入口位置与大中城市主要干道交叉口的距离，自道路红线交叉点量起小于 70m（图 1-2-2）。不符合《民用建筑设计通则》（GB 50352—2005）第 4.1.5 条第 1 款的规定。

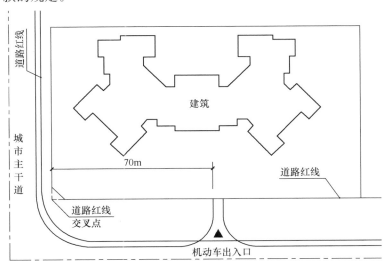

图 1-2-2　某住宅区总图

【**问题 1.2.3**】　基地机动车出入口位置与人行过街天桥、人行地道的最边缘线的距离小于 5.0m。不符合《民用建筑设计通则》（GB 50352—2005）第 4.1.5 条第 2 款的规定。

【**问题 1.2.4**】　基地机动车出入口位置与地铁出入口、公共交通站台边缘的距离小于 15m。不符合《民用建筑设计通则》（GB 50352—2005）第 4.1.5 条第 3 款的规定。

【**问题 1.2.5**】　基地机动车出入口位置与公园、学校、儿童及残疾人使用建筑的出入口的距离小于 20m。不符合《民用建筑设计通则》（GB 50352—2005）第 4.1.5 条第 4 款的规定。

规范链接：

4.1.5　基地机动车出入口位置应符合下列规定：

1　与大中城市主干道交叉口的距离，自道路红线交叉点量起不应小于 70m；

2　与人行横道线、人行过街天桥、人行地道（包括引道、引桥）的最边缘线不应小于 5m；

3　距地铁出入口、公共交通站台边缘不应小于 15m；

4　距公园、学校、儿童及残疾人使用建筑的出入口不应小于 20m；

5　当基地道路坡度大于 8% 时，应设缓冲段与城市道路连接；

6　与立体交叉口的距离或其他特殊情况，应符合当地城市规划行政主管部门的规定。

【问题 1.2.6】　建筑物及附属设施突出道路红线和用地红线布置。（图 1-2-6）不符合《民用建筑设计通则》（GB 50352—2005）4.2.1 条的规定。

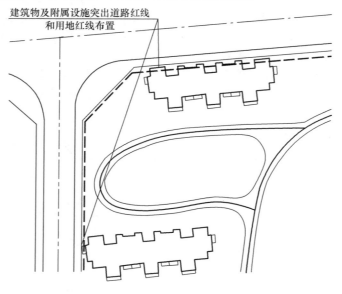

图 1-2-6　某住宅区总图

规范链接：

4.2.1　建筑物及附属设施不得突出道路红线和用地红线建造，不得突出的建筑突出物为：

——地下建筑物及附属设施，包括结构挡土桩、挡土墙、地下室、地下室底板及其基础、化粪池等；

——地上建筑物及附属设施，包括门廊、连廊、阳台、室外楼梯、台阶、坡道、花池、围墙、平台、散水明沟、地下室进排风口、地下室出入口、集水井、采光井等；

——除基地内连接城市的管线、隧道、天桥等市政公共设施外的其他设施。

【问题 1.2.7】　某建筑采光天井栏杆，临空高度在 24m 以下时，栏杆高度低于 1.05m。不符合《民用建筑设计通则》（GB 50352—2005）6.6.3 条的规定。

规范链接：

6.6.3 阳台、外廊、室内回廊、内天井、上人屋面及室外楼梯等临空处应设置防护栏杆，并应符合下列规定：

　　1　栏杆应以坚固、耐久的材料制作，并能承受荷载规范规定的水平荷载；

　　2　临空高度在24m以下时，栏杆高度不应低于1.05m，临空高度在24m及24m以上（包括中高层住宅）时，栏杆高度不应低于1.10m；

　　注：栏杆高度应从楼地面或屋面至栏杆扶手顶面垂直高度计算，如底部有宽度大于或等于0.22m，且高度低于或等于0.45m的可踏部位，应从可踏部位顶面起计算。

　　3　栏杆离楼面或屋面0.10m高度内不宜留空；

　　4　住宅、托儿所、幼儿园、中小学及少年儿童专用活动场所的栏杆必须采用防止少年儿童攀登的构造，当采用垂直杆件做栏杆时，其杆件净距不应大于0.11m；

　　5　文化娱乐建筑、商业服务建筑、体育建筑、园林景观建筑等允许少年儿童进入活动的场所，当采用垂直杆件做栏杆时，其杆件净距也不应大于0.11m。

【问题1.2.8】　厨房备餐间、洗衣间、消毒间地面未低于相邻走道和房间地面，且没有防水和排水构造措施，房间四周墙体未做不小于120高的混凝土翻边。不符合《民用建筑设计通则》（GB 50352—2005）6.12.3条的规定。

规范链接：

6.12.3　厕浴间、厨房等受水或非腐蚀性液体经常浸湿的楼地面应采用防水、防滑类面层，且应低于相邻楼地面，并设排水坡坡向地漏；厕浴间和有防水要求的建筑地面必须设置防水隔离层；楼层结构必须采用现浇混凝土或整块预制混凝土板，混凝土强度等级不应小于C20；楼板四周除门洞外，应做混凝土翻边，其高度不应小于120mm。

　　经常有水流淌的楼地面应低于相邻楼地面或设门槛等挡水设施，且应有排水措施，其楼地面应采用不吸水、易冲洗、防滑的面层材料，并应设置防水隔离层。

【问题1.2.9】　办公室的公共卫生间直接布置在幼儿寝室的上层。（图1-2-9-1、图1-2-9-2）不符合《民用建筑设计通则》（GB 50352—2005）6.5.1条的规定。

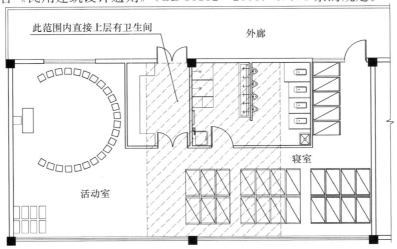

图1-2-9-1　某综合楼一层（幼儿园）

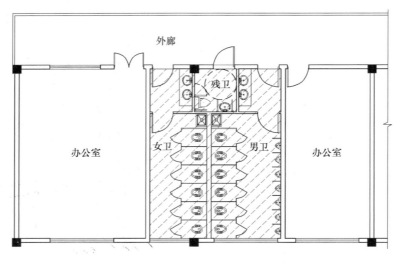

图 1-2-9-2 某综合楼二层（办公）

【问题 1.2.10】 上层餐厅包房的卫生间位于下层中餐厅的上方，且没有任何处理。不符合《民用建筑设计通则》（GB 50352—2005）6.5.1 条的规定。

> **规范链接：**
>
> 6.5.1 厕所、盥洗室、浴室应符合下列规定：
>
> 1 建筑物的厕所、盥洗室、浴室不应直接布置在餐厅、食品加工、食品贮存、医药、医疗、变配电等有严格卫生要求或防水、防潮要求用房的上层；除本套住宅外，住宅卫生间不应直接布置在下层的卧室、起居室、厨房和餐厅的上层；
>
> 2 卫生设备配置的数量应符合专用建筑设计规范的规定，在公用厕所男女厕位的比例中，应适当加大女厕位比例；
>
> 3 卫生用房宜有天然采光和不向邻室对流的自然通风，无直接自然通风和严寒及寒冷地区用房宜设自然通风道；当自然通风不能满足通风换气要求时，应采用机械通风；
>
> 4 楼地面、楼地面沟槽、管道穿楼板及楼板接墙面处应严密防水、防渗漏；
>
> 5 楼地面、墙面或墙裙的面层应采用不吸水、不吸污、耐腐蚀、易清洗的材料；
>
> 6 楼地面应防滑，楼地面标高宜略低于走道标高，并应有坡度坡向地漏或水沟；
>
> 7 室内上下水管和浴室顶棚应防冷凝水下滴，浴室热水管应防止烫人；
>
> 8 公用男女厕所宜分设前室，或有遮挡措施；
>
> 9 公用厕所宜设置独立的清洁间。

【问题 1.2.11】 厕所隔间采用内开门时，厕所隔间至对面小便器外沿的净距小于 1.10m。不符合《民用建筑设计通则》（GB 50352—2005）6.5.3 条第 8 款的规定。

【问题 1.2.12】 单侧厕所隔间采用外开门时，单侧厕所隔间至对面墙面的净矩小于 1.10m。不符合《民用建筑设计通则》（GB 50352—2005）6.5.3 条第 7 款的规定。

【问题 1.2.13】 双侧洗脸盆外沿之间的净距小于 1.8m。不符合《民用建筑设计通则》（GB 50352—2005）6.5.3 条第 4 款的规定。

【问题 1.2.14】 洗脸盆水嘴中心与侧墙面净距小于 0.55m。不符合《民用建筑设计通则》（GB 50352—2005）6.5.3 条第 1 款的规定。

规范链接：

6.5.3 卫生设备间距应符合下列规定：

　　1　洗脸盆或盥洗槽水嘴中心与侧墙面净距不宜小于0.55m；

　　2　并列洗脸盆或盥洗槽水嘴中心间距不应小于0.70m；

　　3　单侧并列洗脸盆或盥洗槽外沿至对面墙的净距不应小于1.25m；

　　4　双侧并列洗脸盆或盥洗槽外沿之间的净距不应小于1.80m；

　　5　浴盆长边至对面墙面的净距不应小于0.65m；无障碍盆浴间短边净宽度不应小于2m；

　　6　并列小便器的中心距离不应小于0.65m；

　　7　单侧厕所隔间至对面墙面的净距：当采用内开门时，不应小于1.10m；当采用外开门时不应小于1.30m；双侧厕所隔间之间的净距：当采用内开门时，不应小于1.10m；当采用外开门时不应小于1.30m；

　　8　单侧厕所隔间至对面小便器或小便槽外沿的净距：当采用内开门时，不应小于1.10m；当采用外开门时，不应小于1.30m。

【问题1.2.15】　公共建筑电梯厅、楼梯间的窗台低于0.80m时，未设置护窗栏杆。不符合《民用建筑设计通则》（GB 50352—2005）6.10.3条第4款的规定。

规范链接：

6.10.3 窗的设置应符合下列规定：

　　1　窗扇的开启形式应方便使用，安全和易于维修、清洗；

　　2　当采用外开窗时应加强牢固窗扇的措施；

　　3　开向公共走道的窗扇，其底面高度不应低于2m；

　　4　临空的窗台低于0.80m时，应采取防护措施，防护高度由楼地面起计算不应低于0.80m；

　　5　防火墙上必须开设窗洞时，应按防火规范设置；

　　6　天窗应采用防破碎伤人的透光材料；

　　7　天窗应有防冷凝水产生或引泄冷凝水的措施；

　　8　天窗应便于开启、关闭、固定、防渗水，并方便清洗。

　　注：1　住宅窗台低于0.90m时，应采取防护措施；

　　　　2　低窗台、凸窗等下部有能上人站立的宽窗台面时，贴窗护栏或固定窗的防护高度应从窗台面起计算。

【问题1.2.16】　某建筑屋面栏杆设计高度，未考虑建筑屋面找坡、保温防水层厚度及变形缝突出高度等因素。其上人屋面栏杆高度不符合《民用建筑设计通则》（GB 50352—2005）第6.6.3条的规定。

【问题1.2.17】　某高层建筑阳台、外廊、室内回廊防护栏杆的节点详图中，从可踏面算起栏杆净高度低于1.10m。不符合《民用建筑设计通则》（GB 50352—2005）6.6.3条第2款的规定。

规范链接：

6.6.3 阳台、外廊、室内回廊、内天井、上人屋面及室外楼梯等临空处应设置防护栏杆，并应符合下列规定：

　　1　栏杆应以坚固、耐久的材料制作，并能承受荷载规范规定的水平荷载；

2 临空高度在 24m 以下时，栏杆高度不应低于 1.05m，临空高度在 24m 及 24m 以上（包括中高层住宅）时，栏杆高度不应低于 1.10m；

注：栏杆高度应从楼地面或屋面至栏杆扶手顶面垂直高度计算，如底部有宽度大于或等于 0.22m，且高度低于或等于 0.45m 的可踏部位，应从可踏部位顶面起计算。

3 栏杆离楼面或屋面 0.10m 高度内不宜留空；

4 住宅、托儿所、幼儿园、中小学及少年儿童专用活动场所的栏杆必须采用防止少年儿童攀登的构造，当采用垂直杆件做栏杆时，其杆件净距不应大于 0.11m；

5 文化娱乐建筑、商业服务建筑、体育建筑、园林景观建筑等允许少年儿童进入活动的场所，当采用垂直杆件做栏杆时，其杆件净距也不应大于 0.11m。

【问题 1.2.18】 某住宅小区配变电所直接通向室外的门，没有设置丙级防火门。不符合《民用建筑设计通则》（GB 50352—2005）8.3.2 第 4 款的规定。

规范链接：

8.3.2 配变电所防火门的级别应符合下列要求：

1 设在高层建筑内的配变电所，应采用耐火极限不低于 2h 的隔墙、耐火极限不低于 1.50h 的楼板和甲级防火门与其他部位隔开；

2 可燃油油浸变压器室通向配电室或变压器室之间的门应为甲级防火门；

3 配变电所内部相通的门，宜为丙级的防火门；

4 配变电所直接通向室外的门，应为丙级防火门。

【问题 1.2.19】 民用建筑物内配变电所的疏散门未向外开启，配电室长度大于 7m 时未设两个出口。不符合《民用建筑设计通则》（GB 50352—2005）8.3.1.6 条和 8.3.1.7 的规定。

【问题 1.2.20】 民用建筑物内配变电所，安装可燃油油浸电力变压器总容量不超过 1260kVA、单台容量不超过 630 kVA 的变电室外墙开口部位上方，未设置宽度不小于 1m 的不燃烧体的防火挑檐。不符合《民用建筑设计通则》（GB 50352—2005）8.3.1 条第 2 款的规定。

规范链接：

8.3.1 民用建筑物内配变电所，应符合下列要求：

1 配变电所位置的选择，应符合下列要求：

1）宜接近用电负荷中心；

2）应方便进出线；

3）应方便设备吊装运输；

4）不应设在厕所、浴室或其他经常积水场所的正下方，且不宜与上述场所相贴邻；装有可燃油电气设备的变配电室，不应设在人员密集场所的正上方、正下方、贴邻和疏散出口的两旁；

5）当配变电所的正上方、正下方为住宅、客房、办公室等场所时，配变电所应作屏蔽处理。

2 安装可燃油油浸电力变压器总容量不超过 1260kVA、单台容量不超过 630kVA 的变配电室可布置在建筑主体内首层或地下一层靠外墙部位，并应设直接对外的安全出口，变压器室的门应为甲级防火门；外墙开口部位上方，应设置宽度不小于 1m 不燃烧体的防火挑檐；

3 可燃油油浸电力变压器室的耐火等级应为一级，高压配电室的耐火等级不应低于二级，低压配电室的耐火等级不应低于三级，屋顶承重构件的耐火等级不应低于二级；

4 不带可燃油的高、低压配电装置和非油浸的电力变压器，可设置在同一房间内；

5 高压配电室宜设不能开启的距室外地坪不低于1.80m的自然采光窗，低压配电室可设能开启的不临街的自然采光窗；

6 长度大于7m的配电室应在配电室的两端各设一个出口，长度大于60m时，应增加一个出口；

7 变压器室、配电室的进出口门应向外开启；

8 变压器室、配电室等应设置防雨雪和小动物从采光窗、通风窗、门、电缆沟等进入室内的设施；

9 变配电室的电缆夹层、电缆沟和电缆室应采取防水、排水措施；

10 变配电室不应有与其无关的管道和线路通过；

11 变配电室、控制室、楼层配电室宜做等电位联结；

12 变配电室重地应设与外界联络的通信接口、宜设出入口控制。

【问题1.2.21】 某高层建筑电梯候梯厅的深度小于1.50m，且屋面电梯机房无自然采光窗。不符合《民用建筑设计通则》（GB 50352—2005）6.8.1条第4款和第6款的规定。

规范链接：

6.8.1 电梯设置应符合下列规定：

1 电梯不得计作安全出口；

2 以电梯为主要垂直交通的高层公共建筑和12层及12层以上的高层住宅，每栋楼设置电梯的台数不应少于2台；

3 建筑物每个服务区单侧排列的电梯不宜超过4台，双侧排列的电梯不宜超过2×4台；电梯不应在转角处贴邻布置；

4 电梯候梯厅的深度应符合表6.8.1的规定，并不得小于1.50m；

候梯厅深度 表6.8.1

电梯类别	布置方式	候梯厅深度
住宅电梯	单台	≥B
	多台单侧排列	≥B^*
	多台双侧排列	≥相对电梯B^*之和并<3.50m
公共建筑电梯	单台	≥1.5B
	多台单侧排列	≥1.5B^*，当电梯群为4台时应≥2.40m
	多台双侧排列	≥相对电梯B^*之和并<4.50m
病床电梯	单台	≥1.5B
	多台单侧排列	≥1.5B^*
	多台双侧排列	≥相对电梯B^*之和

注：B为轿厢深度，B^*为电梯群中最大轿厢深度。

> 5 电梯井道和机房不宜与有安静要求的用房贴邻布置，否则应采取隔振、隔声措施；
> 6 机房应为专用的房间，其围护结构应保温隔热，室内应有良好通风、防尘，宜有自然采光，不得将机房顶板作水箱底板及在机房内直接穿越水管或蒸汽管。

【问题 1.2.22】 某柴油发电机房仅设置一扇门，且未预留吊装孔。不符合《民用建筑设计通则》（GB 50352—2005）第 8.3.3 条第 3 款的规定。

【问题 1.2.23】 某柴油发电机间与控制室和配电室之间的门和观察窗未采取防火措施，门未开向发电机间。不符合《民用建筑设计通则》（GB 50352—2005）8.3.3 条第 4 款的规定。

> **规范链接：**
> 8.3.3 柴油发电机房应符合下列要求：
> 1 柴油发电机房的位置选择及其他要求应符合本通则第 8.3.1 条的要求；
> 2 柴油发电机房宜设有发电机间、控制及配电室、储油间、备件贮藏间等；设计时可根据具体情况对上述房间进行合并或增减；
> 3 发电机间应有两个出入口，其中一个出口的大小应满足运输机组的需要，否则应预留吊装孔；
> 4 发电机向出入口的门应向外开启；发电机间与控制室或配电室之间的门和观察窗应采取防火措施，门开向发电机间；
> 5 柴油发电机组宜靠近一级负荷或变配电室设置；
> 6 柴油发电机房可布置在高层建筑裙房的首层或地下一层，并应符合下列要求：
> 1）柴油发电机房应采用耐火极限不低于 2h 或 3h 的隔墙和 1.50h 的楼板、甲级防火门与其他部位隔开；
> 2）柴油发电机房内应设置储油间，其总储存量不应超过 8h 的需要量，储油间应采用防火墙与发电机间隔开；当必须在防火墙上开门时，应设置能自行关闭的甲级防火门；
> 3）应设置火灾自动报警系统和自动灭火系统；
> 4）柴油发电机房设置在地下一层时，至少应有一侧靠外墙，热风和排烟管道应伸出室外。排烟管道的设置应达到环境保护要求。
> 7 柴油发电机房进风口宜设在正对发电机端或发电机端两侧；
> 8 柴油发电机房应采取机组消声及机房隔声综合治理措施。

【问题 1.2.24】 某公共建筑，房间疏散门门扇开足时，影响走道的疏散宽度。不符合《民用建筑设计通则》（GB 50352—2005）6.10.4 条第 5 款的规定。

【问题 1.2.25】 某公共建筑，楼梯间的疏散门扇开足时，影响楼梯平台的疏散宽度。（图 1-2-25）不符合《民用建筑设计通则》（GB 50352—2005）6.10.4 条第 5 款的规定。

> **规范链接：**
> 6.10.4 门的设置应符合下列规定：
> 1 外门构造应开启方便，坚固耐用；
> 2 手动开启的大门扇应有制动装置，推拉门应有防脱轨的措施；
> 3 双面弹簧门应在可视高度部分装透明安全玻璃；

4 旋转门、电动门、卷帘门和大型门的邻近应另设平开疏散门，或在门上设疏散门；

5 开向疏散走道及楼梯间的门扇开足时，不应影响走道及楼梯平台的疏散宽度；

6 全玻璃门应选用安全玻璃或采取防护措施，并应设防撞提示标志；

7 门的开启不应跨越变形缝。

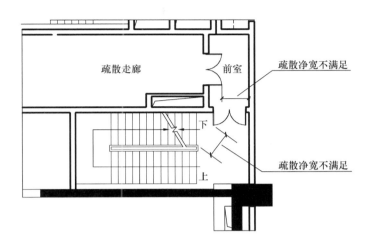

图 1-2-25 门扇开启后影响疏散净宽示意图

【问题 1.2.26】 某民用建筑的楼梯梯段宽度为 2.2m，梯段净宽达三股人流宽度，未在楼梯两侧设置扶手。不符合《民用建筑设计通则》（GB 50352—2005）6.7.6 条的规定。

规范链接：

6.7.6 楼梯应至少于一侧设扶手，梯段净宽达三股人流时应两侧设扶手，达四股人流时宜加设中间扶手。

【问题 1.2.27】 某建筑的疏散楼梯梯段踏步数超过 18 级。不符合《民用建筑设计通则》（GB 50352—2005）6.7.4 条规定。

【问题 1.2.28】 某建筑设置有四跑楼梯，其中一个梯段的踏步数为 2 级。不符合《民用建筑设计通则》（GB 50352—2005）6.7.4 条规定。

规范链接：

6.7.4 每个梯段的踏步不应超过 18 级，亦不应少于 3 级。

【问题 1.2.29】 楼梯平台上部及下部过道处的净高小于 2.0m。不符合《民用建筑设计通则》（GB 50352—2005）6.7.5 条的规定。

规范链接：

6.7.5 楼梯平台上部及下部过道处的净高不应小于 2m，梯段净高不宜小于 2.20m。

注：梯段净高为自踏步前缘（包括最低和最高一级踏步前缘线以外 0.30m 范围内）量至上方突出物下缘间的垂直高度。

【问题 1.2.30】 托儿所、幼儿园、中小学及少年儿童专用活动场所的楼梯，梯井净宽大于 0.2m 时，未采取防止少年儿童攀滑的措施，不符合《民用建筑设计通则》（GB 50352—2005）第 6.7.9 条的规定。

规范链接：

6.7.9 托儿所、幼儿园、中小学及少年儿童专用活动场所的楼梯，梯井净宽大于 0.20m 时，必须采取防止少年儿童攀滑的措施，楼梯栏杆应采取不易攀登的构造，当采用垂直杆件做栏杆时，其杆件净距不应大于 0.11m。

【问题 1.2.31】 开向公共走道的窗扇，其底面高度低于 2.0m。不符合《民用建筑设计通则》（GB 50352—2005）第 6.10.3 条第 3 款的规定。

规范链接：

6.10.3 窗的设置应符合下列规定：

1 窗扇的开启形式应方便使用，安全和易于维修、清洗；

2 当采用外开窗时应加强牢固窗扇的措施；

3 开向公共走道的窗扇，其底面高度不应低于 2m；

4 临空的窗台低于 0.80m 时，应采取防护措施，防护高度由楼地面起计算不应低于 0.80m；

5 防火墙上必须开设窗洞时，应按防火规范设置；

6 天窗应采用防破碎伤人的透光材料；

7 天窗应有防冷凝水产生或引泄冷凝水的措施；

8 天窗应便于开启、关闭、固定、防渗水，并方便清洗。

注：1 住宅窗台低于 0.90m 时，应采取防护措施；

2 低窗台、凸窗等下部有能上人站立的宽窗台面时，贴窗护栏或固定窗的防护高度应从窗台面起计算。

【问题 1.2.32】 某幼儿园、中小学校建筑的楼梯踏步的高宽比为 0.25m×0.16m。不符合《民用建筑设计通则》（GB 50352—2005）第 6.7.10 条表 6.7.10 的规定。

规范链接：

6.7.10 楼梯踏步的高宽比应符合表 6.7.10 的规定。

楼梯踏步最小宽度和最大高度（m）　　　　　　　表 6.7.10

楼 梯 类 别	最小宽度	最大高度
住宅共用楼梯	0.26	0.175
幼儿园、小学校等楼梯	0.26	0.15
电影院、剧场、体育馆、商场、医院、旅馆和大中学校等楼梯	0.28	0.16
其他建筑楼梯	0.26	0.17
专用疏散楼梯	0.25	0.18
服务楼梯、住宅套内楼梯	0.22	0.20

注：无中柱螺旋楼梯和弧形楼梯离内侧扶手中心 0.25m 处的踏步宽度不应小于 0.22m。

第二节 《住宅建筑规范》（GB 50368—2005）

【问题 1. 2. 33】 住宅公共部位通道的净宽（粉刷、装修后面层）小于 1.20m。不符合《住宅建筑规范》（GB 50368—2005）5.2.1 条的规定。

【问题 1. 2. 34】 楼梯前室消火栓箱突出墙面 150 左右，造成局部净宽小于 1.20m，不符合《住宅建筑规范》（GB 50368—2005）5.2.1 条。

规范链接：
5.2.1 走廊和公共部位通道的净宽不应小于 1.20m，局部净高不应低于 2.00m。

【问题 1. 2. 35】 某居住小区内，高层住宅相邻住户的厨房与卫生间、餐厅与卫生间的窗对视，存在比较严重的视线干扰。不符合《住宅建筑规范》 （GB 50368—2005）4.1.1 条的规定。

规范链接：
4.1.1 住宅间距，应以满足日照要求为基础，综合考虑采光、通风、消防、防灾、管线埋设、视觉卫生等要求确定。住宅日照标准应符合表 4.1.1 的规定；对于特定情况还应符合下列规定：
  1 老年人住宅不应低于冬至日日照 2h 的标准；
  2 旧区改建的项目内新建住宅日照标准可酌情降低，但不应低于大寒日日照 1h 的标准。

【问题 1. 2. 36】 高层住宅无障碍坡道平面图、详图均未标明其宽度尺寸，按图纸比例实际量小于 1200mm。不符合《住宅建筑规范》（GB 50368—2005）5.3.4 条的规定。

规范链接：
5.3.4 供轮椅通行的走道和通道净宽不应小于 1.20m。

【问题 1. 2. 37】 多层住宅建筑设计中，电梯与卧室紧邻布置，未采取隔声、减震措施（图 1-2-37）。

不符合《住宅建筑规范》（GB 50368—2005）7.1.5 条的规定。

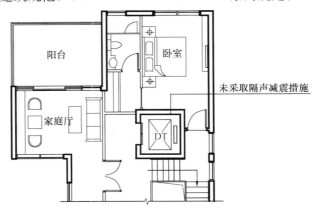

图 1-2-37 某住宅局部平面示意图

【问题 1. 2. 38】 高层住宅建筑设计中，电梯井紧邻餐厅布置，未采取隔声、减震措施。（图1-2-38）不符合《住宅建筑规范》（GB 50368—2005）7.1.5条的规定。

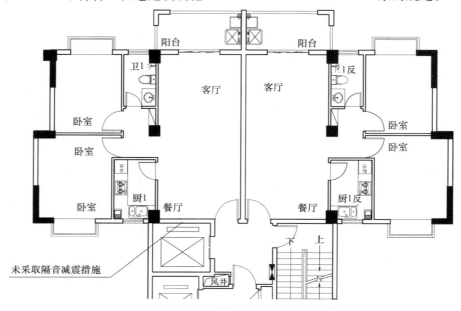

图 1-2-38 某高层住宅标准层局部示意图

规范链接：

7.1.5 电梯不应与卧室、起居室紧邻布置。受条件限制需要紧邻布置时，必须采取有效的隔声和减振措施。

【问题 1. 2. 39】 某些住宅项目，立、剖面图中，六层及六层以下阳台栏杆高度尺寸小于1.05m（从可踏面计）；七层及七层以上住宅的阳台栏杆净高尺寸小于1.10m（从可踏面计）。不符合《住宅建筑规范》（GB 50368—2005）5.1.5条的规定。

规范链接：

5.1.5 外窗窗台距楼面、地面的净高低于0.90m时，应有防护设施。六层及六层以下住宅的阳台栏杆净高不应低于1.05m，七层及七层以上住宅的阳台栏杆净高不应低于1.10m。阳台栏杆应有防护措施。防护栏杆的垂直杆件间净距不应大于0.11m。

【问题 1. 2. 40】 某住宅项目，住宅的公共出入口位于阳台、外廊及开敞楼梯平台下部时，未采取防止物体坠落伤人的安全措施。不符合《住宅建筑规范》（GB 50368—2005）5.2.4条的规定：

规范链接：

5.2.4 住宅与附建公共用房的出入口应分开布置。住宅的公共出入口位于阳台、外廊及开敞楼梯平台的下部时，应采取防止物体坠落伤人的安全措施。

【问题 1. 2. 41】 入户大堂供残疾人使用的门，其门扇未安装横执把手和关门拉手，在门扇下方未安装高0.35m的护门板，不符合《住宅建筑规范》（GB 50368—2005）

5.3.2 条第 5 款的规定。

【问题 1.2.42】　电梯厅供残疾人使用的门，无门立面大样图。其门扇设计不符合《住宅建筑规范》（GB 50368—2005）5.3.2 条第 5 款的规定。

规范链接：

5.3.2　建筑入口及入口平台的无障碍设计应符合下列规定：

1　建筑入口设台阶时，应设轮椅坡道和扶手；

2　坡道的坡度应符合表 5.3.2 的规定；

3　供轮椅通行的门净宽不应小于 0.80m；

4　供轮椅通行的推拉门和平开门，在门把手一侧的墙面，应留有不小于 0.50m 的墙面宽度；

5　供轮椅通行的门扇，应安装视线观察玻璃、横执把手和关门拉手，在门扇的下方应安装高 0.35m 的护门板；

6　门槛高度及门内外地面高差不应大于 15mm，并应以斜坡过渡。

坡道的坡度　　　　　　　　　　　　　表 5.3.2

高度（m）	1.00	0.75	0.60	0.35
坡度	≤1∶16	≤1∶12	≤1∶10	≤1∶8

【问题 1.2.43】　地下汽车库直通住宅单元的电梯厅采用敞开电梯厅，电梯厅处未设门，不符合《住宅建筑规范》（GB 50368—2005）5.4.2 条第 4 款的规定。

规范链接：

5.4.2　住宅地下机动车库应符合下列规定：

1　库内坡道严禁将宽的单车道兼作双车道。

2　库内不应设置修理车位，并不应设置使用或存放易燃、易爆物品的房间。

3　库内车道净高不应低于 2.20m。车位净高不应低于 2.00m。

4　库内直通住宅单元的楼（电）梯间应设门，严禁利用楼（电）梯间进行自然通风。

【问题 1.2.44】　住宅大堂一侧设有保安值班室等管理人员用房，但附近未设置管理人员卫生间。不符合《住宅建筑规范》（GB 50368—2005）5.2.6 条的规定。

规范链接：

5.2.6　住宅建筑中设有管理人员室时，应设管理人员使用的卫生间。

第三节　《住宅设计规范》（GB 50096—2011）

【问题 1.2.45】　高层住宅阳台栏杆高度小于 1.10m。不符合《住宅设计规范》（GB 50096—2011）5.6.3 条的规定。

【问题 1.2.46】　六层及六层以下住宅阳台栏杆高度小于 1.05m。不符合《住宅设计规范》（GB 50096—2011）5.6.3 条的规定。

规范链接：

5.6.3 阳台栏板或栏杆净高，六层及六层以下不应低于 1.05m；七层及七层以上不应低于 1.10m。

【问题 1.2.47】 住宅可开启窗扇窗洞口底部距窗台面的净高度低于 0.90 m，无防护措施。不符合《住宅设计规范》（GB 50096—2011）5.8.1 以及 5.8.2 条第 2 款的规定。

规范链接：

5.8.1 窗外没有阳台或平台的外窗，窗台距楼面、地面的净高低于 0.90m 时，应设置防护设施。

5.8.2 当设置凸窗时应符合下列规定：

1 窗台高度低于或等于 0.45m 时，防护高度从窗台面起算不应低于 0.90m；

2 可开启窗扇窗洞口底距窗台面的净高低于 0.90m 时，窗洞口处应有防护措施。其防护高度从窗台面起算不应低于 0.90m；

3 严寒和寒冷地区不宜设置凸窗。

【问题 1.2.48】 住宅双跑楼梯平台的净宽（粉刷面至扶手中心线的距离）小于 1.20m。不符合《住宅设计规范》（GB 50096—2011）6.3.3 条的规定。

规范链接：

6.3.3 楼梯平台净宽不应小于楼梯梯段净宽，且不得小于 1.20m。楼梯平台的结构下缘至人行通道的垂直高度不应低于 2.00m。入口处地坪与室外地面应有高差，并不应小于 0.10m。

【问题 1.2.49】 住宅套内通向卧室的走道净宽（粉刷完后）小于 1.0m。不符合《住宅设计规范》（GB 50096—2011）5.7.1 条的规定。

规范链接：

5.7.1 套内入口过道净宽不宜小于 1.20m；通往卧室、起居室（厅）的过道净宽不应小于 1.00m；通往厨房、卫生间、贮藏室的过道净宽不应小于 0.90m。

【问题 1.2.50】 住宅厨房单排布置设备时的净宽小于 1.50m。不符合《住宅设计规范》（GB 50096—2011）5.3.5 条的规定。

【问题 1.2.51】 住宅厨房双排布置设备的，其两排设备间的净距小于 0.90 m。不符合《住宅设计规范》（GB 50096—2011）5.3.5 条的规定。

规范链接：

5.3.5 单排布置设备的厨房净宽不应小于 1.50m；双排布置设备的厨房其两排设备之间的净距不应小于 0.90m。

【问题 1.2.52】 两侧有墙的住宅套内楼梯净宽度小于 0.9m。不符合《住宅设计规范》（GB 50096—2011）5.7.3 条的规定。

规范链接：

5.7.3 套内楼梯当一边临空时，梯段净宽不应小于 0.75m；当两侧有墙时，墙面之间净宽不应小于 0.90m，并应在其中一侧墙面设置扶手。

【问题 1.2.53】 住宅无前室的卫生间门直接开向起居室（厅）或厨房。不符合《住宅设计规范》（GB 50096—2011）5.4.3 条规定。

规范链接：

5.4.3 无前室的卫生间的门不应直接开向起居室（厅）或厨房。

【问题 1.2.54】 住宅双人卧室面积小于 $9.0m^2$；单人卧室面积小于 $5.0m^2$。不符合《住宅设计规范》（GB 50096—2011）5.2.1 的规定。

规范链接：

5.2.1 卧室的使用面积应符合下列规定：

　　1 双人卧室不应小于 $9m^2$；

　　2 单人卧室不应小于 $5m^2$；

　　3 兼起居的卧室不应小于 $12m^2$。

【问题 1.2.55】 由卧室、起居室（厅）、厨房和卫生间等组成的住宅套型的厨房使用面积小于 $4.0m^2$。不符合《住宅设计规范》（GB 50096—2011）5.3.1 条第 1 款的规定：

【问题 1.2.56】 由兼起居的卧室、厨房和卫生间等组成的住宅最小套型的厨房使用面积小于 $3.5m^2$。不符合《住宅设计规范》（GB 50096—2011）5.3.1 条第 2 款的规定。

规范链接：

5.3.1 厨房的使用面积应符合下列规定：

　　1 由卧室、起居室（厅）、厨房和卫生间等组成的住宅套型的厨房使用面积，不应小于 $4.0m^2$；

　　2 由兼起居的卧室、厨房和卫生间等组成的住宅最小套型的厨房使用面积，不应小于 $3.5m^2$。

【问题 1.2.57】 住宅中，有三件卫生设备集中配置的卫生间的使用面积小于 $2.50m^2$。不符合《住宅设计规范》（GB 50096—2011）5.4.1 条。

规范链接：

5.4.1 每套住宅应设卫生间，应至少配置便器、洗浴器、洗面器三件卫生设备或为其预留设置位置及条件。三件卫生设备集中配置的卫生间的使用面积不应小于 $2.50m^2$。

【问题 1.2.58】 住宅电梯与卧室紧邻布置，未采取隔声、减振措施。不符合《住宅设计规范》（GB 50096—2011）6.4.7 条的规定。

规范链接：

6.4.7 电梯不应紧邻卧室布置。当受条件限制，电梯不得不紧邻兼起居的卧室布置时，应采取隔声、减振的构造措施。

【问题 1.2.59】 住宅电梯与起居室（厅）紧邻布置，未采取隔声、减振措施。不符合《住宅设计规范》（GB 50096—2011）7.3.5 条的规定。

规范链接：

7.3.5 起居室（厅）不宜紧邻电梯布置。受条件限制起居室（厅）紧邻电梯布置时，必须采取有效的隔声和减振措施。

【问题 1.2.60】 住宅上下两户均为跃层式户型，上层住户的卫生间直接布置在下层住户的卧室和厨房的上层。不符合《住宅设计规范》（GB 50096—2011）5.4.4 条的规定。

规范链接：

5.4.4 卫生间不应直接布置在下层住户的卧室、起居室（厅）、厨房和餐厅的上层。

【问题 1.2.61】 住宅户型内没有明确设置洗衣机的位置。不符合《住宅设计规范》（GB 50096—2011）5.4.6 条的规定。

规范链接：

5.4.6 每套住宅应设置洗衣机的位置及条件。

【问题 1.2.62】 住宅厨房排油烟机的排气管通过外墙直接排至室外时，未在室外排风口设置避风和防止污染环境的构件。不符合《住宅设计规范》 （GB 50096—2011）8.5.1 条的规定。

规范链接：

8.5.1 排油烟机的排气管道可通过竖向排气道或外墙排向室外。当通过外墙直接排至室外时，应在室外排气口设置避风、防雨和防止污染墙面的构件。

【问题 1.2.63】 住宅厨房和卫生间的门在下部未设置有效截面积不小于 $0.02m^2$ 的固定百叶，或距地面留出不小于 30mm 的缝隙。不符合《住宅设计规范》 （GB 50096—2011）5.8.6 条的规定。

规范链接：

5.8.6 厨房和卫生间的门应在下部设置有效截面积不小于 $0.02m^2$ 的固定百叶，也可距地面留出不小于 30mm 的缝隙。

【问题 1.2.64】 住宅厨房未设置排油烟机等设施或预留位置。不符合《住宅设计规范》（GB 50096—2011）5.3.3 条的规定。

规范链接：

5.3.3 厨房应设置洗涤池、案台、炉灶及排油烟机、热水器等设施或为其预留位置。

【问题 1.2.65】 住宅阳台栏杆的垂直杆件间净距大于 0.11m。不符合《住宅设计规范》（GB 50096—2011）5.6.2 条的规定。

规范链接：

5.6.2 阳台栏杆设计必须采用防止儿童攀登的构造，栏杆的垂直杆件间净距不应大于 0.11m，放置花盆处必须采取防坠落措施。

【问题 1.2.66】 住宅布置在半地下室时，没有对采光、通风、日照、防潮、排水及安全防护采取必要措施。不符合《住宅设计规范》(GB 50096—2011) 6.9.1 条的规定。

> **规范链接：**
>
> 6.9.1 卧室、起居室（厅）、厨房不应布置在地下室；当布置在半地下室时，必须对采光、通风、日照、防潮、排水及安全防护采取措施，并不得降低各项指标要求。

【问题 1.2.67】 某住宅建筑顶层单元户型的阳台敞开无顶盖。不符合《住宅设计规范》(GB 50096—2011) 5.6.5 条的规定。

> **规范链接：**
>
> 5.6.5 顶层阳台应设雨罩，各套住宅之间毗连的阳台应设分户隔板。

【问题 1.2.68】 位于寒冷地区的某住宅建筑，南侧阳台布置有洗衣设施，阳台仍然采用敞开类型。不符合《住宅设计规范》(GB 50096—2011) 5.6.7 条的规定。

> **规范链接：**
>
> 5.6.7 当阳台设有洗衣设备时应符合下列规定：
>
> 1 应设置专用给、排水管线及专用地漏，阳台楼、地面均应做防水；
>
> 2 严寒和寒冷地区应封闭阳台，并应采取保温措施。

【问题 1.2.69】 某住宅建筑户内，位于底层的壁柜没有专门注明采取防潮措施。不符合《住宅设计规范》(GB 50096—2011) 5.7.2 条的规定。

> **规范链接：**
>
> 5.7.2 套内设于底层或靠外墙、靠卫生间的壁柜内部应采取防潮措施。

【问题 1.2.70】 某住宅建筑，位于底层的外窗没有注明采取任何安全防卫措施。不符合《住宅设计规范》(GB 50096—2011) 5.8.3 条的规定。

> **规范链接：**
>
> 5.8.3 底层外窗和阳台门、下沿低于 2.00m 且紧邻走廊或共用上人屋面上的窗和门，应采取防卫措施。

【问题 1.2.71】 某住宅建筑首层的室内外高差大于 0.70m，出口平台局部临空处没有采取安全措施。不符合《住宅设计规范》(GB 50096—2011) 6.1.2 条的规定：

> **规范链接：**
>
> 6.1.2 公共出入口台阶高度超过 0.70m 并侧面临空时，应设置防护设施，防护设施净高不应低于 1.05m。

【问题 1.2.72】 某高层住宅建筑，内部设置有剪刀疏散楼梯，楼梯平台的净宽只有 1.25m。不符合《住宅设计规范》(GB 50096—2011) 6.3.4 条的规定。

> **规范链接：**
>
> 6.3.4 楼梯为剪刀梯时，楼梯平台的净宽不得小于 1.30m。

【问题 1.2.73】 某住宅建筑的公共走廊局部突出结构构件，造成走廊净宽小于

1.20m。不符合《住宅设计规范》（GB 50096—2011）6.5.1条的规定。

规范链接：

6.5.1 住宅中作为主要通道的外廊宜作封闭外廊，并应设置可开启的窗扇。走廊通道的净宽不应小于1.20m，局部净高不应低于2.00m。

第四节 《无障碍设计规范》（GB 50763—2012）

【问题 1.2.74】 高层住宅建筑入口未设无障碍坡道。不符合《无障碍设计规范》（GB 50763—2012）7.4.2条的规定。

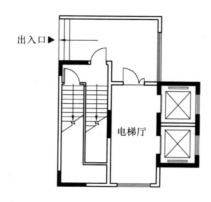

图 1-2-74 高层住宅入口未满足无障碍要求

规范链接：

7.4.2 居住建筑的无障碍设计应符合下列规定：

1 设置电梯的居住建筑应至少设置1处无障碍出入口，通过无障碍通道直达电梯厅；未设置电梯的低层和多层居住建筑，当设置无障碍住房及宿舍时，应设置无障碍出入口；

2 设置电梯的居住建筑，每居住单元至少应设置1部能直达户门层的无障碍电梯。

【问题 1.2.75】 卫生间门内外地面高差等于15mm，但地面没以斜面过渡。不符合《无障碍设计规范》（GB 50763—2012）3.5.3条第7款的规定：

【问题 1.2.76】 住宅大堂门内外地面高差虽然小于15mm，但地面没以斜面过渡。不符合《无障碍设计规范》（GB 50763—2012）3.5.3条第7款的规定：

【问题 1.2.77】 某建筑首层残疾人专用卫生间的门，在门把手一侧的墙面未留有不小于0.4m的墙宽度（图1-2-77）。不符合《无障碍设计规范》（GB 50763—2012）3.5.3条第5款的规定：

【问题 1.2.78】 供残疾人使用的门，其门扇未设距地900高的把手或者拉手，在门扇下方未安装0.35m高的护门板，门扇未安装视线观察玻璃。不符合《无障碍设计规范》（GB 50763—2012）3.5.3条第6款的规定：

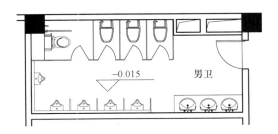

图 1-2-77

规范链接:

3.5.3 门的无障碍设计应符合下列规定:

　　1 不应采用力度大的弹簧门并不宜采用弹簧门、玻璃门;当采用玻璃门时,应有醒目的提示标志;

　　2 自动门开启后通行净宽度不应小于 1.00m;

　　3 平开门、推拉门、折叠门开启后的通行净宽度不应小于 800mm,有条件时,不宜小于 900mm;

　　4 在门扇内外应留有直径不小于 1.50m 的轮椅回转空间;

　　5 在单扇平开门、推拉门、折叠门的门把手一侧的墙面,应设宽度不小于 400mm 的墙面;

　　6 平开门、推拉门、折叠门的门扇应设距地 900mm 的把手,宜设视线观察玻璃,并宜在距地 350mm 范围内安装护门板;

　　7 门槛高度及门内外地面高差不应大于 15mm,并以斜面过渡;

　　8 无障碍通道上的门扇应便于开关;

　　9 宜与周围墙面有一定的色彩反差,方便识别。

【问题 1.2.79】 某汽车客运站内的公共通道宽度小于 1.80m。不符合《无障碍设计规范》(GB 50763—2012)3.5.1 条第 1 款的规定:

规范链接:

3.5.1 无障碍通道的宽度应符合下列规定:

　　1 室内走道不应小于 1.20m,人流较多或较集中的大型公共建筑的室内走道宽度不宜小于 1.80m;

　　2 室外通道不宜小于 1.50m;

　　3 检票口、结算口轮椅通道不应小于 900mm。

【问题 1.2.80】 公共建筑未进行无障碍设计。不符合《无障碍设计规范》 (GB 50763—2012)8.1.1 条第 3 款的规定:

规范链接:

8.1.1 公共建筑基地的无障碍设计应符合下列规定:

　　1 建筑基地的车行道与人行通道地面有高差时,在人行通道的路口及人行横道的两端应设缘石坡道;

　　2 建筑基地的广场和人行通道的地面应平整、防滑、不积水;

　　3 建筑基地的主要人行通道当有高差或台阶时应设置轮椅坡道或无障碍电梯。

【问题 1.2.81】 人行道无障碍坡道的坡度大于 1：20。不符合《无障碍设计规范》（GB 50763—2012）3.4.4 条和表 3.4.4 的规定。

【问题 1.2.82】 住宅建筑入口无障碍坡道一跑坡度为 1：8，高度为 4 个台阶 0.60m 高。不符合《无障碍设计规范》（GB 50763—2012）3.4.4 条的规定。

【问题 1.2.83】 供残疾人使用的公厕入口室外设有坡道，坡度为 1：12，室内外高差为 0.90m。不符合《无障碍设计规范》（GB 50763—2012）3.4.4 的规定。

规范链接：

3.4.4 轮椅坡道的最大高度和水平长度应符合表 3.4.4 的规定。

轮椅坡道的最大高度和水平长度　　　　　　　　表 3.4.4

坡度	1：20	1：16	1：12	1：10	1：8
最大高度（m）	1.20	0.90	0.75	0.60	0.30
水平长度（m）	24.00	14.40	9.00	6.00	2.40

【问题 1.2.84】 居住区内商业建筑、社区公共服务设施未考虑无障碍设计。不符合《无障碍设计规范》（GB 50763—2012）7.3.1 条的规定。

规范链接：

7.3.1 居住区内的居委会、卫生站、健身房、物业管理、会所、社区中心、商业等为居民服务的建筑应设置无障碍出入口。设有电梯的建筑至少应设置 1 部无障碍电梯；未设有电梯的多层建筑，应至少设置 1 部无障碍楼梯。

【问题 1.2.85】 居住区的道路未进行无障碍设计。不符合《无障碍设计规范》（GB 50763—2012）7.1.1 条的规定。

规范链接：

7.1.1 居住区道路进行无障碍设计的范围应包括居住区路、小区路、组团路、宅间小路的人行道。

【问题 1.2.86】 居住区内公共绿地及活动场地未考虑无障碍设计。不符合《无障碍设计规范》（GB 50763—2012）3.4.4、7.2.1 条的规定：

规范链接：

7.2.1 居住绿地的无障碍设计应符合下列规定：

1 居住绿地内进行无障碍设计的范围及建筑物类型包括：出入口、游步道、休憩设施、儿童游乐场、休闲广场、健身运动场、公共厕所等；

2 基地地坪坡度不大于 5% 的居住区的居住绿地均应满足无障碍要求，地坪坡度大于 5% 的居住区，应至少设置 1 个满足无障碍要求的居住绿地；

3 满足无障碍要求的居住绿地，宜靠近设有无障碍住房和宿舍的居住建筑设置，并通过无障碍通道到达。

【问题 1.2.87】 无障碍双层扶手高度 650mm 处，栏杆间的净宽度小于 1.00m。不符合《无障碍设计规范》（GB 50763—2012）3.4.2 条的规定。

3.4.2　轮椅坡道的净宽度不应小于1.00m，无障碍出入口的轮椅坡道净宽度不应小于1.20m。

【问题1.2.88】　某建筑的无障碍坡道的中间设置有中间休息平台，平台宽度只有1200。不符合《无障碍设计规范》（GB 50763—2012）3.4.6条的规定。

3.4.6　轮椅坡道起点、终点和中间休息平台的水平长度不应小于1.50m。

【问题1.2.89】　无障碍坡道设计中，坡道两侧未设扶手。不符合《无障碍设计规范》（GB 50763—2012）3.4.3的规定。

3.4.3　轮椅坡道的高度超过300mm且坡度大于1∶20时，应在两侧设置扶手，坡道与休息平台的扶手应保持连贯，扶手应符合本规范第3.8节的相关规定。

【问题1.2.90】　某法院建筑仅仅在首层考虑了无障碍设计，二层对公众服务的台阶、卫生间未进行无障碍设计。不符合《无障碍设计规范》（GB 50763—2012）8.2.2的规定。

8.2.2　为公众办理业务与信访接待的办公建筑的无障碍设施应符合下列规定：

　　1　建筑的主要出入口应为无障碍出入口；

　　2　建筑出入口大厅、休息厅、贵宾休息室、疏散大厅等人员聚集场所有高差或台阶时应设轮椅坡道，宜提供休息座椅和可以放置轮椅的无障碍休息区；

　　3　公众通行的室内走道应为无障碍通道，走道长度大于60.00m时，宜设休息区，休息区应避开行走路线；

　　4　供公众使用的楼梯宜为无障碍楼梯；

　　5　供公众使用的男、女公共厕所均应满足本规范第3.9.1条的有关规定或在男、女公共厕所附近设置1个无障碍厕所，且建筑内至少应设置1个无障碍厕所，内部办公人员使用的男、女公共厕所至少应各有1个满足本规范第3.9.1条的有关规定或在男、女公共厕所附近设置1个无障碍厕所；

　　6　法庭、审判庭及为公众服务的会议及报告厅等的公众坐席座位数为300座及以下时应至少设置1个轮椅席位，300座以上时不应少于0.2%且不少于2个轮椅席位。

【问题1.2.91】　公共建筑无障碍设计的电梯厅深度小于1.8m。不符合《无障碍设计规范》（GB 50763—2012）3.7.1第1款的规定。

3.7.1　无障碍电梯的候梯厅应符合下列规定：

　　1　候梯厅深度不宜小于1.50m，公共建筑及设置病床梯的候梯厅深度不宜小于1.80m；

　　2　呼叫按钮高度为0.90～1.10m；

　　3　电梯门洞的净宽度不宜小于900mm；

　　4　电梯出入口处宜设提示盲道；

　　5　候梯厅应设电梯运行显示装置和抵达音响。

【问题 1.2.92】 无障碍专用厕所的门采用平开门时。门未向外开，不符合《无障碍设计规范》（GB 50763—2012）3.9.3 条第 3 款的规定。

规范链接：

3.9.3 无障碍厕所的无障碍设计应符合下列规定：

1 位置宜靠近公共厕所，应方便乘轮椅者进入和进行回转，回转直径不小于 1.50m；

2 面积不应小于 4.00m²；

3 当采用平开门，门扇宜向外开启，如向内开启，需在开启后留有直径不小于 1.50m 的轮椅回转空间，门的通行净宽度不应小于 800mm，平开门应设高 900mm 的横扶把手，在门扇里侧应采用门外可紧急开启的门锁；

4 地面应防滑、不积水；

5 内部应设坐便器、洗手盆、多功能台、挂衣钩和呼叫按钮；

6 坐便器应符合本规范第 3.9.2 条的有关规定，洗手盆应符合本规范第 3.9.4 条的有关规定；

7 多功能台长度不宜小于 700mm，宽度不宜小于 400mm，高度宜为 600mm；

8 安全抓杆的设计应符合本规范第 3.9.4 条的有关规定；

9 挂衣钩距地高度不应大于 1.20m；

10 在坐便器旁的墙面上应设高 400～500mm 的救助呼叫按钮；

11 入口应设置无障碍标志，无障碍标志应符合本规范第 3.16 节的有关规定。

【问题 1.2.93】 无障碍专用厕位的面积过小，小于 2000×1500 或 1800×1000，布置过于紧密。不符合《无障碍设计规范》（GB 50763—2012）3.9.2 条的规定：

规范链接：

3.9.2 无障碍厕位应符合下列规定：

1 无障碍厕位应方便乘轮椅者到达和进出，尺寸宜做到 2.00m×1.50m，不应小于 1.80m×1.00m；

2 无障碍厕位的门宜向外开启，如向内开启，需在开启后厕位内留有直径不小于 1.50m 的轮椅回转空间，门的通行净宽不应小于 800mm，平开门外侧应设高 900mm 的横扶把手，在关闭的门扇里侧设高 900mm 的关门拉手，并应采用门外可紧急开启的插销；

3 厕位内应设坐便器，厕位两侧距地面 700mm 处应设长度不小于 700mm 的水平安全抓杆，另一侧应设高 1.40m 的垂直安全抓杆。

【问题 1.2.94】 某大型汽车客运站，首层门厅上至二层供公众使用的主要楼梯未进行无障碍设计。不符合《无障碍设计规范》（GB 50763—2012）8.9.2 条第 5 款的规定。

规范链接：

8.9.2 汽车客运站建筑的无障碍设计应符合下列规定：

1 站前广场人行通道的地面应平整、防滑、不积水，有高差时应做轮椅坡道；

2 建筑物至少应有 1 处为无障碍出入口，宜设置为平坡出入口，且宜位于主要出入口处；

3 门厅、售票厅、候车厅、检票口等旅客通行的室内走道应为无障碍通道；

4 供旅客使用的男、女公共厕所每层至少有 1 处应满足本规范第 3.9.1 条的有关规定或在男、女公共厕所附近设置 1 个无障碍厕所，且建筑内至少应设置 1 个无障碍厕所；

5 供公众使用的主要楼梯应为无障碍楼梯；

6 行包托运处（含小件寄存处）应设置低位窗口。

【问题 1.2.95】 观演建筑的观众席没有设轮椅席位。不符合《无障碍设计规范》（GB 50763—2012）8.7.4 条的规定：

规范链接：

8.7.4 剧场、音乐厅、电影院、会堂、演艺中心等建筑物的无障碍设施应符合下列规定：

1 观众厅内座位数为 300 座及以下时应至少设置 1 个轮椅席位，300 座以上时不应少于 0.2%且不少于 2 个轮椅席位；

2 演员活动区域至少有 1 处男、女公共厕所应满足本规范第 3.9 节的有关规定的要求，贵宾室宜设 1 个无障碍厕所。

【问题 1.2.96】 学校建筑未进行无障碍设计，教师、学生使用的建筑物主要出入口未设置无障碍出入口，宜设置为平坡出入口；主要教学用房未设置至少 1 部无障碍楼梯。不符合《无障碍设计规范》（GB 50763—2012）8.3.1 条和 8.3.2 条的规定。

规范链接：

8.3.1 教育建筑进行无障碍设计的范围应包括托儿所、幼儿园建筑、中小学建筑，高等院校建筑、职业教育建筑、特殊教育建筑等。

8.3.2 教育建筑的无障碍设施应符合下列规定：

1 凡教师、学生和婴幼儿使用的建筑物主要出入口应为无障碍出入口，宜设置为平坡出入口；

2 主要教学用房应至少设置 1 部无障碍楼梯；

3 公共厕所至少有 1 处应满足本规范第 3.9.1 条的有关规定。

第五节 《中小学校设计规范》（GB 50099—2011）

【问题 1.2.97】 教学楼距离城市主要干道的距离小于 80m，且未采取有效的隔声措施，不符合《中小学校设计规范》（GB 50099—2011）4.1.6 条的规定。

规范链接：

4.1.6 学校教学区的声环境质量应符合现行国家标准《民用建筑隔声设计规范》GB 50118 的有关规定。学校主要教学用房设置窗户的外墙与铁路路轨的距离不应小于 300m，与高速路、地上轨道交通线或城市主干道的距离不应小于 80m。当距离不足时，应采取有效的隔声措施。

【问题 1.2.98】 教职工厕所未与学生厕所分设，不符合《中小学校设计规范》（GB 50099—2011）6.2.5 条的规定。

规范链接：

6.2.5 教学用建筑每层均应分设男、女学生卫生间及男、女教师卫生间。学校食堂宜设工作人员专用卫生间。当教学用建筑中每层学生少于 3 个班时，男、女生卫生间可隔层设置。

【问题 1.2.99】 某学校教室的自然光从黑板的右侧射入。不符合《中小学校设计规范》（GB 50099—2011）9.2.2 条的规定。

> **规范链接：**
> 9.2.2 普通教室、科学教室、实验室、史地、计算机、语言、美术、书法等专用教室及合班教室、图书室均应以自学生座位左侧射入的光为主。教室为南向外廊式布局时，应以北向窗为主要采光面。

【问题 1.2.100】 教室前排边座的学生与黑板远端形成的水平视角太小。不符合《中小学校设计规范》（GB 50099—2011）5.2.2 条第 7 款的规定。

> **规范链接：**
> 5.2.2 前排边座座椅与黑板远端的水平视角不应小于 30°。

【问题 1.2.101】 小学的主要教学用房设置在四层以上。不符合《中小学校设计规范》（GB 50099—2011）4.3.2 条的规定。

> **规范链接：**
> 4.3.2 各类小学的主要教学用房不应设在四层以上，各类中学的主要教学用房不应设在五层以上。

【问题 1.2.102】 教学楼内走道的净宽度小于 2.40m。不符合《中小学校设计规范》（GB 50099—2011）8.2.3 条的规定。

【问题 1.2.103】 教学楼外走道的净宽度小于 1800mm，不符合《中小学校设计规范》（GB 50099—2011）8.2.3 条的规定。

> **规范链接：**
> 8.2.3 中小学校建筑的安全出口、疏散走道、疏散楼梯和房间疏散门等处每 100 人的净宽度应按表 8.2.3 计算。同时，教学用房的内走道净宽度不应小于 2.40m，单侧走道及外廊的净宽度不应小于 1.80m。

【问题 1.2.104】 教室的外窗与相对的教学用房距离太近。不符合《中小学校设计规范》（GB 50099—2011）4.3.7 条的规定。

> **规范链接：**
> 4.3.7 各类教室的外窗与相对的教学用房或室外运动场地边缘间的距离不应小于 25m。

【问题 1.2.105】 二层及二层以上的教学楼临空外窗的窗扇向外开启，不符合《中小学设计规范》（GB 50099—2011）8.1.8 条第 4 款的规定。

> **规范链接：**
> 8.1.8 教学用房的门窗设置应符合下列规定：
> 1 疏散通道上的门不得使用弹簧门、旋转门、推拉门、大玻璃门等不利于疏散通畅、安全的门；
> 2 各教学用房的门均应向疏散方向开启，开启的门扇不得挤占走道的疏散通道；

　　3　靠外廊及单内廊一侧教室内隔墙的窗开启后，不得挤占走道的疏散通道，不得影响安全疏散；

　　4　二层及二层以上的临空外窗的开启扇不得外开。

【问题 1.2.106】　教学楼室外楼梯扶手高度为 1.05m。不符合《中小学校设计规范》（GB 50099—2011）8.7.6 条第 4 款的规定：

规范链接：

8.7.6　中小学校的楼梯扶手的设置应符合下列规定：

　　1　楼梯宽度为 2 股人流时，应至少在一侧设置扶手；

　　2　楼梯宽度达 3 股人流时，两侧均应设置扶手；

　　3　楼梯宽度达 4 股人流时，应加设中间扶手，中间扶手两侧的净宽均应满足本规范第 8.7.2 条的规定；

　　4　中小学校室内楼梯扶手高度不应低于 0.90m，室外楼梯扶手高度不应低于 1.10m；水平扶手高度不应低于 1.10m；

　　5　中小学校的楼梯栏杆不得采用易于攀登的构造和花饰；杆件或花饰的镂空处净距不得大于 0.11m；

　　6　中小学校的楼梯扶手上应加装防止学生溜滑的设施。

【问题 1.2.107】　某教学楼内，靠外廊一侧教室设置的外开窗开启后，影响走廊的安全疏散宽度。不符合《中小学校设计规范》（GB 50099—2011）8.1.8 条第 3 款的规定。

规范链接：

8.1.8　教学用房的门窗设置应符合下列规定：

　　1　疏散通道上的门不得使用弹簧门、旋转门、推拉门、大玻璃门等不利于疏散通畅、安全的门；

　　2　各教学用房的门均应向疏散方向开启，开启的门扇不得挤占走道的疏散通道；

　　3　靠外廊及单内廊一侧教室内隔墙的窗开启后，不得挤占走道的疏散通道，不得影响安全疏散；

　　4　二层及二层以上的临空外窗的开启扇不得外开。

【问题 1.2.108】　教室的窗间墙宽度大于 1200mm。不符合《中小学校设计规范》（GB 50099—2011）5.1.8 条的规定。

规范链接：

5.1.8　各教室前端侧窗窗端墙的长度不应小于 1.00m。窗间墙宽度不应大于 1.20m。

【问题 1.2.109】　美术教室设在教学楼南面，没有北向采光。不符合《中小学校设计规范》（GB 50099—2011）5.7.3 条的规定。

规范链接：

5.7.3　美术教室应有良好的北向天然采光。当采用人工照明时，应避免眩光。

【问题 1.2.110】 舞蹈教室、风雨操场墙裙高度低于 2.10m。不符合《中小学校设计规范》（GB 50099—2011）5.1.14 条第 3 款的规定：

规范链接：

5.1.14 教学用房及学生公共活动区的墙面宜设置墙裙，墙裙高度应符合下列规定：

    1 各类小学的墙裙高度不宜低于 1.20m；

    2 各类中学的墙裙高度不宜低于 1.40m；

    3 舞蹈教室、风雨操场墙裙高度不应低于 2.10m。

【问题 1.2.111】 中学教学楼主要教学用房设置在五层以上。不符合《中小学校设计规范》（GB 50099—2011）4.3.2 条的规定。

规范链接：

4.3.2 各类小学的主要教学用房不应设在四层以上，各类中学的主要教学用房不应设在五层以上。

【问题 1.2.112】 普通教室冬至日满窗日照小于 2h。不符合《中小学校设计规范》（GB 50099—2011）4.3.3 条的规定。

规范链接：

4.3.3 普通教室冬至日满窗日照不应少于 2h。

【问题 1.2.113】 化学实验室内未设置事故急救冲洗水嘴。不符合《中小学校设计规范》（GB 50099—2011）5.3.8 条的规定。

规范链接：

5.3.8 每一化学实验桌的端部应设洗涤池；岛式实验桌可在桌面中间设通长洗涤槽。每一间化学实验室内应至少设置一个急救冲洗水嘴，急救冲洗水嘴的工作压力不得大于 0.01MPa。

【问题 1.2.114】 学校学生卫生间卫生洁具的数量偏少。不符合《中小学校设计规范》（GB 50099—2011）6.2.8 条的规定。

规范链接：

6.2.8 学生卫生间卫生洁具的数量应按下列规定计算：

    1 男生应至少为每 40 人设 1 个大便器或 1.20m 长大便槽；每 20 人设 1 个小便斗或 0.60m 长小便槽；女生应至少为每 13 人设 1 个大便器或 1.20m 长大便槽。

    2 每 40～45 人设 1 个洗手盆或 0.60m 长盥洗槽；

    3 卫生间内或卫生间附近应设污水池。

【问题 1.2.115】 学校宿舍盥洗室门、卫生间门与居室门的距离大于 20.00m，不符合《中小学校设计规范》（GB 50099—2011）6.2.28 条的规定。

规范链接：

6.2.28 学生宿舍宜分层设置公共盥洗室、卫生间和浴室。盥洗室门、卫生间门与居室门间的距离不得大于 20.00m。当每层寄宿学生较多时可分组设置。

【问题 1.2.116】 教室疏散门的净宽度小于 0.90m。不符合《中小学校设计规范》（GB 50099—2011）8.8.1 条的规定。

规范链接：

8.8.1 每间教学用房的疏散门均不应少于 2 个，疏散门的宽度应通过计算；同时，每樘疏散门的通行净宽度不应小于 0.90m。当教室处于袋形走道尽端时，若教室内任一处距教室门不超过 15.00m，且门的通行净宽度不小于 1.50m 时，可设 1 个门。

【问题 1.2.117】 某教学楼没有在每层设饮水处。不符合《中小学校设计规范》（GB 50099—2011）6.2.3 条的规定。

规范链接：

6.2.3 教学用建筑内应在每层设饮水处，每处应按每 40~45 人设置一个饮水水嘴计算水嘴的数量。

【问题 1.2.118】 某教学楼的舞蹈教室层高只有 3900。不符合《中小学校设计规范》（GB 50099—2011）7.2.1 条的规定：

规范链接：

7.2.1 中小学校主要教学用房的最小净高应符合表 7.2.1 的规定。

主要教学用房的最小净高（m）　　　　　　表 7.2.1

教室	小学	初中	高中
普通教室、史地、美术、音乐教室	3.00	3.05	3.10
舞蹈教室	4.50		
科学教室、实验室、计算机教室、劳动教室、技术教室、合班教室	3.10		
阶梯教室	最后一排（楼地面最高处）距顶棚或上方突出物最小距离为 2.20m		

第六节　《托儿所、幼儿园建筑设计规范》（JGJ 39—1987）

【问题 1.2.119】 某幼儿园总平面设计深度不够，总平面中未能反映室外游戏场地等规范规定的内容。不符合《托儿所、幼儿园建筑设计规范》（JGJ 39—1987）第 2.2.3 条的规定。

规范链接：

2.2.3 托儿所、幼儿园室外游戏场地应满足下列要求：

一、必须设置各班专用的室外游戏场地。每班的游戏场地面积不应小于 60m²。各游戏场地之间宜采取分隔措施。

二、应有全园共用的室外游戏场地，其面积不宜小于下式计算值：

室外共用游戏场地面积（m²）＝180＋20（N－1）

注：1.180、20、1为常数、N为班数（乳儿班不计）。

    2. 室外共用游戏场地应考虑设置游戏器具、30m跑道、沙坑、洗手池和贮水深度不超过0.3m的戏水池等。

【问题1.2.120】　某幼儿园总说明设计深度不够，未反应必要的装修设计内容。不符合《托儿所、幼儿园建筑设计规范》（JGJ 39—1987）第3.7.5条的规定。

规范链接：

3.7.5　幼儿经常接触的1.30m以下的室外墙面不应粗糙，室内墙面宜采用光滑易清洁的材料，墙角、窗台、暖气罩、窗口竖边等棱角部位必须做成小圆角。

【问题1.2.121】　某幼儿园楼梯未设计靠墙一侧的幼儿扶手。不满足《托儿所、幼儿园建筑设计规范》（JGJ 39—1987）第3.6.5条第1款的规定。

【问题1.2.122】　幼儿园楼梯踏步的高度大于0.15m，不符合《托儿所、幼儿园建筑设计规范》（JGJ 39—1987）第3.6.5条第三款的规定：

【问题1.2.123】　托儿所、幼儿园楼梯栏杆垂直线饰件的净距大于0.11m。不符合《托儿所、幼儿园建筑设计规范》（JGJ 39—1987）第3.6.5条第2款的规定。

规范链接：

3.6.5　楼梯、扶手、栏杆和踏步应符合下列规定：

一、楼梯除设成人扶手外，并应在靠墙一侧设幼儿扶手，其高度不应大于0.60m。

二、楼梯栏杆垂直线饰间的净距不应大于0.11m。当楼梯井净宽度大于0.20m时，必须采取安全措施。

三、楼梯踏步的高度不应大于0.15m，宽度不应小于0.26m。

四、在严寒、寒冷地区设置的室外安全疏散楼梯，应有防滑措施。

【问题1.2.124】　某幼儿园建筑大屋面为儿童活动场所，但女儿墙高度小于1200mm。不符合《托儿所、幼儿园建筑设计规范》（JGJ 39—1987）第3.7.4条的规定。

规范链接：

3.7.4　阳台、屋顶平台的护栏净高不应小于1.20m，内侧不应设有支撑。护栏宜采用垂直线饰，其净空距离不应大于0.11m。

【问题1.2.125】　幼儿园医务保健室、隔离室未设上、下水设施。不符合《托儿所、幼儿园建筑设计规范》（JGJ 39—1987）第3.4.2条的规定。

规范链接：

3.4.2　医务保健室和隔离室宜相邻设置，幼儿生活用房应有适当距离。如为楼房时，应设在底层。医务保健室和隔离室应设上、下水设施；隔离室应设独立的厕所。

【问题1.2.126】　某幼儿园建筑，规模为12个班的幼儿园属于大型幼儿园，服务用房中未设隔离室、晨检室，功能不全。不符合《托儿所、幼儿园建筑设计规范》（JGJ 39—1987）3.1.2 条第二款的规定。

规范链接：

3.1.2 托儿所、幼儿园的生活用房必须按第3.2.1条、第3.3.1条的规定设置。服务、供应用房可按不同的规模进行设置。

一、生活用房包括活动室、寝室、乳儿室、配乳室、喂奶室、卫生间（包括厕所、盥洗、洗浴）、衣帽贮藏室、音体活动室等。全日制托儿所、幼儿园的活动室与寝室宜合并设置。

二、服务用房包括医务保健室、隔离室、晨检室、保育员值宿室、教职工办公室、会议室、值班室（包括收发室）及教职工厕所、浴室等。全日制托儿所、幼儿园不设保育员值宿室。

三、供应用房包括幼儿厨房、消毒室、烧水间、洗衣房及库房等。

【问题 1.2.127】 幼儿园走道地面为斜坡道，其坡道坡度 $i=9.4\%$。不符合《托儿所、幼儿园建筑设计规范》（JGJ 39—1987）第 3.6.4 条的规定。

规范链接：

3.6.4 在幼儿安全疏散和经常出入的通道上，不应设有台阶。必要时可设防滑坡道，其坡度不应大于 1：12。

【问题 1.2.128】 幼儿园建筑材料做法表及室内装修表中，未注明公共走道、楼梯间、外廊楼地面应选用 PUC 防滑地面。不符合《托儿所、幼儿园建筑设计规范》（JGJ 39—1987）第 3.7.1 条的规定。

规范链接：

3.7.1 乳儿室、活动室、寝室及音体活动室宜为暖性、弹性地面。幼儿经常出入的通道应为防滑地面。卫生间应为易清洗、不渗水并防滑的地面。

【问题 1.2.129】 活动室、音体活动室的门没设双扇平开门，不符合《托儿所、幼儿园建筑设计规范》（JGJ 39—1987）第 3.6.6 条的规定。

【问题 1.2.130】 某幼儿园建筑，规模为 12 个班的幼儿园属于大型幼儿园，服务用房中未设隔离室、晨检室，功能不全。不符合《托儿所、幼儿园建筑设计规范》（JGJ 39—1987）3.1.2 条第二款的规定：

规范链接：

3.6.6 活动室、寝室、音体活动室应设双扇平开门，其宽度不应小于 1.20m。疏散通道中不应使用转门、弹簧门和推拉门。

【问题 1.2.131】 某大型幼儿园建筑，活动室、寝室生活用房的使用面积均小于 $50m^2$、音体活动室的使用面积小于 $150m^2$。不符合《托儿所、幼儿园建筑设计规范》（JGJ 39—1987）3.2.1 条表 3.2.1 的规定。

规范链接：

3.2.1 幼儿园生活用房面积不应小于表 3.2.1 的规定。

生活用房的最小使用面积（m²）				表 3.2.1
规模 房间名称	大型	中型	小型	备注
活动室	50	50	50	指每班面积
寝室	50	50	50	指每班面积
卫生间	15	15	15	指每班面积
衣帽贮藏室	9	9	9	指每班面积
音体活动室	150	120	90	指全园共用面积

注：1. 全日制幼儿园活动室与寝室合并设置时，其面积按两者面积之和的80%计算。

2. 全日制幼儿园（或寄宿制幼儿园集中设置洗浴设施时）每班的卫生间面积可减少2m²。寄宿制托儿所、幼儿园集中设置洗浴室时，面积应按规模的大小确定。

3. 实验性或示范性幼儿园，可适当增设某些专业用房和设备，其使用面积按设计任务书的要求设置。

【问题 1.2.132】 某幼儿园建筑，活动室、寝室生活用房设计为单侧采光，其进深超过 6.60m。不符合《托儿所、幼儿园建筑设计规范》（JGJ 39—1987）3.2.3 条的规定。

规范链接：

3.2.3 单侧采光的活动室，其进深不宜超过6.60m。楼层活动室宜设置室外活动的露台或阳台，但不应遮挡底层生活用房的日照。

【问题 1.2.133】 某幼儿园建筑，厕所和盥洗未分间或分隔、盥洗池的高度为 0.60m、坐蹲式大便器的架空隔板未加设幼儿扶手。不符合《托儿所、幼儿园建筑设计规范》（JGJ 39—1987）3.2.4 条的规定。

规范链接：

3.2.4条 幼儿卫生间应满足下列规定：

一、卫生间应临近活动室和寝室，厕所和盥洗应分间或分隔，并应有直接的自然通风。

二、盥洗池的高度为0.50～0.55m，宽度为0.40～0.45m，水龙头的间距为0.35～0.4m。

三、无论采用沟槽式或坐蹲式大便器均应有1.2m高的架空隔板，并加设幼儿扶手。每个厕位的平面尺寸为0.80m×0.70m，沟槽式的槽宽为0.16～0.18m，坐式便器高度为0.25～0.30m。

第七节 《宿舍建筑设计规范》（JGJ 36—2005）

【问题 1.2.134】 某宿舍建筑，其安全出口门的净宽小于 1.4m。不符合《宿舍建筑设计规范》（JGJ 36—2005）4.5.7 条规定。

规范链接：

4.5.7 宿舍安全出口门不应设置门槛，其净宽不应小于1.40m。

【问题 1.2.135】 某宿舍建筑，其居室与电梯、设备机房紧邻布置，居室与公共楼梯间、公共盥洗室等有噪声的房间紧邻布置时，未采取隔声减振措施，不符合《宿舍建筑设计规范》（JGJ 36—2005）5.2.2 条规定。

规范链接：

5.2.2 居室不应与电梯、设备机房紧邻布置；居室与公共楼梯间、公共盥洗室等有噪声的房间紧邻布置时，应采取隔声减振措施，其隔声量应达到国家相关规范要求。

【问题 1.2.136】 某宿舍建筑，宿舍居室室内采光系数标准低于 1%。不符合《宿舍建筑设计规范》（JGJ 36—2005）5.1.4 条规定。

规范链接：

5.1.4 宿舍的室内采光标准应符合表 5.1.4 采光系数最低值，其窗地比可按表 5.1.4 的规定取值。

室内采光标准　　　　　　　　　　　　　　　　　　　　　表 5.1.4

房间名称	侧面采光	
	采光系数最低值（%）	窗地面积比最低值（A_c/A_d）
居室	1	1/7
楼梯间	0.5	1/12
公共厕所、公共浴室	0.5	1/10

注：1　窗地面积比值为直接天然采光房间的侧窗洞口面积 A_c 与该房间地面面积 A_d 之比；
　　2　本表按Ⅲ类光气候区单层普通玻璃铝合金窗计算，当用于其他光气候区时或采用其他类型窗时，应按现行国家标准《建筑采光设计标准》GB/T 50033 的有关规定进行调整；
　　3　离地面高度低于 0.80m 的窗洞口面积不计入采光面积内。窗洞口上沿距地面高度不宜低于 2m。

【问题 1.2.137】 某宿舍区设计，每栋宿舍未在首层至少设置 1 间无障碍居室，或在宿舍区内集中设置无障碍居室。不符合《宿舍建筑设计规范》（JGJ 36—2005）4.1.5 条规定。也不符合《无障碍设计规范》（GB 50763—2012）7.4.4 和 7.4.5 的规定。

规范链接：

4.1.5 每栋宿舍应在首层至少设置 1 间无障碍居室，或在宿舍区内集中设置无障碍居室。居室中的无障碍设施应符合现行行业标准《无障碍设计规范》（GB 50763—2012）的要求。

【问题 1.2.138】 某宿舍建筑，宿舍内公共厕所与最远的居室的距离大于 25m。不符合《宿舍建筑设计规范》（JGJ 36—2005）4.3.1 条规定。

规范链接：

4.3.1 公共厕所应设前室或经盥洗室进入，前室和盥洗室的门不宜与居室门相对。公共厕所及公共盥洗室与最远居室的距离不应大于 25m（附带卫生间的居室除外）。

【问题 1.2.139】 某宿舍区设计，宿舍半数以上居室未达到住宅居室同样的日照标准。不符合《宿舍建筑设计规范》（JGJ 36—2005）4.1.3 条规定。

【问题 1.2.140】 某宿舍建筑，宿舍楼梯的踏度宽度小于 0.27m，踏步高度大于 0.165m。不符合《宿舍建筑设计规范》（JGJ 36—2005）4.5.4 条的规定。

【问题 1.2.141】 某宿舍建筑，宿舍楼梯门、楼梯及走道总宽度未按每层通过人数每 100 人不小于 1m 计算，且梯段净宽小于 1.20m。其楼梯门、楼梯及走道的净宽度均不符合《宿舍建筑设计规范》（JGJ 36—2005）4.5.3 条的规定。

【问题 1.2.142】 某宿舍建筑，管理室的使用面积小于 8m²，不符合《宿舍建筑设计规范》（JGJ 36—2005）4.3.5 条的规定。

【问题 1.2.143】 某宿舍建筑，居室附设卫生间的宿舍没有在每层另设小型公共厕所。不符合《宿舍建筑设计规范》（JGJ 36—2005）4.3.11 条的规定。

【问题 1.2.144】 某宿舍建筑，宿舍的底层外窗、阳台，没有采取任何安全防范措施。不符合《宿舍建筑设计规范》（JGJ 36—2005）4.6.5 条的规定。

【问题 1.2.145】 某宿舍建筑，其公共卫生间，没有直接对外通风采光，不符合《宿舍建筑设计规范》（JGJ 36—2005）5.1.1 条的规定。

【问题 1.2.146】 宿舍建筑居室的通风开口面积小于居室建筑面积的 1/20 不符合《宿舍建筑设计规范》（JGJ 36—2005）5.1.2 条的规定。

规范链接：

5.1.2 采用自然通风的居室，其通风开口面积不应小于该居室地板面积的 1/20。

【问题 1.2.147】 某七层宿舍建筑或居室最高入口层楼面距室外设计地面的高度大于 21m 时，未设置电梯。不符合《宿舍建筑设计规范》第 4.5.6 条的规定。

规范链接：

4.5.6 七层及七层以上宿舍或居室最高入口层楼面距室外设计地面的高度大于 21m 时，应设置电梯。

第八节 《汽车库建筑设计规范》（JGJ 100—98）

【问题 1.2.148】 某建筑设置的地下车库属于大型车库，其中一个汽车出入口坡道直接通向城市干道。不符合《汽车库建筑设计规范》（JGJ 100—98）3.2.7 条的规定：

规范链接：

3.2.7 特大、大、中型汽车库的库址出入口应设于城市次干道，不应直接与主干道连接。

【问题 1.2.149】 某建筑设置的地下车库，汽车出入口坡道距离道路交叉口距离小于 80m。不符合《汽车库建筑设计规范》（JGJ 100—98）3.2.9 条的规定：

规范链接：

3.2.9 库址车辆出入口与城市人行过街天桥、地道、桥梁或隧道等引道口的距离应大于 50m；距离道路交叉口应大于 80m。

【问题 1.2.150】 汽车库地面排水坡度为 0.5%。不符合《汽车库建筑设计规范》（JGJ 100—98）4.1.19 条，地面排水坡度不应小于 1% 的规定：

规范链接：

4.1.19 汽车库的楼地面应采用强度高、具有耐磨防滑性能的非燃烧体材料，并应设不小于 1% 的排水坡度和相应的排水系统。

【问题 1.2.151】 地下层平面的停车位太窄。不符合《汽车库建筑设计规范》（JGJ 100—98）4.1.2 和 4.1.4 条的规定：

规范链接：

4.1.2 汽车库内停车方式应排列紧凑、通道短捷、出入迅速、保证安全和与柱网相协调，并应满足一次进出停车位要求。

4.1.4 汽车库内汽车与汽车、墙、柱、护栏之间的最小净距应符合表 4.1.4 的规定。

尺寸 \ 车辆类型　　　　项目		微型汽车 小型汽车（m）	轻型汽车（m）	大、中、铰接 型汽车（m）
平行式停车时汽车间纵向净距		1.20	1.20	2.40
垂直式、斜列式停车时汽车间纵向净距		0.50	0.70	0.80
汽车间横向净距		0.60	0.80	1.00
汽车与柱间净距		0.30	0.30	0.40
汽车与墙、护栏及其他构筑物间净距	纵向	0.50	0.50	0.50
	横向	0.60	0.80	1.00

汽车与汽车、墙、柱、护栏之间最小净距　　　　**表 4.1.4**

注：纵向指汽车长度方向、横向指汽车宽度方向，净距是指最近距离，当墙、柱外有突出物时，应从其凸出部分外缘算起。

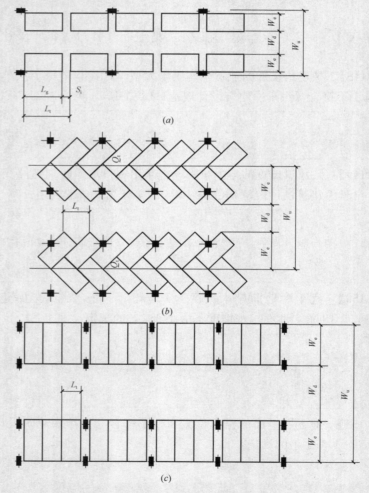

图 4.1.4　汽车停车方式

（a）平行式；（b）斜列式；（c）垂直式

注：图中 W_u—停车带宽度　L_g—汽车长度　W_e—垂直于通车道的停车位尺寸

S_i—汽车间净距　W_d—通车道宽度　Q_t—汽车倾斜角度 L_t—平行于通车道的停车位尺寸

【问题 1.2.152】 汽车环形坡道处横坡未设置超高。不符合《汽车库建筑设计规范》（JGJ 100—98）4.1.11 条的规定：

规范链接：

4.1.11 汽车环形坡道除纵向坡度应符合表 4.1.7 规定外，还应于坡道横向设置超高，超高可按下列公式计算。

$$i_c = \frac{V^2}{127R} - \mu \qquad (4.1.11)$$

式中 V——设计车速，Km/h；

R——环道平曲线半径（取到坡道中心线半径）；

μ——横向力系数，宜为 0.1～0.15；

i_c——超高即横向坡度，宜为 2%～6%。

【问题 1.2.153】 汽车库设计中，微型车、小型汽车库室内最小净高小于 2.20m，大型汽车室内最小净高小于 3.40m。汽车库室内最小净高不符合《汽车库建筑设计规范》（JGJ 100—98）4.1.13 的规定：

4.1.13 汽车库室内最小净高应符合表 4.1.13 的规定。

汽车库室内最小净高 表 4.1.13

车型	最小净高（m）
微型车、小型车	2.20
轻型车	2.80
中、大型、铰接客车	3.40
中、大型、铰接货车	4.20

注：净高指楼地面表面至顶棚或其他构件底面的距离，未计入设备及管道所需空间

【问题 1.2.154】 汽车库库址的车辆出入口，距离城市道路的规划红线小于 7.5m，在距出入口边线内 2m 处作视点的 120°范围内至边线外 7.5m 以上有遮挡视线障碍物。不符合《汽车库建筑设计规范》（JGJ 100—98）3.2.8 条的规定：

规范链接：

3.2.8 汽车库库址的车辆出入口，距离城市道路的规划红线不应小于 7.5m，并在距出入口边线内 2m 处作视点的 120°范围内至边线外 7.5m 以上不应有遮挡视线障碍物（图 3.2.8）。

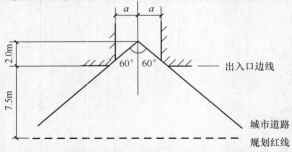

图 3.2.8 汽车库库址车辆出入口通视要求
a—为视点至出口再燃的距离

【问题 1.2.155】 汽车库设计中，小型汽车的最小转弯半径小于 6.00m，大型汽车的最小转弯半径小于 10.50m，不符合《汽车库建筑设计规范》（JGJ 100—98）4.1.9 条表4.1.9 的规定：

规范链接：

4.1.9 汽车的最小转弯半径可采用表4.1.9 的规定。

汽车库内汽车的最小转弯半径　　　　　　　　表 4.1.9

车型	最小转弯半径（m）
微型车	4.50
小型车	6.00
轻型车	6.50～8.00
中型车	8.00～10.00
大型车	10.50～12.00
铰接车	10.50～12.50

【问题 1.2.156】 汽车库停车位的楼地面上未设车轮挡。不符合《汽车库建筑设计规范》（JGJ 100—98）4.1.18 条的规定：

规范链接：

4.1.18 汽车库的停车位的楼地面上应设车轮挡，车轮挡宜设于距停车位端线为汽车前悬或后悬的尺寸减 200mm 处，其高度宜为 150～200mm，车轮挡不得阻碍楼地面排水。

【问题 1.2.157】 斜楼板式汽车库其楼板坡度大于 5%。不符合《汽车库建筑设计规范》（JGJ 100—98）4.2.9 条的规定。

规范链接：

4.2.9 斜楼板式汽车库其楼板坡度不应大于 5%。

【问题 1.2.158】 汽车库内当通车道纵向坡度大于 10% 时，坡道上、下端均未设缓坡。不符合《汽车库建筑设计规范》（JGJ 100—98）4.1.8 条的规定。

规范链接：

4.1.8 汽车库内当通车道纵向坡度大于 10% 时，坡道上、下端均应设缓坡。其直线缓坡段的水平长度不应小于 3.6m，缓坡坡度应为坡道坡度的 1/2。曲线缓坡段的水平长度不应小于 2.4m，曲线的半径不应小于 20m，缓坡段的中点为坡道原起点或止点（图 4.1.8）。

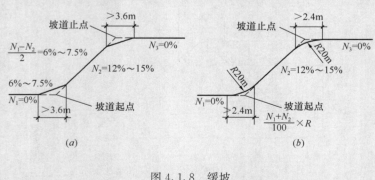

图 4.1.8 缓坡

（a）直线缓坡；（b）曲线缓坡

【问题1.2.159】 地下汽车库的排风口离室外地坪高度小于2.5m，不满足《汽车库建筑设计规范》（JGJ 100—98）3.2.11条。

规范链接：

3.2.11 地下汽车库的排风口应设于下风向，排风口不应朝向邻近建筑物和公共活动场所，排风口离室外地坪高度应大于2.5m，并应作消声处理。

【问题1.2.160】 某独立设置的三层以上地下汽车库没有设置载人电梯，不满足《汽车库建筑设计规范》（JGJ 100—98）4.1.17条的要求。

规范链接：

4.1.17 三层以上的多层汽车库或二层以下地下汽车库应设置供载人电梯。

第九节《人民防空地下室设计规范》（GB 50038—2005）

【问题1.2.161】 某建筑的防空地下室，距离附近的乙类厂房小于50m。不符合《人民防空地下室设计规范》（GB 50038—2005）3.1.3条的规定。

规范链接：

3.1.3 防空地下室距生产、储存易燃易爆物品厂房、库房的距离不应小于50m；距有害液体、重毒气体的贮罐不应小于100m。

【问题1.2.162】 某建筑的防空地下室，二等人员掩蔽所的防护单元建筑面积大于2000m²，其抗爆单元建筑面积大于500m²。不符合《人民防空地下室设计规范》（GB 50038—2005）3.2.6条，表3.2.6的规定。

规范链接：

3.2.6 医疗救护工程、防空专业队工程、人员掩蔽工程和配套工程应按下列规定划分防护单元和抗爆单元：

1 上部建筑层数为九层或不足九层（包括没有上部建筑）的防空地下室应按表3.2.6的要求划分防护单元和抗爆单元；

防护单元、抗爆单元的建筑面积（m²）　　　　　　　表3.2.6

工程类型	医疗救护工程	防空专业队工程		人员掩蔽工程	配套工程
		队员掩蔽部	装备掩蔽部		
防护单元	≤1000	≤4000		≤2000	≤4000
抗爆单元	≤500	≤2000		≤500	≤2000

注：防空地下室内部为小房间布置时，可不划分抗爆单元。

2 上部建筑的层数为十层或多于十层（其中一部分上部建筑可不足十层或没有上部建筑，但其建筑面积不得大于200m²）的防空地下室，可不划分防护单元和抗爆单元（注：位于多层地下室底层的防空地下室，其上方的地下室层数可计入上部建筑的层数）；

3 对于多层的乙类防空地下室和多层的核5级、核6级、核6B级的甲类防空地下室，当其上下相邻楼层划分为不同防护单元时，位于下层及以下的各层可不再划分防护单元和抗爆单元。

【问题1.2.163】 某建筑的防空地下室，相邻的防护单元之间没有设置连通口。不满足《人民防空地下室设计规范》（GB 50038—2005）3.2.10条的规定。

规范链接：

3.2.10 两相邻防护单元之间应至少设置一个连通口。防护单元之间连通口的设置应符合下列规定：

1 在连通口的防护单元隔墙两侧应各设置一道防护密闭门（图3.2.10）。墙两侧都设有防护密闭门的门框墙厚度不宜小于500mm；

2 选用设置在防护单元之间连通口的防护密闭门时，其设计压力值应符合下列规定：

1）乙类防空地下室的连通口防护密闭门设计压力值宜按0.03MPa；

2）甲类防空地下室的连通口防护密闭门设计压力值符合下列规定：

（1）两相邻防护单元的防核武器抗力级别相同时，其连通口的防护密闭门设计压力值应按表3.2.10-1确定；

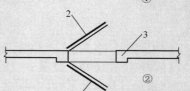

图3.2.10 防护单元之间连通口墙的两侧各设一道防护密闭门的做法
①高抗力防护单元；②低抗力防护单元
1—高抗力防护密闭门；2—低抗力防护密闭门；3—防护密闭隔墙

抗力相同相邻单元的连通口防护密闭门设计压力值（MPa） 表3.2.10-1

防核抗力级别	6B	6	5	4B	4
防护密闭门设计压力	0.03	0.05	0.10	0.20	0.30

（2）两相邻防护单元的防核武器抗力级别不同时，其连通口的防护密闭门设计压力值应按表3.2.10-2确定。

抗力不同相邻单元的连通口防护密闭门设计压力值（MPa） 表3.2.10-2

防核抗力级别	6B级与6级	6B级与5级	6级与5级	5级与4B级	5级与4级	4B级与4级
低抗力一侧设计压力	0.05	0.10	0.10	0.20	0.30	0.30
高抗力一侧设计压力	0.03	0.03	0.05	0.10	0.10	0.20

【问题1.2.164】 某建筑的防空地下室为甲级，其结构的顶板面高出室外地面300mm。不满足《人民防空地下室设计规范》（GB 50038—2005）3.2.15条的规定。

规范链接：

3.2.15 顶板底面高出室外地平面的防空地下室必须符合下列规定。

1 上部建筑为钢筋混凝土结构的甲类防空地下室，其顶板底面不得高出室外地平面；上部建筑为砌体结构的甲类防空地下室，其顶板底面可高出室外地平面，但必须符合下列规定：

1）当地具有取土条件的核5级甲类防空地下室，其顶板底面高出室外地平面的高度不得大于0.50m，并应在临战时按下述要求在高出室外地平面的外墙外侧覆土，覆土的断面应为梯形，其上部水平段的宽度不得小于1.0m，高度不得低于防空地下室顶板的上表面，其水平段外侧为斜坡，其坡度不得大于1∶3（高∶宽）；

2）核6级、核6B级的甲类防空地下室，其顶板底面高出室外地平面的高度不得大于1.00m，且其高出室外地平面的外墙必须满足战时防常规武器爆炸、防核武器爆炸、密闭和墙体防护厚度等各项防护要求；

2 乙类防空地下室的顶板底面高出室外地平面的高度不得大于该地下室净高的1/2，且其高出室外地平面的外墙必须满足战时防常规武器爆炸、密闭和墙体防护厚度等各项防护要求。

【问题1.2.165】 某建筑的防空地下室为甲级，室外出入口距建筑物外墙局部小于5m。不满足《人民防空地下室设计规范》（GB 50038—2005）3.3.3条的规定。

规范链接：

3.3.3　甲类防空地下室中，其战时作为主要出入口的室外出入口通道的出地面段（即无防护顶盖段），宜布置在地面建筑的倒塌范围以外。甲类防空地下室设计中的地面建筑的倒塌范围，宜按表 3.3.3 确定。

甲类防空地下室地面建筑倒塌范围　　　　　　　表 3.3.3

防核武器抗力级别	地面建筑结构类型	
	砌体结构	钢筋混凝土结构、钢结构
4、4B	建筑高度	建筑高度
5、6、6B	0.5 倍建筑高度	5.00m

注：1　表内"建筑高度"系指室外地平面至地面建筑檐口或女儿墙顶部的高度；
　　2　核 5 级、核 6 级、核 6B 级的甲类防空地下室，当毗邻出地面段的地面建筑外墙为钢筋混凝土剪力墙结构时，可不考虑其倒塌影响。

【问题 1.2.166】　某建筑的防空地下室为甲级，出入口外通道局部宽度小于 1.5m。不符合《人民防空地下室设计规范》（GB 50038—2005）3.3.5 条的规定：

规范链接：

3.3.5　出入口通道、楼梯和门洞尺寸应根据战时及平时的使用要求，以及防护密闭门、密闭门的尺寸确定。并应符合下列规定：

　　1　防空地下室的战时人员出入口的最小尺寸应符合表 3.3.5 的规定；战时车辆出入口的最小尺寸应根据进出车辆的车型尺寸确定；

战时人员出入口最小尺寸（m）　　　　　　　表 3.3.5

工程类别	门洞		通道		楼梯
	净宽	净高	净宽	净高	净宽
医疗救护工程、防空专业队工程	1.00	2.00	1.50	2.20	1.20
人员掩蔽工程、配套工程	0.80	2.00	1.50	2.20	1.00

注：战时备用出入口的门洞最小尺寸可按宽×高＝0.70m×1.60m；通道最小尺寸可按 1.00m×2.00m。

　　2　人防物资库的主要出入口宜按物资进出口设计，建筑面积不大于 2000m² 物资库的物资进出口门洞净宽不应小于 1.50m、建筑面积大于 2000m² 物资库的物资进出口门洞净宽不应小于 2.00m；

　　3　出入口通道的净宽不应小于门洞净宽。

【问题 1.2.167】　人防次要出入口门洞净宽为 1.2m，而楼梯净宽为 1.1m，楼梯的净宽小于人防次要出入口门洞的净宽。不符合《人民防空地下室设计规范》（GB 50038—2005）3.3.8 条的规定。

规范链接：

3.3.8　人员掩蔽工程战时出入口的门洞净宽之和，应按掩蔽人数每 100 人不小于 0.30m 计算确定。每樘门的通过人数不应超过 700 人，出入口通道和楼梯的净宽不应小于该门洞的净宽。两相邻防护单元共用的出入口通道和楼梯的净宽，应按两掩蔽入口通过总人数的每 100 人不小于 0.30m 计算确定。

　　注：门洞净宽之和不包括竖井式出入口、与其他人防工程的连通口和防护单元之间的连通口。

【问题 1.2.168】 二等人员掩蔽所的扩散室未设置地漏或集水坑，不符合《人民防空地下室设计规范》（GB 50038—2005）3.4.7 条第 3 款的规定。

【问题 1.2.169】 人员出口处，扩散室未采用钢筋混凝土整体浇筑，不符合《人民防空地下室设计规范》（GB 50038—2005）3.4.7 条的规定。

规范链接：

3.4.7　扩散室应采用钢筋混凝土整体浇筑，其室内平面宜采用正方形或矩形，并应符合下列规定：

1　乙类防空地下室扩散室的内部空间尺寸可根据施工要求确定。甲类防空地下室的扩散室的内部空间尺寸应符合本规范附录 F 的规定，并应符合下列规定：

1）扩散室室内横截面净面积（净宽 b_S 与净高 h_S 之积）不宜小于 9 倍悬板活门的通风面积。当有困难时，横截面净面积不得小于 7 倍悬板活门的通风面积；

2）扩散室室内净宽与净高之比（b_S/h_S）不宜小于 0.4，且不宜大于 2.5；

3）扩散室室内净长 l_S 宜满足下式要求：

$$0.5 \leqslant \frac{l_S}{\sqrt{b_S \cdot h_S}} \leqslant 4.0 \tag{3.4.7}$$

式中　l_S，b_S，h_S——分别为扩散室的室内净长，净宽，净高。

2　与扩散室相连接的通风管位置应符合下列规定：

1）当通风管由扩散室侧墙穿入时，通风管的中心线应位于距后墙面的 1/3 扩散室净长处（图 3.4.7a）；

2）当通风管由扩散室后墙穿入时，通风管端部应设置向下的弯头，并使通风管端部的中心线位于距后墙面的 1/3 扩散室净长处（图 3.4.7b）；

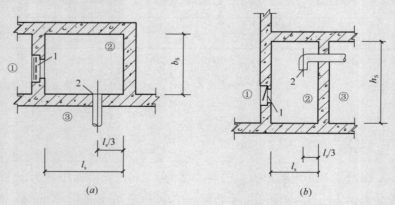

图 3.4.7　扩散室的风管位置

1—悬板活门；2—通风管；①通风竖井；②扩散室；③室内

3　扩散室内应设地漏或集水坑；

4　常用扩散室内部空间的最小尺寸，可按本规范附录 A 的表 A.0.1 确定。

【问题 1.2.170】 简易洗消与防毒通道合并设置时，简易洗消区的面积小于 $2m^2$，不符合《人民防空地下室设计规范》（GB 50038—2005）3.3.24 条的规定。

规范链接：

3.3.24　简易洗消宜与防毒通道合并设置；当带简易洗消的防毒通道不能满足规定的换气次数要求时，可单独设置简易洗消间。简易洗消应符合下列规定：

1　带简易洗消的防毒通道应符合下列规定：

1）带简易洗消的防毒通道应满足本规范第5.2.6条规定的换气次数要求；

2）带简易洗消的防毒通道应由防护密闭门与密闭门之间的人行道和简易洗消区两部分组成。人行道的净宽不宜小于1.30m；简易洗消区的面积不宜小于2m²，且其宽度不宜小于0.60m（图3.3.24-1）。

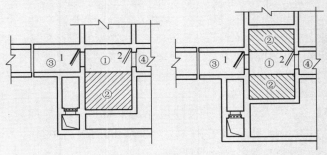

图3.3.24-1　与简易洗消合并设置的防毒通道
①人行道；②简易洗消区；③室外通道；④室内清洁区
1—防护密闭门；2—密闭门

2　单独设置的简易洗消间应位于防毒通道的一侧，其使用面积不宜小于5m²。简易洗消间与防毒通道之间宜设一道普通门，简易洗消间与清洁区之间应设一道密闭门（图3.3.24-2）。

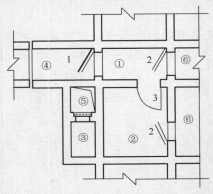

图3.3.24-2　单独设置的简易洗消间
①防毒通道；②简易洗消间；③扩散室；④室外通道；
⑤排风竖井；⑥室内清洁区
1—防护密闭门；2—密闭门；3—普通门

【问题1.2.171】　战时主要出入口的防护密闭门外通道以及进风口的竖井内，未设置洗消污水集水坑，不符合《人民防空地下室设计规范》（GB 50038—2005）3.4.10条的规定。

规范链接：

3.4.10 防空地下室战时主要出入口的防护密闭门外通道内以及进风口的竖井或通道内，应设置洗消污水集水坑。洗消污水集水坑可按平时不使用，战时使用手动排水设备（或移动式电动排水设备）设计。坑深不宜小于 0.60m；容积不宜小于 0.50m³。

【问题 1.2.172】 二等人员掩蔽所的防化通信值班室的建筑面积未达到 8m²，不符合《人民防空地下室设计规范》（GB 50038—2005）3.5.6 条的规定。

规范链接：

3.5.6 医疗救护工程、专业队队员掩蔽部、人员掩蔽工程以及生产车间、食品站等在进风系统中设有滤毒通风的防空地下室，应在其清洁区内的进风口附近设置防化通信值班室。医疗救护工程、专业队队员掩蔽部、一等人员掩蔽所、生产车间和食品站等防空地下室的防化通信值班室的建筑面积可按 10～12m² 确定；二等人员掩蔽所的防化通信值班室的建筑面积可按 8～10m² 确定。

【问题 1.2.173】 二等人员掩蔽所柴油电站的贮油间，其地面未低于相连接的房间（或走道）地面 150～200mm，也未设置高 150～200mm 的门槛。不符合《人民防空地下室设计规范》（GB 50038—2005）3.6.6 条的规定。

规范链接：

3.6.6 柴油电站的贮油间应符合下列规定：

    1 贮油间宜与发电机房分开布置；

    2 贮油间应设置向外开启的防火门，其地面应低于与其相连接的房间（或走道）地面 150～200mm 或设门槛；

    3 严禁柴油机排烟管、通风管、电线、电缆等穿过贮油间。

【问题 1.2.174】 二等人员掩蔽所的每个防护单元的男女厕所便器设置数量未计算，其设置数量未满足规范要求。不符合《人民防空地下室设计规范》（GB 50038—2005）3.5.2 条的规定。

规范链接：

3.5.2 每个防护单元的男女厕所应分别设置。厕所宜设前室。厕所的设置可按下列规定确定：

    1 男女比例：二等人员掩蔽所可按 1:1，其他防空地下室按具体情况确定；

    2 大便器（便桶）设置数量：男每 40～50 人设一个；女每 30～40 人设一个；

    3 水冲厕所小便器数量与男大便器同，若采用小便槽，按每 0.5m 长相当于一个小便器计。

【问题 1.2.175】 某建筑的防空地下室为人员掩蔽工程，防化通信值班室位于排风口一侧。不满足《人民防空地下室设计规范》（GB 50038—2005）3.5.6 条的规定。

规范链接：

3.5.6 医疗救护工程、专业队队员掩蔽部、人员掩蔽工程以及生产车间、食品站等在进风系统中设有滤毒通风的防空地下室，应在其清洁区内的进风口附近设置防化通信值班室。医疗救护工程、专业队队员掩蔽部、一等人员掩蔽所、生产车间和食品站等防空地下室的防化通信值班室的建筑面积可按 10～12m² 确定；二等人员掩蔽所的防化通信值班室的建筑面积可按 8～10m² 确定。

【问题 1.2.176】 电梯通至地下室时，电梯未设置在防空地下室的防护密闭区以外。不符合《人民防空地下室设计规范》（GB 50038—2005）3.3.26 条的规定。

规范链接：

3.3.26 当电梯通至地下室时，电梯必须设置在防空地下室的防护密闭区以外。

【问题 1.2.177】 某人防地下室建筑中，人防转换需要大量的预制构件，图纸中没有专门预留存放位置。不符合《人民防空地下室设计规范》（GB 50038—2005）3.7.1 条第 3 款的规定。

规范链接：

3.7.1 防护功能平战转换措施仅适用于符合本规范第 3.1.9 条规定的平战结合防空地下室采用，并应符合下列各项规定：

1 采用的转换措施应能满足战时的各项防护要求，并应在规定的转换时限内完成；

2 平战转换设计应符合本规范第 4.12 节的有关规定；

3 当转换措施中采用预制构件时，应在设计中注明：预埋件、预留孔（槽）等应在工程施工中一次就位，预制构件应与工程施工同步做好，并应设置构件的存放位置；

4 平战转换设计应与工程设计同步完成。

第十节　《商店建筑设计规范》（JGJ 48—2014）

【问题 1.2.178】 某商业建筑建筑面积大于 5000m²，属于中型商业建筑，主要入口贴临用地红线，没有留出必要的集散场地，不符合《商店建筑设计规范》（JGJ 48—2014）第 3.2.1 规定。

规范链接：

3.2.1 大型和中型商店建筑的主要出入口前，应留有人员集散场地，且场地的面积和尺度应根据零售业态、人数及规划部门的要求确定。

【问题 1.2.179】 某商业建筑建筑面积大于 20000m²，属于大型商业建筑，在建筑物内设置停车库，但在总平面布置中，没有同时设置地面临时停车位，不符合《商店建筑设计规范》（JGJ 48—2014）第 3.2.5 规定。

规范链接：

3.2.5 大型商店建筑应按当地城市规划要求设置停车位。在建筑物内设置停车库时，应同时设置地面临时停车位。

【问题 1.2.180】 某商业建筑的中庭栏杆有大量的横向装饰构件，属于易攀爬的构造，且没有采取防攀爬措施，不符合《商店建筑设计规范》（JGJ 48—2014）第 4.1.6 条第 3 款规定。

规范链接：

4.1.6 商店建筑的公用楼梯、台阶、坡道、栏杆应符合下列规定：

1 楼梯梯段最小净宽、踏步最小宽度和最大高度应符合表 4.1.6 的规定；

楼梯梯段最小净宽、踏步最小宽度和最大高度 表 4.1.6

楼梯类别	梯段最小净宽（m）	踏步最小宽度（m）	踏步最大高度（m）
营业区的公用楼梯	1.40	0.28	0.16
专用疏散楼梯	1.20	0.26	0.17
室外楼梯	1.40	0.30	0.15

2 室内外台阶的踏步高度不应大于 0.15m 且不宜小于 0.10m，踏步宽度不应小于 0.30m；当高差不足两级踏步时，应按坡道设置，其坡度不应大于 1：12；

3 楼梯、室内回廊、内天井等临空处的栏杆应采用防攀爬的构造，当采用垂直杆件做栏杆时，其杆件净距不应大于 0.11m；栏杆的高度及承受水平荷载的能力应符合现行国家标准《民用建筑设计通则》GB 50352 的规定；

4 人员密集的大型商店建筑的中庭应提高栏杆的高度，当采用玻璃栏板时，应符合现行行业标准《建筑玻璃应用技术规程》JGJ 113 的规定。

【问题 1.2.181】 某商业建筑的自动扶梯，选用自动扶梯的倾斜角度为 35 度，不符合《商店建筑设计规范》（JGJ 48—2014）第 4.1.8 条第 1 款规定。

规范链接：

4.1.8 商店建筑内设置的自动扶梯、自动人行道除应符合现行国家标准《民用建筑设计通则》GB 50352 的有关规定外，还应符合下列规定：

1 自动扶梯倾斜角度不应大于 30°，自动人行道倾斜角度不应超过 12°；

2 自动扶梯、自动人行道上下两端水平距离 3m 范围内应保持畅通，不得兼作他用；

3 扶手带中心线与平行墙面或楼板开口边缘间的距离、相邻设置的自动扶梯或自动人行道的两梯（道）之间扶手带中心线的水平距离应大于 0.50m，否则应采取措施，以防对人员造成伤害。

【问题 1.2.182】 某商业建筑采取自然通风，其通风开口的有效面积小于该房间（楼）地板面积的 1/20。不符合《商店建筑设计规范》（JGJ 48—2014）第 4.1.11 条的规定。

规范链接：

4.1.11 商店建筑采用自然通风时，其通风开口的有效面积不应小于该房间（楼）地板面积的 1/20。

【问题 1.2.183】 某商业建筑二层的营业厅采取单面开窗的自然通风方式，其二层层高 3600，进深大于 10m。不符合《商店建筑设计规范》（JGJ 48—2014）第 4.2.3 条的规定。

规范链接：

4.2.3 营业厅的净高应按其平面形状和通风方式确定，并应符合表 4.2.3 的规定。

营业厅的净高 表 4.2.3

通风方式	自然通风			机械排风和自然通风相结合	空气调节系统
	单面开窗	前面敞开	前后开窗		
最大进深与净高比	2：1	2.5：1	4：1	5：1	—
最小净高（m）	3.20	3.20	3.50	3.50	3.00

注：1 设有空调设施、新风量和过渡季节通风量不小于 20m³/（h·人），并且有人工照明的面积不超过 50m² 的房间或宽度不超过 3m 的局部空间的净高可酌减，但不应小于 2.40m；

2 营业厅净高应按楼地面至吊顶或楼板底面障碍物之间的垂直高度计算。

【问题 1.2.184】 某商业建筑的公共卫生间没有设置前室，不符合《商店建筑设计规范》（JGJ 48—2014）第 4.2.14 条第 1 款的规定。

规范链接：

4.2.14 供顾客使用的卫生间设计应符合下列规定：

1 应设置前室，且厕所的门不宜直接开向营业厅、电梯厅、顾客休息室或休息区等主要公共空间；

2 宜有天然采光和自然通风，条件不允许时，应采取机械通风措施；

3 中型以上的商店建筑应设置无障碍专用厕所，小型商店建筑应设置无障碍厕位；

4 卫生设施的数量应符合现行行业标准《城市公共厕所设计标准》CJJ 14 的规定，且卫生间内宜配置污水池；

5 当每个厕所大便器数量为 3 具及以上时，应至少设置 1 具坐式大便器；

6 大型商店宜独立设置无性别公共卫生间，并应符合现行国家标准《无障碍设计规范》GB 50763 的规定；

7 宜设置独立的清洁间。

【问题 1.2.185】 某商业建筑的公共卫生间没有设置清洁间，不符合《商店建筑设计规范》（JGJ 48—2014）第 4.2.14 条第 7 款的规定。

规范链接：

4.2.14 供顾客使用的卫生间设计应符合下列规定：

1 应设置前室，且厕所的门不宜直接开向营业厅、电梯厅、顾客休息室或休息区等主要公共空间；

2 宜有天然采光和自然通风，条件不允许时，应采取机械通风措施；

3 中型以上的商店建筑应设置无障碍专用厕所，小型商店建筑应设置无障碍厕位；

4 卫生设施的数量应符合现行行业标准《城市公共厕所设计标准》CJJ 14 的规定，且卫生间内宜配置污水池；

5 当每个厕所大便器数量为 3 具及以上时，应至少设置 1 具坐式大便器；

6 大型商店宜独立设置无性别公共卫生间，并应符合现行国家标准《无障碍设计规范》GB 50763 的规定；

7 宜设置独立的清洁间。

【问题 1.2.186】 某商业建筑建筑面积大于 $5000m^2$，属于中型商业建筑，没有设置职工更衣、休息、就餐场所，也没有设置专门的职工专用卫生间。不符合《商店建筑设计规范》（JGJ 48—2014）第 4.4.2 和 4.4.3 条规定。

规范链接：

4.4.2 大型和中型商店应设置职工更衣、工间休息及就餐等用房。

4.4.3 大型和中型商店应设置职工专用厕所，小型商店宜设置职工专用厕所，且卫生设施数量应符合现行行业标准《城市公共厕所设计标准》CJJ 14 的规定。

【问题 1.2.187】 某商店建筑内部没有设置垃圾收集空间或设施。不符合《商店建筑设计规范》（JGJ 48—2014）第 4.4.4 规定。

规范链接：

4.4.4 商店建筑内部应设置垃圾收集空间或设施。

【问题 1.2.188】 大型商业建筑中，营业厅与空调机房之间的隔墙未采取隔声构造，其门未采用防火兼隔声构造门，且空调机房门直接开向营业厅。不符合《商店建筑设计规范》（JGJ 48—2014）第 7.2.3 条第 4 款规定。

规范链接：

7.2.3 供暖通风及空气调节系统的设置应符合下列规定：

1 当设供暖设施时，不得采用有火灾隐患的采暖装置；

2 对于设有供暖的营业厅，当销售商品对防静电有要求时，宜设局部加湿装置；

3 通风道、通风口应设消声、防火装置；

4 营业厅与空气处理室之间的隔墙应为防火兼隔声构造，并不宜直接开门相通；

5 平面面积较大、内外分区特征明显的商店建筑，宜按内外区分别设置空调风系统；

6 大型商店建筑内区全年有供冷要求时，过渡季节宜采用室外自然空气冷却，供暖季节宜采用室外自然空气冷却或天然冷源供冷；

7 对于设有空调系统的营业厅，当过渡季节自然通风不能满足室内温度及卫生要求时，应采用机械通风，并应满足室内风量平衡；

8 空调及通风系统应设空气过滤装置，且初级过滤器对大于或等于 $5\mu m$ 的大气尘计数效率不应低于 60%，终极过滤器对大于或等于 $1\mu m$ 的大气尘计数效率不应低于 50%；

9 当设有空调系统时，应按现行国家标准《公共建筑节能设计标准》GB 50189 的规定设置排风热回收装置，并应采取非使用期旁通措施；

10 人员密集场所的空气调节系统宜采取基于 CO_2 浓度控制的新风调节措施；

11 严寒和寒冷地区带中庭的大型商店建筑的门斗应设供暖设施，首层宜加设地面辐射供暖系统。

【问题 1.2.189】 某大型联营商场连续排列铺位时，营业厅内通道的最小净宽度不满足规范要求。不符合《商店建筑设计规范》（JGJ 48—2014）第 4.2.2 条规定。

规范链接：

4.2.2 营业厅内通道的最小净宽度应符合表 4.2.2 的规定。

营业厅内通道的最小净宽度 表 4.2.2

通道位置		最小净宽度（m）
通道在柜台或货架与墙面或陈列窗之间		2.20
通道在两个平行柜台或货架之间	每个柜台或货架长度小于 7.50m	2.20
	一个柜台或货架长度小于 7.50m 另一个柜台或货架长度 7.50m～15.00m	3.00
	每个柜台或货架长度为 7.50m～15.00m	3.70
	每个柜台或货架长度大于 15.00m	4.00
	通道一端设有楼梯时	上下两个梯段宽度之和再加 1.00m
柜台或货架边与开敞楼梯最近踏步间距离		4.00m，并不小于楼梯间净宽度

注：1 当通道内设有陈列物时，通道最小净宽度应增加该陈列物的宽度；
　　2 无柜台营业厅的通道最小净宽可根据实际情况，在本表的规定基础上酌减，减小量不应大于 20%；
　　3 菜市场营业厅的通道最小净宽宜在本表的规定基础上再增加 20%。

第十一节　　其他《规范》

【问题 1.2.190】　某建筑地下室工程防水设计说明中，未注明地下室防水混凝土的抗渗等级。不符合《地下工程防水技术规范》（GB 50108—2008）3.1.8 条的规定。

> **规范链接：**
>
> 3.1.8　地下工程防水设计，应包括下列内容：
>
> 　　1　防水等级和设防要求；
>
> 　　2　防水混凝土的抗渗等级和其他技术指标、质量保证措施；
>
> 　　3　其他防水层选用的材料及其技术指标、质量保证措施；
>
> 　　4　工程细部构造的防水措施，选用的材料及其技术指标、质量保证措施；
>
> 　　5　工程的防排水系统、地面挡水、截水系统及工程各种洞口的防倒灌措施。

【问题 1.2.191】　某建筑地下室工程防水设计中，变形缝的防水措施不满足规范要求。不符合《地下工程防水技术规范》（GB 50108—2008）5.1.6 条的规定。

> **规范链接：**
>
> 5.1.6　变形缝的防水措施可根据工程开挖方法、防水等级按本规范表 3.3.1-1、表 3.3.1-2 选用。变形缝的几种复合防水构造形式，见图 5.1.6-1～图 5.1.6-3。

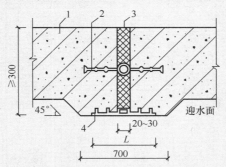

图 5.1.6-1　中埋式止水带与外贴防水层复合使用

外贴式止水带 $L \geqslant 300$

外贴防水卷材 $L \geqslant 400$

外涂防水涂层 $L \geqslant 400$

1—混凝土结构；2—中埋式止水带；3—填缝材料；4—外贴止水带

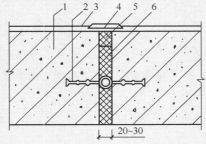

图 5.1.6-2　中埋式止水带与嵌缝材料复合使用

1—混凝土结构；2—中埋式止水带；3—防水层；4—隔离层；5—密封材料；6—填缝材料

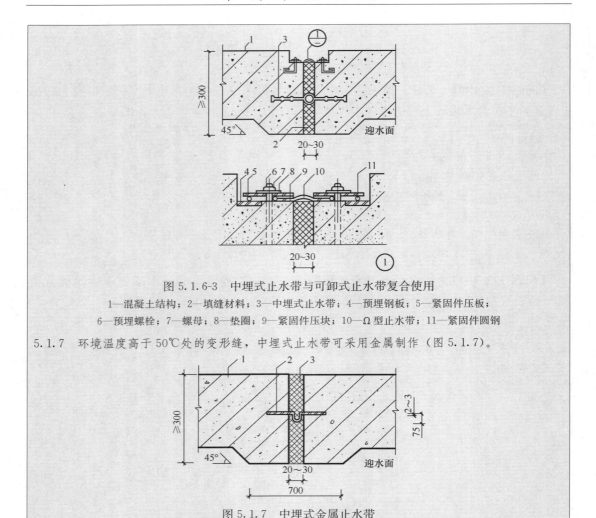

图 5.1.6-3 中埋式止水带与可卸式止水带复合使用

1—混凝土结构；2—填缝材料；3—中埋式止水带；4—预埋钢板；5—紧固件压板；
6—预埋螺栓；7—螺母；8—垫圈；9—紧固件压块；10—Ω型止水带；11—紧固件圆钢

5.1.7 环境温度高于 50℃处的变形缝，中埋式止水带可采用金属制作（图 5.1.7）。

图 5.1.7 中埋式金属止水带

1—混凝土结构；2—金属止水带；3—填缝材料

【问题 1.2.192】 某建筑工程，屋面防水层设计时，在刚性保护层与卷材、涂膜防水层之间未设置隔离层。不符合《屋面工程技术规范》（GB 50345—2012）4.1.2 条的规定。

规范链接：

4.1.2 屋面防水层设计应采取下列技术措施。

1 卷材防水层易拉裂部位，宜选用空铺、点粘、条粘或机械固定等施工方法；

2 结构易发生较大变形、易渗漏和损坏的部位，应设置卷材或涂膜附加层；

3 在坡度较大和垂直面上粘贴防水卷材时，宜采用机械固定和对固定点进行密封的方法；

4 卷材或涂膜防水层上应设置保护层；

5 在刚性保护层与卷材、涂膜防水层之间应设置隔离层。

【问题 1.2.193】 某建筑工程，屋面防水层设计时，檐沟、天沟的过水断面，未根据屋面汇水面积的雨水流量经计算确定。钢筋混凝土檐沟、天沟净宽小于 300mm，分水线处最小深度小于 100mm；沟内纵向坡度小于 1%。不符合《屋面工程技术规范》

（GB 50345—2012）4.2.11 条的规定。

规范链接：

4.2.11 檐沟、天沟的过水断面，应根据屋面汇水面积的雨水流量经计算确定。钢筋混凝土檐沟、天沟净宽不应小于 300mm，分水线处最小深度不应小于 100mm；沟内纵向坡度不应小于 1%，沟底水落差不得超过 200mm；檐沟、天沟排水不得流经变形缝和防火墙。

【问题 1.2.194】 某旅馆建筑中，办公用房、会议室、多功能厅等用房一侧的空调机房噪声级约为 70dB，图纸文件中，没有相关隔声、减噪措施说明。不符合《民用建筑隔声设计规范》（GB 50118—2010）7.1.1 条的规定：

规范链接：

7.1.1 旅馆建筑各房间内的噪声级，应符合表 7.1.1 的规定。

室内允许噪声级   表 7.1.1

房间名称	允许噪声级（A 声级，dB）					
	特级		一级		二级	
	昼间	夜间	昼间	夜间	昼间	夜间
客房	≤35	≤30	≤40	≤35	≤45	≤40
办公室、会议室	≤40		≤45		≤45	
多用途厅	≤40		≤45		≤50	
餐厅、宴会厅	≤45		≤50		≤55	

【问题 1.2.195】 某建筑工程的在厨房设计时，建筑施工图设计文件，未在图纸中按规范提出相应设计要求，并未综合考虑烟道预留、楼板降低等问题。不符合《饮食建筑设计规范》（JGJ 64—1989）第 3.3.1、3.3.2、3.3.3 条的规定：

规范链接：

第 3.3.1 条 餐馆与食堂的厨房可根据经营性质、协作组合关系等实际需要选择设置下列各部分：

一、主食加工间——包括主食制作间和主食热加工间；

二、副食加工间——包括粗加工间、细加工间、烹调热加工间、冷荤加工间及风味餐馆的特殊加工间；

三、备餐间——包括主食备餐、副食备餐、冷荤拼配及小卖部等。冷荤拼配间与小卖部均应单独设置；

四、食具洗涤消毒间与食具存放间。食具洗涤消毒间应单独设置；

五、烧火间。

第 3.3.2 条 饮食店的饮食制作间可根据经营性质选择设置下列各部分：

一、冷食加工间——包括原料调配、热加工、冷食制作、其他制作及冷藏用房等；

二、饮料（冷、热）加工间——包括原料研磨配制、饮料煮制、冷却和存放用房等；

三、点心、小吃、冷荤等制作的房间内容参照第 3.3.1 条规定的有关部分；

四、食具洗涤消毒间与食具存放间。食具洗涤消毒间应单独设置。

第 3.3.3 条 厨房与饮食制作间应按原料处理、主食加工、副食加工、备餐、食具洗存等工艺流程合理布置，严格做到原料与成品分开，生食与熟食分隔加工和存放，并应符合下列规定：

一、副食粗加工宜分设肉禽、水产的工作台和清洗池，粗加工后的原料送入细加工间避免反流。遗留的废弃物应妥善处理；

二、冷荤成品应在单间内进行拼配，在其入口处应设有洗手设施的前室；

三、冷食制作间的入口处应设有通过式消毒设施；

四、垂直运输的食梯应生、熟分设。

【问题 1.2.196】 某饮食建筑的厕所前室门朝向其加工间和餐厅。不符合《饮食建筑设计规范》（JGJ 64—1989）第 3.4.7 条的规定。

> **规范链接：**
> 第 3.4.7 条 厕所应按全部工作人员最大班人数设置，30 人以下者可设一处，超过 30 人者男女应分设，并均为水冲式厕所。男厕每 50 人设一个大便器和一个小便器，女厕每 25 人设一个大便器，男女厕所的前室各设一个洗手盆，厕所前室门不应朝向各加工间和餐厅。

【问题 1.2.197】 某饮食建筑的餐厅采用天然采光和自然通风，其窗洞口面积小于该厅地面面积的 1/6；通风开口面积小于该厅地面面积的 1/16。不符合《饮食建筑设计规范》（JGJ 64—1989）第 3.2.3 条的规定。

> **规范链接：**
> 第 3.2.3 条 餐厅与饮食厅采光、通风应良好。天然采光时，窗洞口面积不宜小于该厅地面面积的 1/6。自然通风时，通风开口面积不应小于该厅地面面积的 1/16。

【问题 1.2.198】 某项目在总平面布置时，厨房未采取油烟集中排放，排放口距住宅的外墙窗较近（小于 30m）。其总平面布置未考虑防止厨房（或饮食制作间）的油烟、气味、噪声及废弃物等对邻近建筑物的影响。不符合《饮食建筑设计规范》（JGJ 64—1989）第 2.0.4 条的规定。

> **规范链接：**
> 第 2.0.4 条 在总平面布置上，应防止厨房（或饮食制作间）的油烟、气味、噪声及废弃物等对邻近建筑物的影响。

【问题 1.2.199】 某民用建筑工程门窗说明中，未对落地窗、玻璃门等易于受到人体或物体碰撞的建筑玻璃采取保护措施。不符合《建筑玻璃应用技术规程》（JGJ 113—2009）7.3.1 条和 7.3.1 条的规定。

> **规范链接：**
> 7.3.1 安装在易于受到人体或物体碰撞部位的建筑玻璃，应采取保护措施。
> 7.3.2 根据易发生碰撞的建筑玻璃所处的具体部位，可采取在视线高度设醒目标志或设置护栏等防碰撞措施。碰撞后可能发生高处人体或玻璃坠落的，应采用可靠护栏。

【问题 1.2.200】 某建筑工程项目，用于屋面的夹胶玻璃，未标明其夹胶厚度不应小于 0.76mm。不符合《建筑玻璃应用技术规程》（JGJ 113—2009）8.2.2 条。

【问题 1.2.201】 某建筑工程项目的玻璃雨篷，其玻璃最高点离地面的高度大于 3m，未注明采用安全夹胶玻璃。不符合《建筑玻璃应用技术规程》（JGJ 113—2009）的相关规定。

规范链接：

8.2.2 屋面玻璃必须使用安全玻璃。当屋面玻璃最高点离地面的高度大于3m时，必须使用夹层玻璃。用于屋面的夹层玻璃，其胶片厚度不应小于0.76mm。

【问题1.2.202】 某商业建筑内设置有多层大型中庭，中庭的护栏选用通透无立杆的玻璃栏板。不符合《建筑玻璃应用技术规程》（JGJ 113—2009）第7.2.5条规定。

规范链接：

室内栏板用玻璃应符合下列规定：1 不承受水平荷载的栏板玻璃应使用符合本规程表7.1.1-1的规定且公称厚度不小于5mm的钢化玻璃，或公称厚度不小于6.38mm的夹层玻璃。2 承受水平荷载的栏板玻璃应使用符合本规程表7.1.1-1的规定且公称厚度不小于12mm的钢化玻璃或公称厚度不小于16.76mm钢化夹层玻璃。当栏板玻璃最低点离一侧楼地面高度在3m或3m以上、5m或5m以下时，应使用公称厚度不小于16.76mm钢化夹层玻璃。当栏板玻璃最低点离一侧楼地面高度大于5m时，不得使用承受水平荷载的栏板玻璃。

【问题1.2.203】 博物馆建筑，某陈列主题的展线长度大于300m。不符合《博物馆建筑设计规范》（JGJ 66—91）第3.3.3条的规定。

规范链接：

第3.3.3条 陈列室的面积、分间应符合灵活布置展品的要求，每一陈列主题的展线长度不宜大于300m。

【问题1.2.204】 某博物馆建筑，陈列室的室内净高小于3.5m。不符合《博物馆建筑设计规范》（JGJ 66—91）第3.3.5条的规定。

规范链接：

第3.3.5条 陈列室的室内净高除工艺、空间、视距等有特殊要求外，应为3.5～5m。

【问题1.2.205】 某游泳馆建筑，独立的看台仅设置有一个安全出口，且安全出口和走道的有效总宽度不满足规范要求。不符合《体育建筑设计规范》（JGJ 31—2003）4.3.8条的规定：

规范链接：

4.3.8 看台安全出口和走道应符合下列要求：

1 安全出口应均匀布置，独立的看台至少应有二个安全出口，且体育馆每个安全出口的平均疏散人数不宜超过400～700人，体育场每个安全出口的平均疏散人数不宜超过1000～2000人。

注：设计时，规模较小的设施宜采用接近下限值；规模较大的设施宜采用接近上限值。

2 观众席走道的布局应与观众席各分区容量相适应，与安全出口联系顺畅。通向安全出口的纵走道设计总宽度应与安全出口的设计总宽度相等。经过纵横走道通向安全出口的设计人流股数应与安全出口的设计通行人流股数相等。

3 安全出口和走道的有效总宽度均应按不小于表4.3.8的规定计算。

4 每一安全出口和走道的有效宽度除应符合计算外，还应符合下列规定：

1）安全出口宽度不应小于1.1m，同时出口宽度应为人流股数的倍数，4股和4股以下人流时每股宽按0.55m计，大于4股人流时每股宽按0.5m计；

2）主要纵横过道不应小于1.1m（指走道两边有观众席）；

3）次要纵横过道不应小于0.9m（指走道一边有观众席）；

4）活动看台的疏散设计应与固定看台同等对待。

疏散宽度指标   表4.3.8

观众座位数（个）		室内看台			室外看台		
宽度指标 （m/百人） 耐火 等级 疏散部位		3000～ 5000	5001～ 10000	10001～ 20000	20001～ 40000	40001～ 60000	60001以上
		一、二级	一、二级	一、二级	一、二级	一、二级	一、二级
门和走道	平坡地面	0.43	0.37	0.32	0.21	0.18	0.16
	阶梯地面	0.50	0.43	0.37	0.25	0.22	0.19
楼梯		0.50	0.43	0.37	0.25	0.22	0.19

注：表中较大座位数档次按规定指标计算出来的总宽度，不应小于相邻较小座位数档次按其最多座位数计算出来的疏散总宽度。

【问题1.2.206】 某体育建筑看台栏杆低于0.9m，在室外看台后部危险性较大处低于1.1m。不符合《体育建筑设计规范》（JGJ 31—2003）4.3.9条的规定。

规范链接：

4.3.9 看台栏杆应符合下列要求：

1 栏杆高度不应低于0.9m，在室外看台后部危险性较大处严禁低于1.1m；

2 栏杆形式不应遮挡观众视线并保障观众安全。当设楼座时，栏杆下部实心部分不得低于0.4m；

3 横向过道两侧至少一侧应设栏杆；

4 当看台坡度较大、前后排高差超过0.5m时，其纵向过道上应加设栏杆扶手；采用无靠背座椅时不宜超过10排，超过时必须增设横向过道或横向栏杆；

5 栏杆的构造做法应经过结构计算，以确保使用安全。

【问题1.2.207】 某体育建筑看台未进行视线设计，其视点设计不能满足使用要求。不符合《体育建筑设计规范》（JGJ 31—2003）4.3.10条的规定。

规范链接：

4.3.10 看台应进行视线设计，视点选择应符合下列要求：

1 应根据运动项目的不同特点，使观众看到比赛场地的全部或绝大部分，且看到运动员的全身或主要部分；

2 对于综合性比赛场地，应以占用场地最大的项目为基础；也可以主要项目的场地为基础，适当兼顾其他；

3 当看台内缘边线（指首排观众席）与比赛场地边线及端线（指视点轨迹线）不平行（即距离不等）时，首排计算水平视距应取最小值或较小值；

4 座席俯视角宜控制在28°～30°范围内；

5 看台视点位置应符合表4.3.10的规定。

看台视点位置 表 4.3.10

项目	视点平面位置	视点距地面高度 （m）	视线升高差 C 值 （m/每排）	视线质量 等级
篮球场	边线及端线	0	0.12	Ⅰ
		0	0.06	Ⅱ
		0.6	0.06	Ⅲ
手球场	边线及端线	0	0.06	Ⅰ
		0.6	0.06	Ⅱ
		1.2	0.06	Ⅲ
游泳池	最外泳道外侧边线	水面	0.12	Ⅰ
		水面	0.06	Ⅱ
跳水池	最外侧跳板（台）垂线与 水面交点	水面	0.12	Ⅰ
		水面	0.06	Ⅱ
足球场	边线端线（重点为角球点 和球门处）	0	0.12	Ⅰ
		0	0.06	Ⅱ
田径场	两直道外侧边线 与终点线的交点	0	0.12	Ⅰ
		0	0.06	Ⅱ
		0.6	0.06	Ⅲ

注：1 视线质量等级：Ⅰ级为较高标准（优秀）；

　　　　Ⅱ级为一般标准（良好）；

　　　　Ⅲ级为较低标准（尚可）。

　　 2 田径场首排计算水平视距以终点线附近看台为准，同时应满足弯道及东直道外边线的视点高度在
1.2m 以下，并兼顾跑道外侧的跳远（及三级跳远）沙坑，视点宜接近沙面，在技术经济合理的原则
下，可作适当调整。

　　 3 冰球场地由于场地实心界墙的影响，在视点选择时既要确定实心界墙的上端，同时又要确定距界墙
3.5m 的冰面处。

第三章 建筑节能设计

【问题 1.3.1】 建筑设计说明缺建筑节能设计专篇说明。

【问题 1.3.2】 建筑节能设计说明中，建筑用地面积、总建筑面积，其数值与建筑设计说明中的指标不一致。

【问题 1.3.3】 建筑节能说明中，缺工程概况、节能设计依据性文件名称。

【问题 1.3.4】 节能设计说明的设计依据中，缺《公共建筑节能设计规范》（GB 50189—2015）等必要的内容。

【问题 1.3.5】 居住建筑节能说明中，围护结构热工性能指标表述不完全，以下内容不全：

1）分户墙、户门和楼板的传热系数 K 值。

2）平均窗墙比 C_m 值。

3）外窗可开启面积。

4）外窗的气密性指标。

5）外窗综合遮阳系数 S_w 值。

6）外窗玻璃传热系数值。

【问题 1.3.6】 建筑节能设计说明中，缺节能设计的综合性结论说明。

【问题 1.3.7】 建筑节能设计说明内容不准确、不完全。如：外墙传热系数 K 值未注明为外墙平均传热系数值 K_m。节能计算书中 K_m 有 2 个值等。

【问题 1.3.8】 节能措施说明中屋面与外墙作法和审查表格中的数据相矛盾。

【问题 1.3.9】 门窗说明及门窗表中未写明门窗的节能措施及热工性能指标。

【问题 1.3.10】 工程做法表中，未写明墙体节能构造做法。

【问题 1.3.11】 节能措施中塑钢中空玻璃与建筑设计说明中门窗构造不一致。

【问题 1.3.12】 节能设计说明中，断热铝合金框 Low-E 中空玻璃窗的传热系数 2.0W/（m² · K），遮阳系数为 0.9，这两个数值有误，此类窗的传热系数值范围为 3.0～2.5，遮阳系数为 0.55～0.4。

【问题 1.3.13】 设计总说明的建筑节能章节中，玻璃采用 5＋9A＋5 中空玻璃，节能计算书中，玻璃采用 6＋12A＋6，两者不一致。

【问题 1.3.14】 设计总说明的建筑节能章节中，分户墙为 200mm 厚加气混凝土砌块，节能计算书中，分户墙为 120mm 厚加气混凝土砌块。计算书分户墙厚度与说明及图纸不符。

【问题 1.3.15】 在夏热冬暖地区，设计总说明的建筑节能章节中，架空层楼板底部节能处理为 20mm 厚挤塑聚苯板，8mm 厚硅酸硅钙板；节能计算书中，为 20mm 厚挤塑聚苯板＋20mm 厚抗裂石膏；两者不一致。

【问题 1.3.16】 设计总说明的建筑节能章节中，外墙 $K=1.40$，$D=2.67$，计算书 K

$=1.27$，$D=3.09$，两者不一致。

【问题 1.3.17】 设计总说明的建筑节能章节中，分户墙 $K=0.62$，计算书 $K=0.93$，两者不一致。

【问题 1.3.18】 设计总说明的建筑节能章节中，底部架空楼板 $K=1.14$，计算书 $K=1.09$，两者不一致。

【问题 1.3.19】 建筑节能说明中，"外窗采用铝合金断热门窗"内容说明不完全，漏写"低辐射中空玻璃"内容，与围护结构热工性能指标表和节能计算书不一致。

【问题 1.3.20】 围护结构热工性能指标表中，屋面、外墙的 K、D 值（设计指标）与节能措施说明（5）不一致。

【问题 1.3.21】 节能说明中，屋面、外墙热惰性设计指标有误。

【问题 1.3.22】 节能说明中，楼板传热系数（K）设计指标未达到规定指标要求，应按性能化设计，并进行权衡判断。

【问题 1.3.23】 节能计算书中，屋顶类型 1 和屋顶类型 2 的设计中陶粒混凝土厚度为 50mm，构造做法表中其厚度最薄处为 30mm，若节能计算书采用平均值，应说明清晰。

【问题 1.3.24】 节能报审表中，围护结构热工性能权衡判断中东、南、西、北四个方向的窗墙面积比、传热系数和综合遮阳系数以及屋顶透明部分面积与屋顶总面积的比值、传热系数的数值均与节能计算书不一致。

【问题 1.3.25】 节能报审表中参照建筑、设计建筑的空调年耗电量的数值与节能计算书不一致。

【问题 1.3.26】 构造做法表中屋面有 5 种不同类型，节能计算书中屋面仅有两种做法，屋面做法不全且与构造做法表不统一。

【问题 1.3.27】 照明设备设计指标填写有误，应与电气节能设计相一致。

【问题 1.3.28】 公建节能指标汇总表中，外窗可见光透射比设计指标一栏漏填。

【问题 1.3.29】 屋顶透明部分的设计指标应用百分数表示。

【问题 1.3.30】 外窗可开启部分的设计指标应填写设计值，而不应填"满足"。

【问题 1.3.31】 暖通空调设备设计指标未填。

【问题 1.3.32】 照明功率密度值设计指标未填。

【问题 1.3.33】 住宅部分采用 PVC 塑料窗，商业部分采用断桥铝合金 Low-E 中空玻璃，而设计图纸门窗表中均为铝合金窗。

【问题 1.3.34】 设计说明中外墙保温材料选用挤塑聚苯板，而计算书中采用 EPS 板。

【问题 1.3.35】 围护结构热工系数中，地面及地下室外墙 R 值有误。

【问题 1.3.36】 各栋围护结构热工性能参数汇总表中，外窗综合遮阳系数 S_w 值均与计算书结果不符。

【问题 1.3.37】 缺外窗可开启面积与地面面积比计算书。

【问题 1.3.38】 计算书中外窗遮阳系数与设计图纸对不上。

【问题 1.3.39】 外墙计算中缺贴面砖外墙的热工参数。

【问题 1.3.40】 对建筑外墙、开窗、色泽进行修改的建筑，未重新进行建筑节能计算。

第四章 设 计 深 度

第一节 设 计 总 说 明

【问题 1.4.1】 图纸目录中，图名有误，与图纸图名不一致。

【问题 1.4.2】 设计依据中，引用有无效的规范版本。如《人民防空地下室设计规范》（GB 50038—94）（有效版本 GB 50038—2005）、《地下工程防水技术规程》（GB 50108—2001）（有效版本 GB 50108—2008）。

【问题 1.4.3】 门窗工程说明中缺《建筑玻璃应用技术规程》（JGJ 113—2009）的相关内容。

【问题 1.4.4】 设计总说明中，未注明免建人防的批文号。

【问题 1.4.5】 设计总说明中，门窗气密性指标与节能设计说明不符。

【问题 1.4.6】 设计总说明中，节点的墙体图例与图纸图例不一致。

【问题 1.4.7】 防火门窗说明内容不够完全，应在防火设计说明中说明"防火门应为向疏散方向开启的平开门，并在关闭后应能从任何一侧手动开启。用于疏散的走道、楼梯间和前室的防火门，应具有自行关闭的功能。双扇防火门还应具有按顺序关闭的功能。常开的防火门，当发生火灾时，应具有自动关闭和信息反馈的功能"的必要内容。

【问题 1.4.8】 设计总说明中，"外窗开启部位预留纱窗"的说明内容不妥，不符合《幼儿园设计规范》第 3.7.3 条第 2 款。幼儿园所有外窗均应加设纱窗。活动室、寝室、音体活动室及隔离室的窗应有遮光设施。

【问题 1.4.9】 设计总说明中，建筑外门窗未注明"气密性、空气声隔声性、抗风压性"的要求。

【问题 1.4.10】 设计总说明中，"建筑构造与节能部分有出入的地方，以节能设计为准"的相关表述不妥，应补充和完善相关内容，两者应一致。

【问题 1.4.11】 设计总说明中，人防设计说明相关章节未明确人防工程的人员掩蔽等级、防护面积以及出入口、进排风口位置等，应补充相关内容。

【问题 1.4.12】 设计总说明中，防水设计说明未说明地下室抗渗等级。

【问题 1.4.13】 防水设计说明中地下室抗渗等级的级别与实际的结构设计不一致。

【问题 1.4.14】 设计总说明中，消防设计说明缺安全疏散的必要内容。

【问题 1.4.15】 总说明屋面构造作法中，40mm 厚 C25 混凝土刚性防水层下未设隔离层。

【问题 1.4.16】 门窗表中注明无障碍门由二次装修设计，未对二次装修提出具体的设计要求，并满足《住宅建筑规范》5.3.2 条第 5 款的要求。（如：横执把手和关门拉手，在门扇下方 0.35m 的护门板）。

【问题 1.4.17】 建筑技术经济指标表中的总建筑面积的数值与建筑设计说明和图纸中的总建筑面积的数值不一致。

【问题 1.4.18】 建筑设计说明缺无障碍设计说明以及节能设计说明专篇。

【问题 1.4.19】 居住建筑设计说明中缺日照分析说明。

【问题 1.4.20】 设计总说明中的建筑技术经济指标总表内的停车位数量，不满足规划主管部门扩初设计审批意见书中的要求。

第二节　总　平　面　图

【问题 1.4.21】 总平面图必须有相关的图例示意说明。

【问题 1.4.22】 缺少施工图设计依据、建筑定位坐标体系选用等相关必要文字说明。

【问题 1.4.23】 拟建或者周围建筑物名称未注。

【问题 1.4.24】 拟建或者周围建筑物的层高、高度、层数未注或标注不全。

【问题 1.4.25】 总平面图指北针漏画。

【问题 1.4.26】 地下室外墙退用地红线距离未标。

【问题 1.4.27】 建筑物与道路、道路与围墙、建筑物与周围建筑物间距未标。

【问题 1.4.28】 总平面的竖向设计不全面，地面排水组织及室外工程设计不详。

【问题 1.4.29】 场地道路广场设计、道路断面、路面结构及室外工程设计不详。

【问题 1.4.30】 总平面的无障碍设计必须全面，成系统；有相关的必要详图或者索引；

【问题 1.4.31】 商业、住宅入口处的无障碍坡道的位置与建筑单体首层平面不一致。

【问题 1.4.32】 缺少建筑技术经济指标表格，或者表格中数据错误。

【问题 1.4.33】 未注明消防登高场地位置及相关定位尺寸。

【问题 1.4.34】 分期建设工程表达不清，无图例及相关文字说明。

【问题 1.4.35】 场地道路广场设计、道路断面、路面结构构造表述不详。

【问题 1.4.36】 总图消防车道不满足消防车转弯半径的要求，要标注必要半径数据。

【问题 1.4.37】 建筑物入口处设计地面标高未标。

【问题 1.4.38】 不同建筑物的首层标高应为同一个高度参照系统的具体数值，不能一律简单为正负 0.00。

【问题 1.4.39】 建筑物建筑定位坐标未标。

【问题 1.4.40】 场地道路宽度及转弯半径未标。

【问题 1.4.41】 规划用地红线名称未标。

【问题 1.4.42】 建筑物退用地红线距离未标。

【问题 1.4.43】 场地道路、广场排水坡度未标。

【问题 1.4.44】 总平面图中，应示意化粪池、煤气调压站的位置，同时文字说明中增加必要说明，明确满足城市规划或相关规范要求。

【问题 1.4.45】 总平面图的轴线标注与首层平面的轴线号名称、尺寸不一致。

【问题 1.4.46】 消防车道穿过建筑物，未用虚线示意其消防车道。

【问题 1.4.47】 总平面图中，儿童戏水池、室外游泳池详图大样索引号漏标。

【问题 1.4.48】 幼儿园总图设计图纸内容，应包括围墙、大门的详图，若由建筑专业完成，图中应有说明。

第三节 平面、立面、剖面图

【问题 1.4.49】 地下汽车库人员安全出口处设停车位，影响人员的安全疏散。

【问题 1.4.50】 人防区与非人防区分界处汽车通行口部缺二次封堵做法。

【问题 1.4.51】 人防地下室，缺战时平面图，临战封堵措施及构造做法应在战时平面中表示，而不应在平时平面中表示。

【问题 1.4.52】 防护单元之间的平时汽车通行的洞口，战时封堵未双向设置。

【问题 1.4.53】 地下车库地面的排水设计不详，排水坡度及排水沟宽度、定位尺寸、集水井位置、地漏位置等示意不全。

【问题 1.4.54】 高压室与变配电室之间的防火门门号漏标。

【问题 1.4.55】 配电间、柴油发电机房门洞太小，设备进不去，墙体或者楼板未预留设备安装口。

【问题 1.4.56】 水池池底标高漏标，且池底、池壁无防水做法。

【问题 1.4.57】 水泵房地面排水沟宽度及定位尺寸漏标。

【问题 1.4.58】 地下室平面图（平时）防火分区不明确，无防火分区示意图。自行车库及设备用房应单独划分防火区。

【问题 1.4.59】 消防水池未示意检修口和检修爬梯详图索引。

【问题 1.4.60】 平面图必须注明所有墙体和墙体上洞口的定位尺寸，必要时可以绘制局部放大平面图。

【问题 1.4.61】 平面图中，原则上要标注所有详图（局部放大平面、楼梯、电梯、卫生间、坡道、台阶、防护栏杆）的索引编号。

【问题 1.4.62】 平面图中，未表示消火栓箱留洞的位置和构造做法。

【问题 1.4.63】 建筑室外半圆形踏步的半径、踏步宽度尺寸漏标。

【问题 1.4.64】 无障碍坡道栏杆及靠墙扶手无大样做法。栏杆立杆的材料、固定方式及靠墙扶手的固定方式等均漏标。

【问题 1.4.65】 各层主人房部分卧室圆弧形窗平面定位圆点及半径漏标。

【问题 1.4.66】 起居厅弧形栏杆、楼板定位圆心及半径漏标。

【问题 1.4.67】 建筑首层平面未表示地下室送风井的进风口、排风井的排风口。

【问题 1.4.68】 残疾人坡道未注坡度，残疾人坡道无大样索引号。

【问题 1.4.69】 平面图中，户内楼梯宽度及定位尺寸漏标，索引号错误。

【问题 1.4.70】 平面图中，楼梯间的外窗漏画。

【问题 1.4.71】 平面图中，公共厨房操作间未考虑排水沟及地面找坡。

【问题 1.4.72】 楼梯平台外窗的护窗栏杆漏画。

【问题 1.4.73】 卫生间内无障碍小便器与无障碍厕位的标注尺寸和详图索引不全。

【问题 1.4.74】 自动扶梯处栏杆缺构造作法索引。

【问题 1.4.75】 平面图中，局部外墙门、窗或幕墙编号漏标。

【问题1.4.76】 平面图中，通风竖井无大样做法，其通风口平面与立面示意不一致。

【问题1.4.77】 平面图中，阳台门的开启方向画法有误，应与门窗大样图一致。

【问题1.4.78】 消火栓设置于楼梯间门背后，火灾时，不便使用。

【问题1.4.79】 阳台无排水设计。

【问题1.4.80】 客房卫生间管井检修门门编号漏标，检修门应为丙级防火门。

【问题1.4.81】 空调管井穿屋面的洞口位置及泛水大样漏画。

【问题1.4.82】 厨房主副加工间、洗衣间均标有结构标高－0.600m，未注建筑面标高。

【问题1.4.83】 公共建筑幕墙和窗台低于900mm的窗户未设置护栏，无其构造做法索引。

【问题1.4.84】 平面图中，走道宽度尺寸漏标。

【问题1.4.85】 屋面太阳能集热板处，应有集热板支座处的防水节点详图。

【问题1.4.86】 电梯间屋面未设检修爬梯和上人孔。

【问题1.4.87】 屋面未标明坡屋面坡度，屋顶未注标高。

【问题1.4.88】 屋面花架无细部尺寸及大样做法。

【问题1.4.89】 管道井出屋面的详图号漏标。

【问题1.4.90】 屋顶平台，无排水设计。（排水口位置、排水方向、坡度未画）且室内标高未标，室内出屋面的门槛做法无详图。

【问题1.4.91】 屋顶天窗定位尺寸及必要的索引图号漏标。

【问题1.4.92】 立面图只有两道尺寸线，不满足制图规范的要求。立面图原则上有三道尺寸线，应定位每一个外墙洞口和构件。立面图应明确标注所有墙面的 材质名称和颜色。

【问题1.4.93】 立面图名称应采用轴号标注形式，不应采用不明确的方位名称。

【问题1.4.94】 立面图中，未表示出入口处的台阶、踏步、无障碍坡道栏杆、扶手等。

【问题1.4.95】 立面图中，窗洞口高度与结构图纸数据矛盾。

【问题1.4.96】 立面图中，阳台立面栏杆位置与平面图不一致。

【问题1.4.97】 立面图中雨水管漏画。

【问题1.4.98】 立面洞口标高标注不全，局部洞口标高漏标。

【问题1.4.99】 立面图中的轻钢玻璃雨篷，未注明玻璃为安全夹层玻璃，也未索引详图做法。

【问题1.4.100】 剖面图中，内门洞口标高或高度尺寸标注不全，局部屋面标高漏标。

【问题1.4.101】 剖面图中，未标注吊顶标高，无吊顶构造索引。

【问题1.4.102】 剖面图中楼梯应按实际表示其踏步，不能采用简略示意。

【问题1.4.103】 剖面图名称与平面图中剖断号编号不一致。

【问题1.4.104】 剖面图中，外墙为玻璃幕墙，应表示其护栏，并有详图索引。

【问题1.4.105】 立面、剖面图的比例一般不应过小，应与平面图一致；不应平面图比例为1：100，而立面剖面比例为1：300。

第四节 详 图 大 样

【问题 1.4.106】 无障碍坡道栏杆大样做法不详，栏杆立杆的材料、固定方式以及靠墙扶手的固定方式等均不详。

【问题 1.4.107】 台阶详图中，栏杆扶手形式与平面不一致。

【问题 1.4.108】 汽车坡道详图与平面图不一致。

【问题 1.4.109】 厨房、卫生间平面放大图中，厨房门扇与卫生间门打架。

【问题 1.4.110】 女儿墙节点详图中，屋面可踏面至女儿墙顶面高度尺寸未标。

【问题 1.4.111】 墙身节点图中，女儿墙顶面、窗台顶面、凸窗顶等板面顶面找坡方向、粉刷厚度尺寸漏标。

【问题 1.4.112】 墙身节点图中，外窗、玻璃幕墙定位尺寸漏标。

【问题 1.4.113】 墙身节点图中，挑空楼板底保温材料为 50mm 厚聚苯乙烯保温板，节能计算书中，为 30mm 厚聚苯颗粒保温浆料，二者不一致。

【问题 1.4.114】 墙身详图中，石材线角的内骨架材料及固定方式不详。

【问题 1.4.115】 墙身详图中，阳台栏杆立杆与埋件的连接方式不详。

【问题 1.4.116】 墙身详图中钢梁、玻璃与钢筋混凝土之间的连接交代不详。

【问题 1.4.117】 阳台栏杆节点详图中，高度尺寸标注错误，未从建筑可踏面标起。

【问题 1.4.118】 阳台栏杆节点大样中，栏杆转折角度、杆件之间的连接方式不详。

【问题 1.4.119】 阳台、屋面栏杆大样中，未注明栏杆立杆与埋件及玻璃与立杆的连接方式。

【问题 1.4.120】 阳台栏杆剖面中，阳台楼面翻边高度尺寸为 50mm，墙身详图中，阳台楼面翻边高度尺寸为 150mm，两者不一致。

【问题 1.4.121】 阳台栏杆、扶手无详图索引号。

【问题 1.4.122】 阳台栏杆、扶手示意画法与索引大样图不符。

【问题 1.4.123】 护窗栏杆高度尺寸标注错误，其高度小于 900mm。

【问题 1.4.124】 阳台栏杆详图中，扁钢厚度、宽度、长度均未标注。

【问题 1.4.125】 阳台节点详图中，玻璃栏板未注明为安全夹胶玻璃栏板。

【问题 1.4.126】 幕墙封堵防火板厚度未标，幕墙预埋件大小未标。

【问题 1.4.127】 幕墙的防火封堵材料为防火岩棉，岩棉的固定支撑构件为钢板，未注明钢板的厚度和防火处理。

【问题 1.4.128】 凸窗顶板排水坡、滴水做法、细部尺寸标注不全。

【问题 1.4.129】 节点详图中，屋面内排水沟宽度、泛水高度尺寸未标。

【问题 1.4.130】 楼梯平面大样中，楼梯休息平台标高标注错误。

【问题 1.4.131】 楼梯平面大样中示意的梯段踏步数不正确，与剖面不符。

【问题 1.4.132】 楼梯详图中，楼梯平台顶层临空处，未标注水平段栏杆扶手高度尺寸及栏杆扶手详图号。

【问题 1.4.133】 楼梯详图中，节点大样的金属栏杆直径、间距未标注。

【问题 1.4.134】 楼梯详图索引号有误，大样详图号与平面中索引号不一致。

【问题 1.4.135】 幼儿园建筑楼梯大样图中，未表示防止儿童攀滑的措施。

【问题 1.4.136】 楼梯大样图中，楼梯间防火隔墙上的靠墙扶手无大样索引。

【问题 1.4.137】 电梯机房大样图中，机房外楼梯宽度尺寸及详图做法未标。

【问题 1.4.138】 门窗大样中洞口宽度尺寸与门窗表中洞口宽度尺寸不一致。

【问题 1.4.139】 门窗表中的窗编号与门窗立面大样中的窗编号不一致。

【问题 1.4.140】 卫生间大样图中，卫生间蹲位隔间尺寸漏注。

【问题 1.4.141】 楼梯剖面图中，楼梯栏杆高度尺寸未标。

【问题 1.4.142】 坡道详图应示意端部的排水沟详图构造索引。

【问题 1.4.143】 地下室的防水节点详图中，底板的防水材料与侧壁的防水材料不一致。

【问题 1.4.144】 人防口部详图中，平时、战时进风井、排风井内未设置钢爬梯。

第 二 篇
疑 难 问 题 解 析

第一章 建筑防火设计

第一节 建筑分类和耐火等级

【问题 2.1.1】 有一半跃层住宅，客厅部分层高 4.2m，卧室部分层高为 2.8m。组合之后的厅部分为 7 层，卧室部分为 10 层，请问建筑层数如何确定？建筑防火设计如何执行规范？

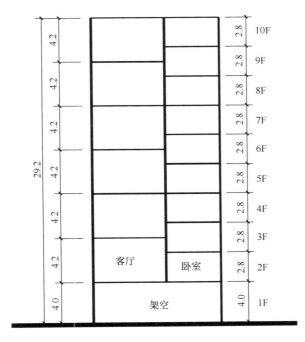

图 2-1-1 某住宅剖面示意图（m）

【解析】 建筑层数计算方式，按《住宅建筑规范》（GB 50368—2005）第 9.1.6 条注 2 规定："当建筑中有一层或若干层的层高超过 3m 时，应对这些层按其高度总和除以 3m 进行层数折算：余数不足 1.5m 时，多出部分不计入建筑层数；余数大于或等于 1.5m 时，多出部分按一层计算"。本案例应按卧室自然层数计算，即为 10 层，建筑高度 29.2m。此时应执行《建筑设计防火规范》（GB 50016—2014）第 5.1.1 条进行设计。值得注意的是，《建筑设计防火规范》（GB 50016—2014）新版防火规范以建筑高度区分建筑类型，不涉及层数。

【问题 2.1.2】 住宅楼裙房商铺内部的楼梯，是否应做到"梯段净宽 1400 踏步宽高尺寸不小于 280mm×160mm"？

【解析】 首先根据规范判定是否属于商业网点，当住宅楼裙房商铺属于"商业网点"

121

的，其内部楼梯可按《建筑设计防火规范》（GB 50016—2014）第 5.5.18 条设计：除本规范另有规定外，公共建筑内疏散门和安全出口的净宽度不应小于 0.90m，疏散走道和疏散楼梯的净宽度不应小于 1.10m。除此之外的，应按照商业建筑的规定处理。

【问题 2.1.3】 厂房内的办公部分，是否应按民用建筑的防火规范设计？

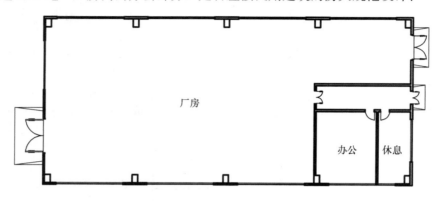

图 2-1-3 某厂房平面示意

【解析】 厂房内的办公部分须执行《建筑设计防火规范》（GB 50016—2014）第 3.3.5 条：办公室、休息室等不应设置在甲、乙类厂房内，确需贴邻本厂房时，其耐火等级不应低于二级，并应采用耐火极限不低于 3.00h 的防爆墙与厂房分隔和设置独立的安全出口。办公室、休息室设置在丙类厂房内时，应采用耐火极限不低于 2.50h 的防火隔墙和 1.00h 的楼板与其他部位分隔，并应至少设置 1 个独立的安全出口。如隔墙上需开设相互连通的门时，应采用乙级防火门。规范中强调的是，要采用规定的耐火构件与生产部分隔开，并设置不经过生产区域的疏散楼梯、疏散门等直通厂房外，为方便沟通而设置的、与生产区域相通的门要采用乙级防火门。

除此之外，厂房内的办公部分，尚须执行《建筑设计防火规范》（GB 50016—2014）中关于"民用建筑"《办公建筑设计规范》JGJ 67—2006 的有关条款。

【问题 2.1.4】 住宅设计中（包括多、高层住宅）地下储藏室的火灾危险性分类问题。

【解析】《建筑工程设计文件编制深度规定》4.3.4.1 规定：库房（储藏）注明储存物品的火灾危险性类别。因此，对地下室仓库或贮藏间的火灾危险性应作判定，判定结果作为设备及电器消防设计的依据。有的设计中将住宅的地下室储藏间规定为（或限制为）戊类库房。《建筑设计防火规范》（GB 50016—2014）第 3.1.3 条中（表 3.1.3）规定，储存物品为戊类时，其火灾危险性的特征为非燃烧物品（如钢材、玻璃、岩棉、水泥等），而家庭用储藏室常会存放木制品，棉麻织物等，其火灾危险性分类为丙类，因此将住宅中储藏间规定为戊类库房是不合理的。《建筑设计防火规范》（GB 50016—2014）5.4.2 规定：除为满足民用建筑使用功能所设置的附属库房外。民用建筑内不应设置生产车间和其他库房。经营、存放和使用甲、乙类火灾危险性物品的商店、作坊和储藏间，严禁附设在民用建筑内。由此可见，住宅建筑内，丙类物品是允许使用和存放的。设计人员回避储藏室为丙类，其原因是担心需设火灾探测器。其实，按《火灾自动报警系统设计规范》，住宅的地下分户储藏空间小，分隔多，可不设火灾探测器。

【问题 2.1.5】 高层建筑中有关的裙房防火分区问题如何界定？

【解析】 高层民用建筑裙房是指在高层建筑主体投影范围外，与建筑主体相连且建筑高度不大于 24m 的附属建筑。高度超过 24m 的属高层主体。裙房的防火分区按《建筑设计防火规范》（GB 50016—2014）表 5.3.1 的注 2 执行：裙房与高层建筑主体之间设置防火墙时，裙房的防火分区可按单、多层建筑的要求确定。

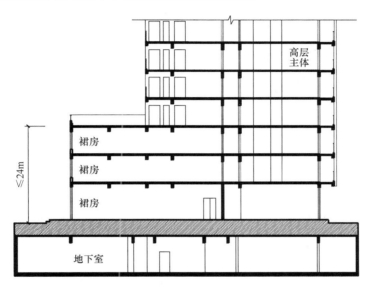

图 2-1-5　高层建筑剖面示意

【问题 2.1.6】 高层商住楼底部三层为 4.5m 层高的公建，上部再有 14 层 3m 层高的住宅，这种情况是划为二类住宅还是划为一类公建？

【解析】 按《建筑设计防火规范》（GB 50016—2014）中第 5.4.10 条规定："除商业服务网点外，住宅建筑与其他使用功能的建筑合建时，应符合下列规定：3　住宅部分和非住宅部分的安全疏散、防火分区和室内消防设施配置，可根据各自的建筑高度分别按照本规范有关住宅建筑和公共建筑的规定执行；该建筑的其他防火设计应根据建筑的总高度和建筑规模按本规范有关公共建筑的规定执行。"因此，在新防火规范里，已经没有"高层商住楼"的概念，这种类型的建筑可以不必再做出这种划分，按照规范要求分别设计即可。

【问题 2.1.7】 工业建筑或者研发厂房未注明生产的火灾危险性分类，库房未注明储存物品的火灾危险性分类以及是否有爆炸危险，未注明爆炸危险类别，无法确定其设计是否符合防火规范的要求。

【解析】 火灾危险性分类是工业厂房和库房设计首先确定的重要条件。也是各专业防火设计的基础。必须按《建筑设计防火规范》（GB 50016—2014）3.1.1～3.1.3 确定火灾危险性分类并在设计文件中注明。研发厂房是建设于工业用地用内，作为企业的以研发为功能的建筑，属于近年来新出现的建筑类别，这些研发厂房建筑的日常使用情况与普通办公楼完全一样，因此，研发厂房建筑防火设计应根据建筑的高度、规模，按照《建筑设计防火规范》（GB 50016—2014）5.1.1 条，表 5.1.1 的规定，确定其民用建筑分类，按照民用建筑进行防火设计。这类建筑的用地性质是工业用地，并不能作为确定建筑物火灾分类定性的决定因素。

第二节　总平面布置和平面布置

【问题 2.1.8】 何种情况下，需要设置穿过式消防车道？高层公共建筑，是否需要设置穿过式消防车道？

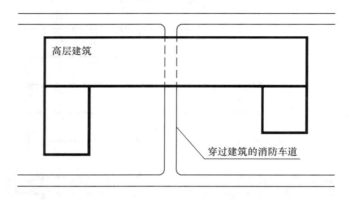

图 2-1-8　穿过建筑的消防车道示意图

【解析】 根据《建筑设计防火规范》（GB 50016—2014）7.1.1 条和 7.1.2 条的规定：

7.1.1　街区内的道路应考虑消防车的通行，道路中心线间的距离不宜大于 160m。

当建筑物沿街道部分的长度大于 150m 或总长度大于 220m 时，应设置穿过建筑物的消防车道。确有困难时，应设置环形消防车道。

7.1.2　高层民用建筑，超过 3000 个座位的体育馆，超过 2000 个座位的会堂，占地面积大于 3000m² 的商店建筑、展览建筑等单、多层公共建筑应设置环形消防车道，确有困难时，可沿建筑的两个长边设置消防车道；对于高层住宅建筑和山坡地或河道边临空建造的高层民用建筑，可沿建筑的一个长边设置消防车道，但该长边所在建筑立面应为消防车登高操作面。所以，上述防火规范 7.1.1 条和 7.1.2 条的规定已经非常明确了何种情况需要设置穿过式消防车道。对于高层公共建筑，可以不设置穿过式消防车道，应设置环形消防车道，确有困难时，可沿建筑的两个长边设置消防车道。

【问题 2.1.9】 高层单元式住宅登高面长度的确定，是按整一栋的建筑周长 1/4 计算登高面长度（个别单元将可能没有登高面），还是按满足每一个单元的登高来考虑？

【解析】 根据《建筑设计防火规范》（GB 50016—2014）第 7.2.1 条规定："高层建筑应至少沿一个长边或周边长度的 1/4 且不小于一个长边长度的底边连续布置消防车登高操作场地，该范围内的裙房进深不应大于 4m。"。所以，高层住宅登高面长度的确定，是按沿整栋住宅建筑一个长边或周边长度的 1/4 且不小于一个长边长度的底边连续布置消防车登高操作场地确定的，既是按满足每一个单元的登高来考虑，个别单元没有登高面是不满足规范要求的。

【问题 2.1.10】 附设在建筑物内的消防控制室直通室外或设在架空层，疏散出口周边开敞，其门窗是否还必须为防火门窗？

【问题 2.1.11】

【解析】 根据《建筑设计防火规范》（GB 50016—2014）第 6.2.7 条规定：附设在建筑内的消防控制室、灭火设备室、消防水泵房和通风空气调节机房、变配电室等，应采用耐火极限不低于 2.00h 的防火隔墙和 1.50h 的楼板与其他部位分隔。设置在丁、戊类厂房内的通风机房，应采用耐火极限不低于 1.00h 的防火隔墙和 0.50h 的楼板与其他部位分隔。通风、空气调节机房和变配电室开向建筑内的门应采用甲级防火门，消防控制室和其他设备房开向建筑内的门应采用乙级防火门。所以，附

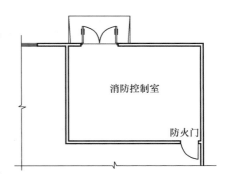

图 2-1-10 某消防控制室平面示意图

设在建筑物内的消防控制室直通室外或架空层内没有其他功能用途实为室外、其门窗疏散出口周边开敞时，可以不设置乙级防火门窗；否则，应采用乙级防火门。

【问题 2.1.12】 一栋高层民用建筑裙房上立有多栋塔楼。各塔楼除裙房外，彼此再无其他楼层互连。此时各塔楼之间防火间距是按整体为一栋来计算，还是按各自为独立一栋来计算呢？

【解析】 高层民用建筑裙房上立有多栋塔楼，各塔楼之间防火间距应按各自为独立一栋来考虑防火间距。并满足《建筑设计防火规范》（GB 50016—2014）第 5.2.2～5.2.6 条的规定。

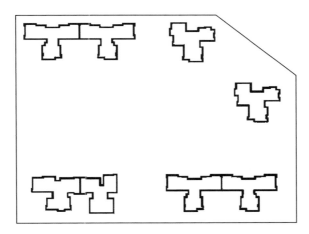

图 2-1-12 某高层平面布局示意图

【问题 2.1.13】 多栋高层建筑共用大底盘裙楼，消防车道无法设于裙房顶，审查怎样控制？

【解析】 消防车道是消防车救援的通道。其宽度、位置、荷载以及穿越建筑物的要求，规范均有明确规定。多栋高层建筑共用大底盘裙楼建筑越来越多，给消防车道的设立带来困难。设计中应满足《建筑设计防火规范》（GB 50016—2014）第 7.1.2 条规定："高层民用建筑，超过 3000 个座位的体育馆，超过 2000 个座位的会堂，占地面积大于 3000m² 的商店建筑、展览建筑等单、多层公共建筑应设置环形消防车道，确有困难时，

可沿建筑的两个长边设置消防车道；"。这是一个大前提，底盘上的每栋塔楼还必须满足第7.2.1规定：高层建筑应至少沿一个长边或周边长度的1/4且不小于一个长边长度的底边连续布置消防车登高操作场地，该范围内的裙房进深不应大于4m。建筑高度不大于50m的建筑，连续布置消防车登高操作场地确有困难时，可间隔布置，但间隔距离不宜大于30m，且消防车登高操作场地的总长度仍应符合上述规定。

【问题 2.1.14】 临街商业服务网点将几栋多层住宅联成整体时，防火分隔及消防通道如何设置？

【解析】 临街几栋多层住宅常常被1～2层的商业服务网点联在一起，增加火灾危险性。应按《建筑设计防火规范》（GB 50016—2014）5.3.1条的有关规定划分防火分区。

5.3.1 除本规范另有规定外。不同耐火等级建筑的允许建筑高度或层数、防火分区最大允许建筑面积应符合5.3.1的规定。

不同耐火等级建筑的允许建筑高度或层数、防火分区最大允许建筑面积　表 5.3.1

名称	耐火等级	允许建筑高度或层数	防火分区的最大允许建筑面积（m²）	备注
高层民用建筑	一、二级	按本规范第5.1.1条确定	1500	对于体育馆、剧场的观众厅，防火分区的最大允许建筑面积可适当增加
单、多层民用建筑	一、二级	按本规范第5.1.1条确定	2500	
	三级	5层	1200	
	四级	2层	600	
地下或半地下建筑（室）	一级	—	500	设备用房的防火分区最大允许建筑面积不应大于1000m²

注：1 表中规定的防火分区最大允许建筑面积，当建筑内设置自动灭火系统时，可按本表的规定增加1.0倍；局部设置时，防火分区的增加面积可按该局部面积的1.0倍计算。

　　2 裙房与高层建筑主体之间设置防火墙时，裙房的防火分区可按单、多层建筑的要求确定。

对于其消防通道设置应执行7.1.1条的规定："街区内的道路应考虑消防车的通行，道路中心线间的距离不宜大于160m。当建筑物沿街道部分的长度大于150m或总长度大于220m时，应设置穿过建筑物的消防车道。确有困难时，应设置环形消防车道。"

第三节　防火分区和建筑构造

【问题 2.1.15】 高层民用建筑内，有商业营业厅位于裙房，其防火分区允许最大建筑面积如何选取？

【解析】 高层民用建筑内位于裙房的商业营业厅，其防火分区允许最大建筑面积，要根据裙房自身防火性能来确定其防火分区允许最大建筑面积。大致有以下两种情况：

（1）当裙房跟高层主体建筑（塔楼）未以防火墙分开时，裙房应按高层建筑中的不可

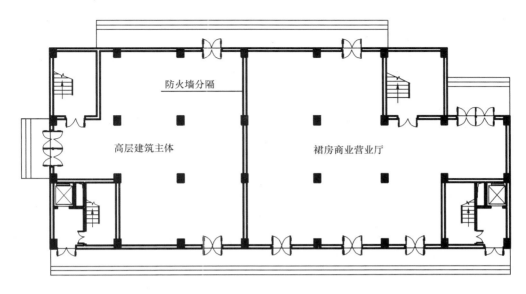

图 2-1-15　某高层建筑一层平面示意图

分割的一个局部来对待，此时应执行《建筑设计防火规范》（GB 50016—2014）第 5.3.1 条规定："设置在高层建筑或与高层建筑间未设置防火墙等防火分隔设施的裙房内的商业营业厅、展览厅等，当设置有火灾自动报警系统和自动灭火系统时，且采用不燃烧或难燃烧材料装修时，其地上部分的防火分区允许建筑面积不应大于 4000m²，地下部分的防火分区允许建筑面积不应大于 2000m²。"

（2）当裙房跟高层主体建筑（塔楼）以防火墙等防火分隔设施分开时，可以按《建筑设计防火规范》（GB 50016—2014）表 5.3.1 选用，当设有自动喷水灭火系统时，最大防火分区面积为 5000m²。

【问题 2.1.16】　某高层住宅建筑核心筒部分（电梯间、楼梯间）通到地下室停车库。在划分防火分区时，核心筒部分的面积，是否可以不划进地下室车库的防火分区内？

【解析】　如果该核心筒的楼梯间作为地下车库人员所必需的安全疏散使用，则核心筒和车库必然要划分到同一防火分区内；反之，若地下车库本身已具备足够安全出口、满足消防疏散规范要求而无须依赖核心筒时，则核心筒部分的面积，自然可以不划进地下室车库的防火分区内（此时核心筒应按单独防火分区对待，同样要满足相关规范要求）。

【问题 2.1.17】　建筑内设置中庭时，其防火分区的建筑面积应按上、下层相连通的建筑面积叠加计算；当叠加计算后的建筑面积大于一个防火分区的面积时，应符合《建筑设计防火规范》（GB 50016—2014）5.3.2.1 条规定："中庭与周围连通空间应进行防火分

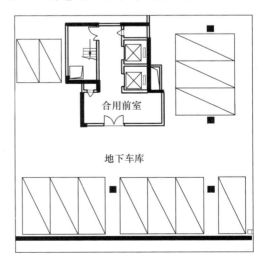

图 2-1-16　某高层住宅地下一层核心筒示意

隔：采用防火卷帘时，其耐火极限不应低于 3.00h，并应符合本规范第 6.5.3 条的规定；"此处设置的防火卷帘，是否要求背火面温度升高为前提条件？

【解析】　不一定。此时应执行《建筑设计防火规范》（GB 50016—2014）6.5.3 条第 3 款：当防火卷帘的耐火极限符合现行国家标准《门和卷帘耐火试验方法》GB/T 7633 有关耐火完整性和耐火隔热性的判定条件时，可不设置自动喷水灭火系统保护。

当防火卷帘的耐火极限仅符合现行国家标准《门和卷帘耐火试验方法》GB/T 7633 有关耐火完整性的判定条件时，应设置自动喷水灭火系统保护。自动喷水灭火系统的设计应符合现行国家标准《自动喷水灭火系统设计规范》GB 50084 的规定，但火灾延续时间不应小于该防火卷帘的耐火极限。

值得注意的是，建筑图中应明确卷帘的具体要求，需要设置自动喷水灭火系统时，建筑专业必须向给排水专业提出明确资料要求。

【问题 2.1.18】　相邻防火分区能否共用疏散楼梯？若共用，该楼梯应划入其中哪个分区，是否需其中一侧设置甲级防火门？

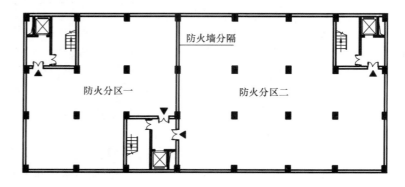

图 2-1-18　某建筑平面示意

【解析】　（1）相邻防火分区可以共用疏散楼梯。但应满足《建筑设计防火规范》（GB 50016—2014）5.5.9 条的相关规定。

（2）在满足防火分区规定面积指标的前提下，该楼梯划入哪个分区均可。

（3）由于楼梯为两个分区公用，任意一个分区烧毁后，不能影响另外一个分区的疏散功能，因此，整个楼梯间包括前室范围内的四周应为防火墙。位于防火墙上的门，均应为甲级防火门。

【问题 2.1.19】　《住宅建筑规范》（GB 50368—2005）第 9.4.2 条："楼梯间窗口与套房窗口最近边缘之间的水平间距不应小于 1.0m"。试问，楼梯间窗口到阳台边缘，是否也必须符合该条文的规定？

【解析】　如果是敞开式阳台，阳台为室外空间，一般不存在消防安全问题，所以在消防设计方面，楼梯间窗口与敞开式阳台边缘的间距没作要求。不过，出于安全防盗及住户心理影响等方面的考虑，二者距离也不宜太近。如果是设置有外窗的封闭式阳台，则也必须符合该条文的规定，其楼梯间窗口与套房窗口最近边缘之间的水平间距不应小于 1.0m。

【问题 2.1.20】　住宅和公共建筑中，水、电管井的门是否可以开设在前室的内墙上？

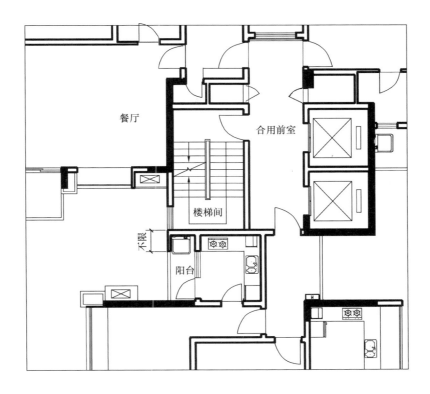

图 2-1-19 某住宅局部平面示意

【解析】 （1）对于住宅建筑来说，水、电管井的门可以开设在前室的内墙上，但必须满足《住宅建筑规范》（GB 50368—2005）9.4.3 条第 4 款的规定："电缆井和管道井设置在防烟楼梯间前室、合用前室时，其井壁上的检查门应采用丙级防火门。"

（2）对于公共建筑来说，水、电管井的门不能开设在前室的内墙上。必须满足《建筑设计防火规范》（GB 50026—2014）第 6.4.3 条第 5 款规定："除住宅建筑的楼梯间前室外，防烟楼梯间和前室内的墙上不应开设除疏散门和送风口外的其他门、窗、洞口。"

【问题 2.1.21】《住宅建筑规范》（GB 50368—2005）的第 9.1.2 条："住宅建筑中相邻套房之间应采取防火分隔措施"，这如何量化执行？

【解析】 住宅建筑中相邻套房之间（指相邻住户分户墙）应采取防火分隔措施，具体量化的规范依据有：

（1）首先要确定相邻套房的防火分区关系。当相邻套房属于不同防火分区时，其分户墙应为防火墙，即墙体为不燃烧体（耐火极限≥3h）；当相邻套房属于同一防火分区时，其分户墙按《住宅建筑规范》（GB 50368—2005）9.2.1 的规定选用，应采用不燃烧体（≥2h，一、二级耐火等级时）、不燃烧体（≥1.5h，三级耐火等级时）和难燃烧体（≥1.0h，四级耐火等级时）。

（2）《建筑设计防火规范》（GB 50016—2014）第 6.2.4 条：建筑内的防火隔墙应从楼地面基层隔断至梁、楼板或屋面板的底面基层。住宅分户墙和单元之间的墙应隔断至梁、楼板或屋面板的底面基层，屋面板的耐火极限不应低于 0.50h。

（3）《建筑设计防火规范》（GB 50016—2014）第 6.2.5 条：住宅建筑外墙上相邻户开口之间的墙体宽度不应小于 1.0m；小于 1.0m 时，应在开口之间设置突出外墙不小于 0.6m 的隔板。实体墙、防火挑檐和隔板的耐火极限和燃烧性能，均不应低于相应耐火等级建筑外墙的要求。

【问题 2.1.22】 防火门门洞宽的尺寸，如何确定为妥？

【解析】 防火门净宽是指装修完成、扣除门框尺寸之后的门扇的净宽尺寸（该尺寸在国标条文中已有明确规定）。而门框尺寸一般可取为 150mm。因此，防火门洞口宽度可取为：洞口宽＝防火门净宽＋150mm，可参见现行国标图集《防火门窗》03J609。如门扇不能开全 180°的话尚应考虑门扇本身对净宽的实际占用。设计中常出现把防火门净宽尺寸跟门洞宽尺寸混淆或等同的情形，应予注意和避免。

【问题 2.1.23】 相邻防火分区窗间墙宽度小于 2m 时，若设置外挑墙垛，则其凸出值应为多少合适？

【解析】 《建筑设计防火规范》（GB 50016—2014）第 6.1.3 条规定："当建筑物的外墙为难燃烧体时，防火墙应凸出墙的外表面 0.4m 以上，且在防火墙两侧的外墙应为宽度不小于 2m 的不燃烧体，其耐火极限不应低于该外墙的耐火极限。当建筑物的外墙为不燃烧体时，防火墙可不凸出墙的外表面。紧靠防火墙两侧的门、窗洞口之间最近边缘的水平距离不应小于 2m；装有固定窗扇的乙级防火窗或火灾时可自动关闭的乙级防火窗等防止火灾水平蔓延的措施时，该距离可不限。"。其 6.1.4 条："建筑物内的防火墙不宜设置转角处。确需设置时，内转角两侧墙上的门、窗洞口之间最近边缘的水平距离不应小于 4.0m"。因此，当"相邻防火分区窗间墙长度小于 2m 而设置外挑墙垛"时，必须满足：该外挑墙垛应为防火墙，且该墙垛顶部与其最近窗、洞口边缘之间的连线距离，均不应小于 2.00m。当设计欲突破此条限制时，应事先征得本地消防审批部门的书面同意。

【问题 2.1.24】 单层地下车库坡道出入口处是否仍需设防火卷帘、水幕等隔火措施。

【解析】 单建的地下车库不需要。附建于其他建筑物下时，应满足《汽车库、修车库、停车场设计防火规范》（GB 50067—2014）第 5.3.3 条规定：除敞开式汽车库、斜楼板式汽车库以外的多层、高层、地下汽车库，汽车坡道两侧应用防火墙与停车区隔开，坡道的出入口应采用水幕、防火卷帘或设置甲级防火门等措施与停车区隔开。当汽车库和汽车坡道上均设有自动灭火系统时，可不受此限。

【问题 2.1.25】 住宅卧室开大窗、开落地窗，层间窗槛墙高度如何满足防火的规定？

【解析】 开窗大小应根据需要确定，住宅卧室开大窗、开落地窗时，其层间窗槛墙高度应满足相关规范规定。

（1）《住宅建筑规范》（GB 50368—2005）9.4.1 条规定住宅窗槛墙应不小于 0.80m 或者设置防火挑檐。

（2）《建筑设计防火规范》（GB 50016—2014）中第 6.2.5 规定：除本规范另有规定外，建筑外墙上、下层开口之间应设置高度不小于 1.2m 的实体墙或挑出宽度不小于 1.0m、长度不小于开口宽度的防火挑檐；当室内设置自动喷水灭火系统时，上、下层开口之间的实体墙高度不应小于 0.8m。当上、下层开口之间设置实体墙确有困难时，可设置防火玻璃墙，但高层建筑的防火玻璃墙的耐火完整性不应低于 1.00h，单、多层建筑的防火玻璃墙的耐火完整性不应低于 0.50h。外窗的耐火完整性不应低于防火玻璃墙的耐火完整性要求。

【问题 2.1.26】 地下室设备用房有自动灭火系统时，防火分区最大允许建筑面积为 1000m²，但某些大型公建中的一个地下设备用房面积就已大于 1000m²，怎么办？

【解析】 某些大型公建中的一个地下设备用房面积已大于 1000m² 时（如大型公建的冷冻机房），应按照《建筑设计防火规范》（GB 50016—2014）5.3.1 条的规定设置两个或两个以上的防火分区。

5.3.1　除本规范另有规定外。不同耐火等级建筑的允许建筑高度或层数、防火分区最大允许建筑面积应符合表 5.3.1 的规定。

不同耐火等级建筑的允许建筑高度或层数、防火分区最大允许建筑面积　　**表 5.3.1**

名称	耐火等级	允许建筑高度或层数	防火分区的最大允许建筑面积（m²）	备注
高层民用建筑	一、二级	按本规范第 5.1.1 条确定	1500	对于体育馆、剧场的观众厅，防火分区的最大允许建筑面积可适当增加
单、多层民用建筑	一、二级	按本规范第 5.1.1 条确定	2500	
	三级	5 层	1200	
	四级	2 层	600	
地下或半地下建筑（室）	一级	—	500	设备用房的防火分区最大允许建筑面积不应大于 1000m²

注：1　表中规定的防火分区最大允许建筑面积，当建筑内设置自动灭火系统时，可按本表的规定增加 1.0 倍；局部设置时，防火分区的增加面积可按该局部面积的 1.0 倍计算。
　　2　裙房与高层建筑主体之间设置防火墙时，裙房的防火分区可按单、多层建筑的要求确定。

【问题 2.1.27】 对于单元式住宅建筑，相邻单元之间的窗间墙水平距离，是否可按 2m 取？

【解析】 无论高层或多（低）层住宅，相邻单元之间的窗间墙水平距离大小，取决于相邻单元是否属于不同防火分区，即取决于其间的分户墙是否为防火墙：当不属防火墙时，其窗间墙水平距离应满足《建筑设计防火规范》（GB 50016—2014）第 6.2.5 条规定：住宅建筑外墙上相邻户开口之间的墙体宽度不应小于 1.0m；当属于防火墙时，设计应满足：应执行《建筑设计防火规范》（GB 50016—2014）第 6.1.3 条：当建筑物的外墙为难燃烧体时，防火墙应凸出墙的外表面 0.4m 以上，且在防火墙两侧的外墙应为宽度不小于 2m 的不燃烧体，其耐火极限不应低于该外墙的耐火极限。当建筑物的外墙为不燃烧体时，防火墙可不凸出墙的外表面。紧靠防火墙两侧的门、窗洞口之间最近边缘的水平距离不应小于 2m；装有固定窗扇的乙级防火窗或火灾时可自动关闭的乙级防火窗等防止火灾水平蔓延的措施时，该距离可不限。

【问题 2.1.28】 地下车库可否与设备用房（或其他用房）合并布置在同一防火分区？若可以合并设置，其防火分区的最大面积如何控制？

【解析】 （1）地下车库的设备用房（如：进、排风机房、水泵房、变配电房、冷冻站、锅炉房及发电机房等），可与地下车库合并为同一防火分区。但应满足《汽车库、修车库、停车场设计防火规范》（GB 50067—2014）5.1.3 条的规定："每个防火分区内设备用房的面积不能大于 1000m²。"

（2）地下车库的非设备用房（如：库房、洗衣机房等），不可以与地下车库设同一防火分区。其地下车库部分应执行《汽车库、修车库、停车场设计防火规范》（GB 50067—2014）5.1.1 条表 5.1.1 的规定，即地下车库防火分区最大允许建筑面积 2000m²/4000m²用于设置自动灭火系统时；其地下用房部分则应执行《建筑设计防火规范》（GB 50016—2014）第 5.3.1 条表 5.3.1 的规定。即地下、半地下室最大允许建筑面积 500m²/1000m²（1000m²用于设置自动灭火系统时）。

【问题 2.1.29】 防火分区的跨越问题，如一个防火分区包含地下和地上两部分该怎么划分防火分区的面积？

【解析】 防火分区的跨越问题，如一个防火分区包含地下和地上两部分，最常见的情况是地下一层的商业通过中庭和地上商业部分相连，其防火分区划分应从严划分。应按照《建筑设计防火规范》（GB 50016—2014）5.3.1 条、5.3.4 条的规定划分防火分区。对于设置于地下的商店营业厅、展览厅，当设置自动灭火系统和火灾自动报警系统并采用不燃或难燃装修材料时，其每个防火分区的最大允建筑面积为 2000m²。

【问题 2.1.30】 《住宅建筑规范》（GB 50368—2005）第 9.4.1 条规定，防火挑檐宽度不小于 0.5m；《建筑设计防火规范》（GB 50016—2014）第 6.2.5 条规定，防火挑檐宽度应不小于 1.0m。能否作统一？

【解析】 《住宅建筑规范》（GB 50368—2005）第 9.4.1 条规定，防火挑檐宽度不小于 0.5m；只适用于住宅建筑，其他建筑应按《建筑设计防火规范》（GB 50016—2014）6.2.5 条执行。考虑到住宅和其他建筑的火灾危险性不同，不同规范之间存在这种差异性是可以接受的，不一定要强制统一。

【问题 2.1.31】 《建筑设计防火规范》（GB 50016—2014）第 6.2.5 条规定，玻璃幕墙的外墙上下层之间必须设置 800mm 或者 1200mm 高的实体墙，设置实体墙有困难时，可以用有耐火完整性要求的防火玻璃代替。设计中比较难把握的是玻璃幕墙与结构板边防火封堵关系，能否简单图示一下？

【解析】 图 2-1-31 为几种防火封堵，都满足规范要求。

【问题 2.1.32】 多层公建不设封闭楼梯间，每层面积又不超水平防火分区相应防火等级的面积，但从竖向来说防火分区面积是否按数层面积之和控制规定水平防火分区面积设置分区。

【解析】 多层公建不设封闭楼梯间时，应按《建筑设计防火规范》（GB 50016—2014）5.3.1、5.3.2、5.3.3 条的规定设置防火分区。条文解释中专门明确：对于本规范允许采用敞开楼梯间的建筑，如 5 层或 5 层以下的教学建筑、普通办公建筑等，该敞开楼梯间可以不按上、下层相连通的开口考虑。

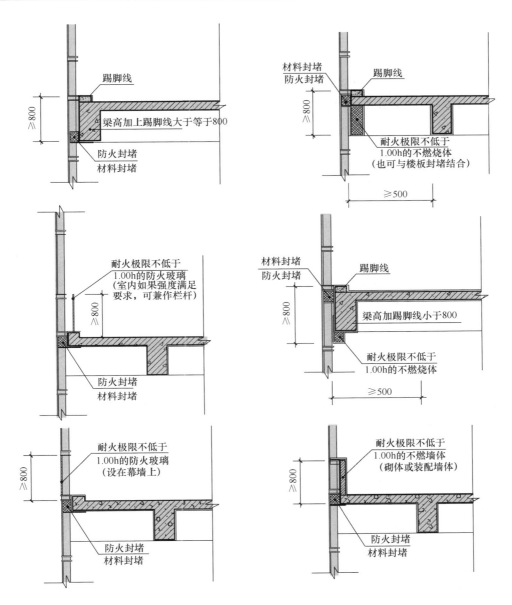

图 2-1-31 防火封墙图示（mm）

第四节 安全疏散和消防电梯

【问题 2.1.33】 关于宿舍建筑设置封闭楼梯间的问题，《宿舍建筑设计规范》（JGJ 36—2005）和《建筑设计防火规范》（GB 50016—2014）说法不一致。按哪个执行？

【解析】 《宿舍建筑设计规范》（JGJ 36—2005）从 2006 年 2 月 2 日起实施，《建筑设计防火规范》（GB 50016—2014）从 2015 年 5 月 1 日起实施。当不同规范之间出现矛盾时，原则上应以较近颁布的规范为准。现分别摘录规范条文如下：

《宿舍建筑设计规范》（JGJ 36—2005）第 4.5.2 条，通廊式宿舍和单元式宿舍楼梯间的设置应符合下列规定：

1 七层至十一层的通廊式宿舍应设封闭楼梯间，十二层及十二层以上的应设防烟楼梯间。

2 十二层至十八层的单元式宿舍应设封闭楼梯间，十九层及十九层以上的应设防烟楼梯间。七层及七层以上各单元的楼梯间均应通至屋顶。但十层以下的宿舍，在每层居室通向楼梯间的出入口处有乙级防火门分隔时，则该楼梯间可不通至屋顶。

3 楼梯间应直接采光、通风。

《建筑设计防火规范》（GB 50016—2014）

表5.1.1注2：除本规范另有规定外，宿舍、公寓等非住宅类居住建筑的防火要求，应符合本规范有关公共建筑的规定。

5.5.12 一类高层公共建筑和建筑高度大于32m的二类高层公共建筑，其疏散楼梯应采用防烟楼梯间。

裙房和建筑高度不大于32m的二类高层公共建筑，其疏散楼梯应采用封闭楼梯间。

5.5.13 下列多层公共建筑的疏散楼梯，除与敞开式外廊直接相连的楼梯间外，均应采用封闭楼梯间：……6层及以上的其他建筑。

分析规范条文可以看出，《建筑设计防火规范》（GB 50016—2014）不考虑宿舍建筑分为通廊式和单元式，并且从六层开始就必须设置封闭楼梯间，而《宿舍建筑设计规范》（JGJ 36—2005）要求设置封闭楼梯间的建筑层数为七层。

【问题2.1.34】 高级宿舍、公寓、公寓式办公、酒店式公寓等如何区分？对于消防疏散的要求，哪些应按公共建筑设计，哪些可按住宅建筑设计？

【解析】《建筑设计防火规范》（GB 50016—2014）表5.1.1条注2规定：除本规范另有规定外，宿舍、公寓等非住宅类居住建筑的防火要求，应符合本规范有关公共建筑的规定。因此，所有上述类型以及类似类型的建筑必须按照公共建筑的相关要求进行防火设计，不能参照和借用住宅的防火要求。

【问题2.1.35】 某"大底盘"的地下室车库，由于面积较大，跨越了地面上不同的建筑类别（有高层、多层及室外广场等）。其消防疏散是按《建筑设计防火规范》（GB 50016—2014）的高层还是多层部分执行？

【解析】（1）《建筑设计防火规范》（GB 50016—2014）6.6.4规定，任何形式的建筑物，不论是高层还是多层，楼梯间的地上地下部分其防火在首层处，必须严格分开，原则上地上和地下不能共用楼梯间。也就是说，地下室的楼梯间设置与上部建筑为高层还是多层无关。

（2）地下车库本身（除楼梯间外）的消防疏散设计，应按《汽车库、修车库、停车场设计防火规范》（GB 50067—2014）的相关要求进行防火设计执行。也即：此时其防火分区面积、疏散距离、疏散宽度、安全出口数量等，均与其上部的地面建筑类别无直接联系。

【问题2.1.36】 民用建筑中，防火分区之间的连通口，可否作为疏散宽度计算？可否作为计算疏散距离的安全出口？

【解析】《建筑设计防火规范》（GB 50016—2014）第5.5.9条规定：

一、二级耐火等级公共建筑内的安全出口全部直通室外确有困难的防火分区，可利用通向相邻防火分区的甲级防火门作为安全出口，但应符合下列要求：

1 利用通向相邻防火分区的甲级防火门作为安全出口时，应采用防火墙与相邻防火

分区进行分隔;

2 建筑面积大于 1000m² 的防火分区,直通室外的安全出口不应少于 2 个;建筑面积不大于 1000m² 的防火分区,直通室外的安全出口不应少于 1 个;

3 该防火分区通向相邻防火分区的疏散净宽度不应大于其按本规范第 5.5.21 条规定计算所需疏散总净宽度的 30%,建筑各层直通室外的安全出口总净宽度不应小于按照本规范第 5.5.21 条规定计算所需疏散总净宽度。

因此,防火墙上的防火门可以有条件地作为疏散出口和计算疏散宽度。值得注意的是,新规范虽然放宽了相关规定,但仅仅是针对防火性能较高的一、二级耐火等级的建筑,耐火等级三、四级的建筑还不能采用此种处理;同时,利用防火墙上的防火门进行疏散,总的疏散距离必须满足防火规范的相关规定。

【问题 2.1.37】 当高层塔式住宅顶部有两层及以上的屋面时,两部剪刀楼梯是否都要到达最高一层的屋面?

【解析】 是的。按《建筑设计防火规范》(GB 50016—2014)第 5.5.26 条执行。即 "建筑高度大于 27m 的居住建筑,其疏散楼梯均应通至屋顶。"规范如此规定,目的是为逃生者增加一处等待救援的场所,因此设计应尽量满足。所设置的两部剪刀楼梯应能在各疏散屋面层直接连通。

【问题 2.1.38】 高层民用建筑地下车库楼梯间,是采用封闭楼梯间还是防烟楼梯间?

【解析】 有关规范条文如下:

(1)根据《汽车库、修车库、停车场设计防火规范》(GB 50067—2014)第 6.0.3 条第 1 款:"除建筑高度超过 32m 的高层汽车库,室内地面与室外出入口地坪高差大于 10m 的地下汽车库应采用防烟楼梯间外,汽车库的疏散楼梯均应设置封闭楼梯间"。

(2)根据《建筑设计防火规范》(GB 50016—2014)6.4.4 除住宅建筑套内的自用楼梯外,地下或半地下建筑(室)的疏散楼梯间,应符合下列规定:1 室内地面与室外出入口地坪高差大于 10m 或 3 层及以上的地下、半地下建筑(室),其疏散楼梯应采用防烟楼梯间;其他地下或半地下建筑(室),其疏散楼梯应采用封闭楼梯间;2 应在首层采用耐火极限不低于 2.00h 的防火隔墙与其他部位分隔并应直通室外,确需在隔墙上开门时,应采用乙级防火门;3 建筑的地下或半地下部分与地上部分不应共用楼梯间,确需共用楼梯间时,应在首层采用耐火极限不低于 2.00h 的防火隔墙和乙级防火门将地下或半地下部分与地上部分的连通部位完全分隔,并应设置明显的标志。

(3)《建筑设计防火规范》(GB 50016—2014)6.4.2 封闭楼梯间除应符合本规范第 6.4.1 条的规定外,尚应符合下列规定:1 不能自然通风或自然通风不能满足要求时,应设置机械加压送风系统或采用防烟楼梯间;因此,高层民用建筑地下车库楼梯间,采用封闭楼梯间或采用防烟楼梯间时,应符合上述规定。值得注意的是,首层的地下室楼梯间出口如果不能满足自然通风的要求,在地下室的封闭楼梯间应设置加压系统或防烟前室。

【问题 2.1.39】 某高层建筑的地下室仅设有生活水池、消防水池、水泵房(无其他用房),建筑面积共 513m²,其中水泵房建筑面积约 100m²。水泵房内任一点到疏散门的直线距离不大于 15m。此处的水泵房是否可按尽端房间处理?地下室是否仅设一座疏散楼梯直通地面?

【解析】《建筑设计防火规范》(GB 50016—2014)5.5.5 规定:除人员密集场所外,

建筑面积不大于 500m²、使用人数不超过 30 人且埋深不大于 10m 的地下或半地下建筑（室），当需要设置 2 个安全出口时，其中一个安全出口可利用直通室外的金属竖向梯。

除歌舞娱乐放映游艺场所外，防火分区建筑面积不大于 200m² 的地下或半地下设备间、防火分区建筑面积不大于 50m² 且经常停留人数不超过 15 人的其他地下或半地下建筑（室），可设置 1 个安全出口或 1 部疏散楼梯。除本规范另有规定外，建筑面积不大于 200m² 的地下或半地下设备间、建筑面积不大于 50m² 且经常停留人数不超过 15 人的其他地下或半地下房间，可设置 1 个疏散门。因此，新《建筑设计防火规范》已经对地下设备房开一个疏散门的建筑面积作了放宽处理，可以做到 200m²，与尽端房间的允许建筑面积相当。此处地下室已经大于 500m²，必须设置两个疏散出口，也就是两部疏散楼梯直通地面。

【问题 2.1.40】 高层建筑首层疏散楼梯出口，在需经门厅过渡才直通室外时，通常门厅外门宽度大于首层楼梯间门宽。这时的"首层疏散外门"，是取"门厅外门"还是"楼梯间首层门"？

【解析】 《建筑设计防火规范》（GB 50016—2014）5.5.30 条的规定："…高层住宅建筑的疏散楼梯和首层疏散外门的净宽度不应小于 1.10m。"《建筑设计防火规范》（GB 50016—2014）5.5.18 条的规定："…高层公共建筑内楼梯间的首层疏散门、首层疏散外门、疏散走道和疏散楼梯的最小净宽度应符合表 5.5.18 的规定。"

高层公共建筑内楼梯间的首层疏散门、首层疏散外门、

疏散走道和疏散楼梯的最小净宽度（m）　　　　　　　　　　表 5.5.18

建筑类别	楼梯间的首层疏散门、首层疏散外门	走道		疏散楼梯
		单面布房	双面布房	
高层医疗建筑	1.30	1.40	1.50	1.30
其他高层公共建筑	1.20	1.30	1.40	1.20

根据上述规范 5.5.18 条和 5.5.30 条的规定，可以看出，不论是公共建筑还是住宅建筑，高层建筑内楼梯间的首层疏散门、首层疏散外门其疏散宽度是相同的。

【问题 2.1.41】 高层建筑商场疏散宽度的计算，要依据什么？

【解析】 （1）高层建筑商场疏散人数的计算，首先应执行《建筑设计防火规范》（GB 50016—2014）第 5.5.21 条第 1 款：每层的房间疏散门、安全出口、疏散走道和疏散楼梯的各自总净宽度，应根据疏散人数按每 100 人的最小疏散净宽度不小于表 5.5.21-1 的规定计算确定。当每层疏散人数不等时，疏散楼梯的总净宽度可分层计算，地上建筑内下层楼梯的总净宽度应按该层及以上疏散人数最多一层的人数计算；地下建筑内上层楼梯的总净宽度应按该层及以下疏散人数最多一层的人数计算。

每层的房间疏散门、安全出口、疏散走道和疏散楼梯的

每 100 人最小疏散净宽度（m/百人）　　　　　　　　　　表 5.5.21-1

建　筑　层　数		建筑的耐火等级		
		一、二级	三级	四级
地上楼层	1～2 层	0.65	0.75	1.00
	3 层	0.75	1.00	—
	≥4 层	1.00	1.25	—

续表

建筑层数		建筑的耐火等级		
		一、二级	三级	四级
地下楼层	与地面出入口地面的高差 $\Delta H \leqslant 10m$	0.75	—	—
	与地面出入口地面的高差 $\Delta H > 10m$	1.00	—	—

（2）高层建筑商场疏散人数的计算，还应执行《建筑设计防火规范》（GB 50016—2014）第5.5.21条第7款，即：7 商店的疏散人数应按每层营业厅的建筑面积乘以表5.5.21-2规定的人员密度计算。对于建材商店、家具和灯饰展示建筑，其人员密度可按表5.5.21-2规定值的30%确定。

商店营业厅内的人员密度（人/m²）　　　　　　　　表 5.5.21-2

楼层位置	地下第二层	地下第一层	地上第一、二层	地上第三层	地上第四层及以上各层
人员密度	0.56	0.60	0.43～0.60	0.39～0.54	0.30～0.42

（3）除此之外，高层建筑商场疏散宽度的计算，还应执行地方消防部门的有关规定。值得注意的是，新规范取消了有关营业厅面积的计算规则，这就要求在具体设计中，必须在图纸上明确示意营业厅的范围，随着目前施工图设计向更加精细化的方向发展，新规范的这种调整是合适的。

【问题 2.1.42】《建筑设计防火规范》（GB 50016—2014）第5.5.17条等条文，都提到"安全疏散距离"。建筑室内某一点，至本防火分区内安全出口的距离超过规范规定，而它通过防火分区间连通口至最近（但不属于本防火分区）的安全出口的距离，小于规范限值，这样是否可行？

【解析】　这样做原则上可行，但有一定的条件限制。必须满足《建筑设计防火规范》（GB 50016—2014）第5.5.9条明确规定：一、二级耐火等级公共建筑内的安全出口全部直通室外确有困难的防火分区，可利用通向相邻防火分区的甲级防火门作为安全出口，但应符合下列要求：

1　利用通向相邻防火分区的甲级防火门作为安全出口时，应采用防火墙与相邻防火分区进行分隔；

2　建筑面积大于1000m²的防火分区，直通室外的安全出口不应少于2个；建筑面积不大于1000m²的防火分区，直通室外的安全出口不应少于1个；

3　该防火分区通向相邻防火分区的疏散净宽度不应大于其按本规范第5.5.21条规定计算所需疏散总净宽度的30%，建筑各层直通室外的安全出口总净宽度不应小于按照本规范第5.5.21条规定计算所需疏散总净宽度。

【问题 2.1.43】　高层住宅两座剪刀式楼梯的两个安全出入口，是否可以与消防电梯开在同一合用前室内？

【解析】　根据《建筑设计防火规范》（GB 50016—2014）第5.5.28条第4款：楼梯间的前室或共用前室不宜与消防电梯的前室合用；楼梯间的共用前室与消防电梯的前室合用时，合用前室的使用面积不应小于12.0m²，且短边不应小于2.4m。值得注意的是，新规范的这种规定与原规范有很大不同。

【问题 2.1.44】 高层单元式住宅中，对于局部的面对面套房之间短过道的宽度，可否按 1.2m 考虑？

【解析】 根据《住宅建筑规范》（GB 50368—2005）第 5.2.1 条的规定：住宅公共部分走廊和公共通道的净宽不应小于 1.20m。但是，对于局部的面对面套房之间短过道的宽度，应考虑门扇开足时，不应影响走廊和公共通道的疏散宽度（即扣除门扇占用宽度后的剩余宽度满足 1.2m），见《民用建筑设计通则》（GB 50352—2005）6.10.4 条第 5 款：开向疏散走道及楼梯间的门扇开足时，不应影响走道及楼梯平台的疏散宽度。

【问题 2.1.45】 同一个房间的两个疏散门，是否也要满足"两个相邻的安全出口边缘水平距离不应小于 5.0m"的规定？

【解析】 根据《建筑设计防火规范》（GB 50016—2014）5.5.2 条的规定："建筑内的安全出口和疏散门应分散布置，且建筑内每个防火分区或一个防火分区的每个楼层、每个住宅单元每层相邻两个安全出口以及每个房间相邻两个疏散门最近边缘之间的水平距离不应小于 5m。"如果同一个房间符合《建筑设计防火规范》（GB 50016—2014）5.5.8 条和 5.5.15 条规定，可以设置 1 个疏散门时，即便设置有 2 个疏散门，则同一个房间的两个疏散门，可以不受上述 5.0m 之限制。

【问题 2.1.46】 某综合体建筑内的电影院，当影院放映厅内起坡后，出口分别设置在三层和四层时，是否符合要求？

【解析】 根据《建筑设计防火规范》（GB 50016—2014）5.4.9 条的规定："5 确需布置在地下或四层及以上楼层时，一个厅、室的建筑面积不应大于 200m²；6 厅、室之间及与建筑的其他部位之间，应采用耐火极限不低于 2.00h 的防火隔墙和 1.00h 的不燃性楼板分隔，设置在厅、室墙上的门和该场所与建筑内其他部位相通的门均应采用乙级防火门。"如果满足上述这两条的规定，则可以判定符合要求。否则，不符合规定要求。

【问题 2.1.47】 高层单元式住宅的户门直接开在前室时，应朝哪个方向开启？

【解析】 根据《建筑设计防火规范》（GB 50016—2014）6.4.11 条的规定："建筑内的疏散门应符合下列规定：

1 民用建筑和厂房的疏散门，应采用向疏散方向开启的平开门，不应采用推拉门、卷帘门、吊门、转门和折叠门。除甲、乙类生产车间外，人数不超过 60 人且每樘门的平均疏散人数不超过 30 人的房间，其疏散门的开启方向不限。"

因为住宅每户的人数一般较少，其每樘户门的疏散人数远远不会超过 30 人，符合上述规范的规定。所以，高层单元式住宅的户门直接开在前室时，其疏散户门的开启方向不限。

【问题 2.1.48】 直接开向前室住宅户门应采用防火门，但设有开敞入户花园时，其户门应如何界定？此门在防火上有无要求？

【解析】《住宅设计规范》（GB 50096—2011）条文说明 4.0.3 条解释："套内使用面积指每套住宅户门内独立使用的面积。"根据条文解释，住宅户门只与住户套内面积对应，与是否设有开敞入户花园无关。套内空间与套外空间之间的门，即为户门。无论有无入户花园，当户门开向前室时，应为乙级防火门；当户门未开向前室时，可为普通门。

【问题 2.1.49】 对于一梯两户～四户的高层居住建筑，当设置有两个疏散楼梯及前室时，全部户门拟分别开在不同的前室。这是否允许？

【解析】 按《建筑设计防火规范》（GB 50016—2014）第 5.5.27 条第 3 款：建筑高度大于 33m 的住宅建筑应采用防烟楼梯间。户门不宜直接开向前室，确有困难时，每层开向同一前室的户门不应大于 3 樘且应采用乙级防火门。从中可以看出，规范强调的是"开向同一前室的户门不应大于 3 樘且应采用乙级防火门"，因此，设置两个前室的每层有四户的住宅单元，每两户向同一前室开门，只要采用了乙级防火门，就不违反规范的规定。但是，规范的具体执行过程中，如果地方上有更严格的规定，也必须认真执行。

【问题 2.1.50】 某高层住宅的设计中，部分户门直接经一前室到达一疏散楼梯，另一部分户门经另一个前室（合用前室）到达另一疏散楼梯。而这分成的两部分之间，设有防火门，而这樘防火门的开启方向呢？是否要做成双向开启的弹簧门？

【解析】 根据《建筑设计防火规范》（GB 50016—2014）6.4.11 条第 1 款规定：1 民用建筑和厂房的疏散门，应采用向疏散方向开启的平开门，不应采用推拉门、卷帘门、吊门、转门和折叠门。除甲、乙类生产车间外，人数不超过 60 人且每樘门的平均疏散人数不超过 30 人的房间，其疏散门的开启方向不限。由于住宅中各层使用人数较少，其人数不超过 60 人且每樘门的平均疏散人数不超过 30 人，该门的开启方向可以不限，不需要做成双向开启的弹簧门，符合上述防火规范的规定。这种设计虽然符合规范规定，但是，无论是平时使用，还是火灾时疏散使用，都存在使用不方便，建议在有条件的情况下，可以做三合一前室。并满足《建筑设计防火规范》（GB 50016—2014）第 5.5.28 条规定："住宅单元的疏散楼梯，当分散设置确有困难且任一户门至最近疏散楼梯间入口的距离不大于 10m 时，可采用剪刀楼梯间，但应符合下列规定：

1 应采用防烟楼梯间。

2 梯段之间应设置耐火极限不低于 1.00h 的防火隔墙。

3 楼梯间的前室不宜共用；共用时，前室的使用面积不应小于 6.0m²。

4 楼梯间的前室或共用前室不宜与消防电梯的前室合用；楼梯间的共用前室与消防电梯的前室合用时，合用前室的使用面积不应小于 12.0m²，且短边不应小于 2.4m。"

【问题 2.1.51】 高层住宅楼的一层临街联排商铺直接对外，每间面积大于 200m²，就应开设两个门吗？能否利用开往隔壁店铺的门而作为第二安全出口？

【解析】 高层住宅楼的一层临街联排商铺直接对外，当其每间面积大于 200m² 且小于 300m² 时，可以确定为商业服务网点，应执行《建筑设计防火规范》（GB 50016—2014）第 5.4.11 条的规定："…商业服务网点中每个分隔单元之间应采用耐火极限不低于 2.00h 且无门、窗、洞口的防火隔墙相互分隔，当每个分隔单元任一层建筑面积大于 200m² 时，该层应设置 2 个安全出口或疏散门。每个分隔单元内的任一点至最近直通室外的出口的直线距离不应大于本规范表 5.5.17 中有关多层其他建筑位于袋形走道两侧或尽端的疏散门至最近安全出口的最大直线距离。"上述防火规范规定了网点中每个分隔单元之间的防火隔墙上不能设置门、窗、洞口，也就不存在通向相邻商铺的第二安全出口。当其每间面积大于 200m² 且大于 300m² 时，其临街联排商铺不属于"商业服务网点"的，则应执行《建筑设计防火规范》（GB 50016—2014）第 5.4.10 条第 3 款：住宅部分和非住宅部分的安全疏散、防火分区和室内消防设施配置，可根据各自的建筑高度分别按照本规范有关住宅建筑和公共建筑的规定执行；该建筑的其他防火设计应根据建筑的总高度和建筑规模按本规范有关公共建筑的规定执行。

【问题 2.1.52】　首层对外的商业服务网点，只设一个出口时，其最大面积如何确定？

【解析】　《建筑设计防火规范》（GB 50016—2014）第 5.4.11 条：设置商业服务网点的住宅建筑，其居住部分与商业服务网点之间应采用耐火极限不低于 2.00h 且无门、窗、洞口的防火隔墙和 1.50h 的不燃性楼板完全分隔，住宅部分和商业服务网点部分的安全出口和疏散楼梯应分别独立设置。商业服务网点中每个分隔单元之间应采用耐火极限不低于 2.00h 且无门、窗、洞口的防火隔墙相互分隔，当每个分隔单元任一层建筑面积大于 200m² 时，该层应设置 2 个安全出口或疏散门。根据上述规范规定，首层对外的商业服务网点，设置一个疏散门的最大面积为不超过 200m²。

【问题 2.1.53】　三、四层商店疏散楼梯，在首层未设直通室外的安全出口，需穿越营业厅走营业厅的出口，是否符合安全疏散要求？

【解析】　这种设计不符合安全疏散要求，理由如下：

建筑物内的人员在发生火灾的应急情况下，二层及以上人流按疏散路线安全地撤离至楼梯间，通过楼梯间到达地面层，然后撤离到室外安全地带，才真正完成了安全疏散。因此，《建筑设计防火规范》（GB 50016—2014）5.5.17 条第 2 款规定：楼梯间应在首层直通室外，确有困难时，可在首层采用扩大的封闭楼梯间或防烟楼梯间前室。当层数不超过 4 层且未采用扩大的封闭楼梯间或防烟楼梯间前室时，可将直通室外的门设置在离楼梯间不大于 15m 处。条文首先强调，楼梯间的首层应直通室外，当层数不超过 4 层时，可将直通室外的安全出口设置在离楼梯间不大于 15m 处。根据规范的条文解释，这个 15m 是说允许在短距离内通过公共门厅，但不能穿辅助商业、办公等功能区域再到室外（穿越营业厅走营业厅的出口就更不行）。穿越其他使用区域就是穿越不安全区，试想若首层营业厅发生了火灾，楼上的人员经楼梯下来不是进入了危险区吗？所以，三、四层商店层数虽不属于高层建筑，营业厅的出口距楼梯间也不超过 15m，但并不符合安全疏散要求。

【问题 2.1.54】　《建筑设计防火规范》（GB 50016—2014）第 6.4.4 条第 2 款规定："…地下或半地下建筑（室）的疏散楼梯间，应在首层采用耐火极限不低于 2.00h 的防火隔墙与其他部位分隔并应直通室外，确需在隔墙上开门时，应采用乙级防火门。"如何理解"直通室外"？

【解析】　直通室外是指该楼梯间直接与室外相通，而不是穿越其他功能区域再到室外；也可以通过走道疏散到室外。而对于该走道的长度及其他要求，必须满足《建筑设计防火规范》（GB 50016—2014）第 5.5.17 条第 4 款的规定。"4 …当疏散门不能直通室外地面或疏散楼梯间时，应采用长度不大于 10m 的疏散走道通至最近的安全出口。当该场所设置自动喷水灭火系统时，室内任一点至最近安全出口的安全疏散距离可分别增加 25%。"

【问题 2.1.55】　《综合医院建筑设计规范》（JGJ 49—1988）第 4.0.4 条第三款规定："每层电梯间应设前室，由走道通向前室的门，应为向疏散方向开启的乙级防火门"。但实际使用中，该处如设常规防火门，不利于病床及轮椅病人使用，且前室面积、防排烟等都无相应规定，如何执行？

【解析】　此处应设计为常开的防火门。并执行《建筑设计防火规范》（GB 50016—2014）第 6.5.1 条第 1 款的规定："设置在建筑内经常有人通行处的防火门宜采用常开防火门。常开防火门应能在火灾时自行关闭，并应具有信号反馈的功能。"建筑专业应就此问题向电气专业提出资料要求，以免遗漏而未做电气控制配套设计。对于前室面积除满足《建筑设计防火规范》6.4.3条的相关规定外，其使用面积的大小还应满足利于病床及轮椅回转的使用需要。

【问题 2.1.56】 多层建筑中的小型电影院，可否按其固定座位数核定人数？

【解析】 当有固定座位时，不能按其实际座位数目核定人数。必须执行《建筑设计防火规范》（GB 50016—2014）第 5.5.21 条第 5 款规定："有固定座位的场所，其疏散人数可按实际座位数的 1.1 倍计算。"

【问题 2.1.57】 穿越消防电梯机房本身，再到达普通电梯机房；或者反之。二者都允许吗？

【解析】 两种方案都允许。但都应符合《建筑设计防火规范》（GB 50016—2014）第 7.3.6 条："消防电梯井、机房与相邻电梯井、机房之间应设置耐火极限不低于 2.00h 的防火隔墙，隔墙上的门应采用甲级防火门。"

【问题 2.1.58】 高层建筑屋顶电梯机房的门，可直接开向疏散楼梯间或者前室吗？

【解析】《建筑设计防火规范》（GB 50016—2014）第 6.4.2 条第 3 款："3 除楼梯间的门之外，楼梯间的内墙上不应开设其他窗洞口；"6.4.3 第 5 款："5 除楼梯间门和前室门外，防烟楼梯间及其前室的内墙上不应开设其他门窗洞口（住宅建筑的楼梯间前室除外）"因此，高层建筑屋顶电梯机房的门，不可直接开向疏散楼梯间，两者之间要设置前室或者通过走道连接。

【问题 2.1.59】 建筑物中的消防电梯需要层层（含地下室）停靠吗？高层建筑的裙房是否要求层层开消防电梯门？

【解析】 消防电梯的设置是为了消防队员在发生火灾时，能够顺利而快速地到达各个楼层实施救援而设置的垂直交通工具。因此，建筑中无论是高层塔楼还是裙房部分，其消防电梯都需要层层（含地下室）停靠。《建筑设计防火规范》（GB 50016—2014）7.3.8 第 1 款已明确规定：

"7.3.8 消防电梯应符合下列规定

1 应能每层停靠；

2 电梯的载重量不应小于 800kg；

3 电梯从首层至顶层的运行时间不宜大于 60s；

4 电梯的动力与控制电缆、电线、控制面板应采取防水措施；

5 在首层的消防电梯入口处应设置供消防队员专用的操作按钮；

6 电梯轿厢的内部装修应采用不燃材料；

7 电梯轿厢内部应设置专用消防对讲电话。"

【问题 2.1.60】《住宅建筑规范》（GB 50368—2005）9.8.3 条规定：12 层及 12 层以上的住宅应设置消防电梯。不少住宅为不设消防电梯，将顶部设计为复式，或者将顶部 11 层的层高设计为两层层高，这样做允许吗？

【解析】 这样做是不允许的，是违反相关规范的。《住宅建筑规范》（GB 50368—2005）9.1.6 条明确规定，住宅的实际层数必须为折算后层数。将顶部设计为复式，或者将顶部 11 层的层高设计为两层层高，如果折算后为 12 层或以上时，均应按《住宅建筑规范》（GB 50368—2005）9.8.3 条的规定设置消防电梯。《建筑设计防火规范》（GB 50016—2014）第 7.3.1 条也明确规定："下列建筑应设置消防电梯：1 建筑高度大于 33m 的住宅建筑。"因此，无论将顶部设计为复式，还是将顶部层高设计为两层，均应按规范要求设置消防电梯。

【问题 2.1.61】　多层住宅地下室与地上层共用楼梯间时，地上地下层楼梯间连通处根据《建筑设计防火规范》（GB 50016—2014）第 6.4.4 条，应设一个乙级防火门，而此门实际使用很不方便，如果一层楼梯直接对外疏散，不会造成人员误下地下室，可否不设此门和不做隔墙。

【解析】　不可以。《建筑设计防火规范》（GB 50016—2014）第 6.4.4 条明确规定："建筑的地下或半地下部分与地上部分不应共用楼梯间，确需共用楼梯间时，应在首层采用耐火极限不低于 2.00h 的防火隔墙和乙级防火门将地下或半地下部分与地上部分的连通部位完全分隔，并应设置明显的标志。"

【问题 2.1.62】　厂房内任一点到最近安全出入口距离，在《建筑设计防火规范》（GB 50016—2014）第 3.7.4 条中有规定。这个距离是否指直线距离，还是指疏散距离？

【解析】　本条规定的条文解释注明，规定的疏散距离均为直线距离，即室内最远点至最近安全出口的直线距离，未考虑因布置设备而产生的阻挡，但有通道连接或墙体遮挡时，要按其中的折线距离计算。实际火灾环境往往比较复杂，厂房内的物品和设备布置以及人在火灾条件下的心理生理因素都对疏散有直接影响，设计师应根据不同的生产工艺和环境，充分考虑人员的疏散需要来确定疏散距离以及厂房的布置与选型，尽量均匀布置安全出口，缩短疏散距离，特别是实际步行距离。此外，还应满足地方消防部门的具体规定。

【问题 2.1.63】　高层住宅的剪刀楼梯需分别设置前室吗？有何原则？

【解析】　根据《建筑设计防火规范》（GB 50016—2014）5.5.28 条规定："住宅单元的疏散楼梯，当分散设置确有困难且任一户门至最近疏散楼梯间入口的距离不大于 10m 时，可采用剪刀楼梯间，但应符合下列规定：

1　应采用防烟楼梯间。

2　梯段之间应设置耐火极限不低于 1.00h 的防火隔墙。

3　楼梯间的前室不宜共用；共用时，前室的使用面积不应小于 6.0m²。

4　楼梯间的前室或共用前室不宜与消防电梯的前室合用；楼梯间的共用前室与消防电梯的前室合用时，合用前室的使用面积不应小于 12.0m²，且短边不应小于 2.4m。"

从中可以看出，规范允许剪刀梯共用前室。当两部剪刀楼梯间共用前室时，进入剪刀楼梯间前室的入口应该位于不同方位，不能通过同一个入口进入共用前室，入口之间的距离仍要不小于 5m；在首层的对外出口，要尽量分开设置在不同方向。当首层的公共区无可燃物且首层的户门不直接开向前室时，剪刀梯在首层的对外出口可以共用，但宽度需满足人员疏散的要求。此外，还应认真了解地方消防部门的相关规定。

【问题 2.1.64】　超过两层的商店室内布置有开敞式楼梯，该开敞式楼梯能否计入二层的疏散宽度？

【解析】　商店内的开敞式楼梯不能计入二层的疏散宽度。《建筑设计防火规范》（GB 50016—2014）第 5.5.13 条规定："下列多层公共建筑的疏散楼梯，除与敞开式外廊直接相连的楼梯间外，均应采用封闭楼梯间：

  1 医疗建筑、旅馆、老年人建筑及类似使用功能的建筑；

  2 设置歌舞娱乐放映游艺场所的建筑；

  3 商店、图书馆、展览建筑、会议中心及类似使用功能的建筑。"

因此，超过两层的商店室内布置的楼梯，不符合上述规范规定的均不能作为疏散楼梯，其宽度自然也不能计入上层的疏散宽度。

【问题 2.1.65】 下部为商业，上部为办公的综合楼的楼梯间出入口需分开吗？

【解析】 《办公建筑设计规范》（JGJ 67—2006）5.0.3 条的规定："综合楼内的办公部分的疏散出入口不应与同一楼内对外的商场、营业厅、娱乐、餐饮等人员密集场所的疏散出入口共用。"所以，下部为商业，上部为办公的综合楼的楼梯间出入口应按使用功能分开设置。《商店建筑设计规范》（JGJ 48—2014）条规定："5.1.4 除为综合建筑配套服务且建筑面积小于 1000m² 的商店外，综合性建筑的商店部分应采用耐火极限不低于 2.00h 的隔墙和耐火极限不低于 1.50h 的不燃烧体楼板与建筑的其他部分隔开；商店部分的安全出口必须与建筑其他部分隔开。"根据上述规范的规定，当下部为商业，为非对外的商场、营业厅、娱乐、餐饮等为综合建筑配套服务且建筑面积小于 1000m² 的商店时，下部为商业，上部为办公的综合楼的楼梯间出入口可以不分开；除此之外，下部为商业，上部为办公的综合楼的楼梯间出入口必须分开设置。

【问题 2.1.66】 办公楼层的安全出口被大房间（整进深的）阻隔，造成安全疏散不满足要求。

【解析】 条形建筑为常见的办公建筑，一般在两端布置疏散楼梯。如果条形平面的一侧为某家公司租用，这家公司往往将楼层的一侧封闭，造成建筑平面另外一侧不能通过本侧的楼梯疏散，从而带来严重的消防隐患。此外，还有一些设计在楼层的两个安全出口中间布置大会议室、报告厅等大房间，致使两端本来具备双向疏散条件的房间只能通过一个安全出口疏散。这些设计均不满足《建筑设计防火规范》（GB 50016—2014）5.5.8 条"安全出口不应少于两个"的规定，必须避免。设计中必须保证公共的疏散走道通达每一部疏散楼梯，疏散走道不能被任何房间阻断。

【问题 2.1.67】 用防火卷帘代替防火门可以吗？

【解析】 防火卷帘不能代替防火门。防火卷帘是防火分隔措施，不具备防火门的疏散功能。在一些公共建筑中，由于营业厅、展览厅等面积过大，超过了防火分区最大面积规定，考虑到平时使用的需要，不便完全用防火墙分隔，而局部采用防火卷帘进行防火分隔的特殊处理，平时卷帘收起，保持宽敞的场所，发生火灾时，按控制程序降下，起到防火分隔作用。防火门的设置部位一般为疏散门或安全出口，它既是保持防火分隔的完整的部件，又要满足紧急情况下人员迅速开启，快捷疏散的需要。这些功能是防火卷帘满足不了的。《建筑设计防火规范》（GB 50016—2014）7.3.5 条第 4 款规定："消防电梯前室或合用前室的门应采用乙级防火门，不应设置卷帘。"

【问题 2.1.68】 建筑首层门厅的门常有向门厅内开启的，也有的门厅仅设置电子感应自动门，是否符合疏散要求？

【解析】 建筑首层门厅外门是建筑的主要安全出入口，门应为向疏散方向也就是向外开启的平开门。《建筑设计防火规范》（GB 50016—2014）6.4.11 条对此做了强制性的规定，设计中必须严格执行。对于大型公建门厅需设置电子感应自动门或转门的，必须同时在其侧边设置疏散用平开门，或者电子感应门为平开门，且具有断电和火灾时自动打开的功能。这些要求必须在施工图中明确注明。

【问题 2.1.69】 住宅建筑封闭楼梯间、防烟楼梯间前室、消防电梯前室是否可开设设备及电气管井门？

【解析】 根据《建筑设计防火规范》（GB 50016—2014）6.4.2.条第 2 款："封闭楼梯间除楼梯间的出入口和外窗外，楼梯间的墙上不应开设其他门、窗、洞口。"《建筑设计防火规范》（GB 50016—2014）6.4.3 条第 5 款："除住宅建筑的楼梯间前室外，防烟楼梯间和前室内的墙上不应开设除疏散门和送风口外的其他门、窗、洞口。"《建筑设计防火规范》（GB 50016—2014）7.3.5 条第 3 款："3 除前室的出入口、前室内设置的正压送风口和本规范第 5.5.27 条规定的户门外，前室内不应开设其他门、窗、洞口；住宅建筑的疏散楼梯间不能开设管井门，各种前室可以开设管井门。"《建筑设计防火规范》（GB 50016—2014）对此专门有详细的规定。从上述规范规定中，可以看出：住宅建筑的封闭楼梯间、消防电梯前室均不可以开设设备及电气管井门；住宅建筑的防烟楼梯间前室可以开设设备及电气管井门。

【问题 2.1.70】 室外疏散楼梯梯段正对疏散门，楼梯周围 2.0m 内的墙上有窗洞口的设计是否可行？

【解析】 疏散门不应正对室外楼梯梯段，主要是考虑到火宅疏散时，疏散人流密集，人的视线受到遮挡严重，容易发生跌倒、踩踏等严重事故。室外疏散楼梯四周，具有防烟楼梯间等同的防烟、防火要求。由于设置在建筑的外墙面，发生火灾时不易受到楼内烟火威胁，可供人员应急疏散，同时消防队员可直接从室外进入起火层进行火灾扑救。如果附近墙面有其他门窗洞口，就会严重削弱室外楼梯的这种疏散功能。《建筑设计防火规范》（GB 50016—2014）对此有专门的规定，详见 6.4.5 条第 5 款："在楼梯周围 2.0m 内的墙面上，除设疏散门外不应开设其他门窗洞口。疏散门应采用乙级防火门，且不应正对梯段。"

【问题 2.1.71】 地下室各楼梯间凡无天然采光和自然通风的是否应设防烟楼梯间？设计中怎么考虑？

【解析】 地下室各楼梯间的设计首先应满足《建筑设计防火规范》（GB 50016—2014）第 6.4.4 条第 1 款："室内地面与室外出入口地坪高差大于 10m 或 3 层及以上的地下、半地下建筑（室），其疏散楼梯应采用防烟楼梯间；其他地下或半地下建筑（室），其疏散楼梯应采用封闭楼梯间。"其次，要满足《建筑设计防火规范》（GB 50016—2014）第 6.4.2 条第 2 款："不能自然通风或自然通风不能满足要求时，应设置机械加压送风系统或采用防烟楼梯间。具体设计时，地下室的封闭楼梯间出地面时，一般要尽量靠近外墙，楼梯间要有外窗通风采光，如果没有外窗，则楼梯间应该在地下室设置防烟前室，按照防烟楼梯间设计。"

【问题 2.1.72】 有些建筑或者功能区域无法确定具体的使用人数，设计时怎样计算疏散人数？

【解析】 可以参照《民用建筑设计通则》（GB 50352—2005）第 3.7.1 条规定："建筑物除有固定座位等标明使用人数外，对无标定人数的筑物应按有关设计规范或经调查分析确定合理的使用人数，并以此为基数计算安全出口的宽度。"值得注意的是，要特别注意一些歌舞娱乐游艺场所，此时的疏散人数应严格执行《建筑设计防火规范》（GB 50016—2014）5.5.21条第4款规定："歌舞娱乐放映游艺场所中录像厅的疏散人数，应根据厅、室的建筑面积按不小于1.0人/m² 计算；其他歌舞娱乐放映游艺场所的疏散人数，应根据厅、室的建筑面积按不小于0.5人/m² 计算。"

【问题2.1.73】 按照规范要求，一般情况下，三层及以上通廊式公共建筑应设封闭楼梯间，如果是外廊式走道的平面类型，可否不设封闭楼梯间？如果可以的话，同样问题六层、七层的外廊建筑是否也可以不设封闭楼梯间？把外走道当成室外来看，其烟气排走非常快，不影响人员疏散。

【解析】 原则上外廊式建筑可以不设封闭或防烟楼梯间，敞开式外廊可以看做一个防烟前室。但在具体的审查过程中，要由消防部门对功能定性，有些功能性质或者平面布局，一旦着火后会对这种开敞的楼梯间的疏散功能产生严重影响，这时就不能采用开敞楼梯间。

【问题2.1.74】 高层住宅标准层满足两个安全出口，但首层2个出口经门厅合并为一个出口疏散可否可行？

【解析】 原则上可行，但要满足一定条件。《建筑设计防火规范》（GB 50016—2014）第5.5.28条的条文解释指出："当两部剪刀楼梯间共用前室时，进入剪刀楼梯间前室的入口应该位于不同方位，不能通过同一个入口进入共用前室，入口之间的距离仍要不小于5m；在首层的对外出口，要尽量分开设置在不同方向。当首层的公共区无可燃物且首层的户门不直接开向前室时，剪刀梯在首层的对外出口可以共用，但宽度需满足人员疏散的要求。"值得注意的是，条文解释并不是规范条文规定本身，具体能否采用还要看地方消防部门有无明确要求。

【问题2.1.75】 公共建筑内设有楼梯间的大空间中，最远点到疏散门的距离如何控制？

【解析】 公共建筑大空间的安全疏散距离应按《建筑设计防火规范》（GB 50016—2014）中第5.5.17条第4款的规定执行："一、二级耐火等级建筑内疏散门或安全出口不少于2个的观众厅、展览厅、多功能厅、餐厅、营业厅等。其室内任一点至最近疏散门或安全出口的直线距离不应大于30m；当疏散门不能直通室外地面或疏散楼梯间时，应采用长度不大于10m的疏散走道通至最近的安全出口。当该场所设置自动喷水灭火系统时，室内任一点至最近安全出口的安全疏散距离可分别增加25%。"

值得注意的是，如果该大空间场所属于歌舞娱乐游艺场所，则疏散距离要适当缩小，具体多少，可以参考表5.5.15的相关的双向疏散距离要求，也就是25m。此数据仅供参考，具体要征询地方消防部门的意见。

【问题2.1.76】 大于50m的住宅楼梯间可以不设窗户吗？（有人认为取消窗户有利于排烟）。

【解析】 《建筑设计防火规范》（GB 50016—2014）8.5.1条规定："…建筑高度不大于100m的住宅建筑，当其防烟楼梯间的前室或合用前室符合下列条件之一时，楼梯间可不设置防烟系统：

1 前室或合用前室采用敞开的阳台、凹廊；

2 前室或合用前室具有不同朝向的可开启外窗，且可开启外窗的面积满足自然排烟口的面积要求。对于大于50m且小于100m的住宅楼梯间，如果满足上述规范的规定，从防烟系统而言，其楼梯间可以设置或不设置有开启扇的窗户；但从平时使用而言，设置有开启扇的窗，可以提供自然采光和通风，改善了楼梯间的空间环境，利于使用。对于大于100m的住宅楼梯间，楼梯间必须设置防烟系统时，住宅楼梯间可以不设置有开启扇窗户，有利于排烟。

【问题 2.1.77】 共用楼梯间在计算疏散宽度时如何量化分摊？

【解析】 《建筑设计防火规范》（GB 50016—2014）5.5.9条规定："一、二级耐火等级公共建筑内的安全出口全部直通室外确有困难的防火分区，可利用通向相邻防火分区的甲级防火门作为安全出口，但应符合下列要求：3 该防火分区通向相邻防火分区的疏散净宽度不应大于其按本规范第5.5.21条规定计算所需疏散总净宽度的30%，建筑各层直通室外的安全出口总净宽度不应小于按照本规范第5.5.21条规定计算所需疏散总净宽度。"共用楼梯间在计算疏散宽度时，应符合上述规范规定。

【问题 2.1.78】 某丙二类厂房建筑的下方可否设地下室或半地下室？

【解析】 丙二类厂房下方可以设地下室或半地下室。

（1）当地下室或半地下室使用功能为非甲、乙类厂房和设备用房时，地下室或半地下室的防火分区应符合《建筑设计防火规范》（GB 50016—2014）3.3.1条表3.3.1的规定："每个防火分区的最大允许建筑面积应小于500m²。"

（2）当地下室或半地下室使用功能为汽车库和设备用房时，地下室或半地下室的防火分区应符合《汽车库、修出库、停车场设计防火规范》（GB 50067—2014）5.1.1条的规定。

（3）丙二类厂房设地下室或半地下室的其他防火设计，应符合《建筑设计防火规范》（GB 50016—2014）和《汽车库、修车库、停车场设计防火规范》的其他规定。

【问题 2.1.79】 每层不超过500m²的二、三层建筑，当每层只有一个空间时，设一个疏散梯能否满足要求？

【解析】 在旧防火规范里可以满足要求，但按照新的《建筑设计防火规范》（GB 50016—2014），则不满足。详见《建筑设计防火规范》（GB 50016—2014）中第5.5.8条："公共建筑内每个防火分区或一个防火分区的每个楼层，其安全出口的数量应经计算确定，且不应少于2个。符合下列条件之一的公共建筑，可设置1个安全出口或1部疏散楼梯：

1 除托儿所、幼儿园外，建筑面积不大于200m²且人数不超过50人的单层公共建筑或多层公共建筑的首层；

2 除医疗建筑，老年人建筑，托儿所、幼儿园的儿童用房，儿童游乐厅等儿童活动场所和歌舞娱乐放映游艺场所等外，符合表5.5.8规定的公共建筑。"

可设置1部疏散楼梯的公共建筑　　　　　　　　　　　　　　　　　表5.5.8

耐火等级	最多层数	每层最大建筑面积（m²）	人　数
一、二级	3层	200	第二、三层的人数之和不超过50人

耐火等级	最多层数	每层最大建筑面积（m²）	人　　数
三级	3层	200	第二、三层的人数之和不超过25人
四级	2层	200	第二层人数不超过15人

　　值得注意的是，新《建筑设计防火规范》此处做了较大调整，大大缩小了设置一个疏散楼梯的最小建筑面积，设计中要引起足够重视。

第二章 建 筑 设 计

第一节 设 计 基 本 规 定

【问题 2.2.1】 在居住小区规划建设中，存在着建筑密度日趋增高的倾向，有的住宅楼日照间距不能满足规范要求。设计中如何把握？

【解析】 在住宅小区建设中，为了获得用地的最大利益，压缩建筑间距，提高出房率的情况确实存在。对于住宅的日照，不论是南方还是北方的居民都非常重视。住宅的日照条件影响着居室卫生和温度环境，直接关系到居住者的身心健康。因此，国家制定了住宅建筑日照标准，具体体现在《城市居住区规划设计规范》（GB 50180—1993）5.0.2 条和《住宅建筑规范》（GB 50368—2005）4.1.1 条。这两条均为建筑设计的强制性条文，是从住宅建筑所处地理纬度及其气候特征出发，结合所处城市的规模大小两方面因素确定的，充分考虑了节约用地和满足居住功能等的需要，必须严格执行。

【问题 2.2.2】 日照间距计算高度是按屋面板顶，还是按女儿墙顶计算？

【解析】 计算日照间距的目的是为防止建筑遮挡相邻建筑的阳光，所以从客观的实际情况出发，建筑高度应取建筑女儿墙的压顶高度，无女儿墙的应取檐口高度。值得注意的是，女儿墙上部如果为栏杆扶手，栏杆扶手可以不计入建筑高度。

【问题 2.2.3】 《住宅建筑规范》（GB 50368—2005）和《民用建筑设计通则》（GB 50352—2005）都提到住宅小区总平面布置中应考虑视觉卫生间距，应如何掌握这一标准？

【解析】 《住宅建筑规范》（GB 50368—2005）4.1.1 条和《城市居住区规划设计规范》（GB 50180—1993）5.0.2 条都把视觉卫生作为确定住宅间距时应考虑因素。这两条规定又都是强制性条文，但是条文中对视觉卫生间距并无定量的规定。《住宅建筑规范》（GB 50368—2005）条文说明中明确指出，尚需作补充更量化的规定。《城市居住区规划设计规范》（GB 50180—1993）条文说明中说到：这些因素情况复杂，许多城市做了自己的规定，但差距很大。北方一些城市对视距卫生比较注意，要求高，一般认为不小于 20m 较合理。《深圳市城市规划标准与准则》中规定，有居室的建筑外墙间距要不小于 18m。因此，在《住宅建筑规范》（GB 50368—2005）作出补充规定之前，只能由各城市规划行政主管部门自行掌握，设计者应认真了解相关规定。

【问题 2.2.4】 设计中如何具体执行住宅建筑日照标准？

【解析】 （1）住宅的总图规划设计中，单体居住建筑应满足《城市居住区规划设计规范》（GB 50180—1993）（2002 年版）第 5.0.2.1 条及表 5.0.2-1 所规定的居住建筑日照标准。《住宅建筑规范》（GB 50368—2005）4.1.1 条也有同样的规定。

（2）单体设计过程中，还必须满足：①《住宅建筑规范》（GB 50368—2005）第7.2.1 条：住宅应充分利用外部环境提供的日照条件，每套住宅至少应有一个居住空间能获得冬季日照；②《住宅设计规范》（GB 50096—2011）第 7.1.1：每套住宅应至少有一个居住空间能获得冬季日照。第7.1.2条：需要获得冬季日照的居住空间的窗洞开口宽度不应小于0.60m。

【问题2.2.5】 《民用建筑设计通则》（GB 50352—2005）6.7.10条中的"专用疏散楼梯"是何含义？高层住宅楼梯可否认为是"专用疏散楼梯"，而将踏步取值250mm×180mm？

【解析】 何谓"专用疏散楼梯"，现行规范无明确解释。一般可认为，它是相对于"公用疏散楼梯"而言的。一般是指为特殊部位的特殊人员（如检修人员或紧急疏散人员）使用而设置的疏散楼梯，比如地下水泵房设置的第二安全出口或某些特定情形下设置的室外钢梯等。换而言之，专用疏散楼梯往往是为了满足消防规范而必须设置的第二安全出口。它应该是只有在防火疏散或其他突发情况下才不得不使用的楼梯。其位置一般不在主要交通流线上，平时使用这个楼梯的人很少，把它去掉，一般也不影响平时的日常交通。

因此可知，"非公共使用"或"专人专时使用"，应该是"专用疏散楼梯"的主要特点。只要在平时启用、并且无法控制其使用者类别的楼梯，就与"普通疏散楼梯"无根本区别，不能算为"专用疏散楼梯"。所以，高层住宅普通楼梯显然不能算作"专用疏散楼梯"，踏步不应取值250mm×180mm。此时设计应执行：《住宅建筑规范》（GB 50368—2005）第5.2.3条（强条）："楼梯踏步宽度不应小于0.26m，踏步高度不应大于0.175m"；《住宅设计规范》（GB 50096—2011）第6.3.2条（强条）也有同样规定。

【问题2.2.6】 《住宅建筑规范》（GB 50368—2005）第5.1.5条要求窗台低于0.90m时应设防护措施。但本条要求是写在5.1节的"套内空间"里，而在5.2节的"公共部分"就无此要求。那么，住宅公共电梯厅的窗台高，是否可按《民用建筑设计通则》（GB 50362—2005）第6.10.3条第4款执行，即做到0.80m高呢？

【解析】 虽然《民用建筑设计通则》（GB 50362—2005）第6.10.3条第4款规定："临空的窗台低于0.80m时，应采取防护措施。防护高度从楼地面起计算不应低于0.80m。"但其第6.10.3条第4款条文解释，已经明确把"住宅"单独划分出来。原文如下："第4款临空的窗台低于0.80m（住宅为0.90m）时（窗台外无阳台、平台、走廊等），应采取防护措施，并确保从楼地面起计算的0.80m（住宅为0.90m）防护高度"。

《住宅设计规范》（GB 50096—2011）中，第5.8.1条规定："窗外没有阳台或平台的外窗，窗台距楼面、地面的净高低于0.90m时，应设置防护设施。"第6.1.1条规定："楼梯间、电梯厅等共用部分的外窗，窗外没有阳台或平台，且窗台距楼面、地面的净高小于0.90m时，应设置防护设施。"2012年开始实施的《住宅设计规范》已经正面解决了这个在《住宅建筑规范》中有很大争议的问题。

【问题2.2.7】 儿童专用活动场所的临空栏杆下方，若有宽度小于0.22m或高度大于0.45m的反沿时，尽管不是可踏面，但栏杆构造属于易攀登。此时的栏杆高度从哪算起为合适？

【解析】 《民用建筑设计通则》（GB 50362—2005）第6.7.9条规定："托儿所、幼儿园、中小学及少年儿童专用活动场所的楼梯，梯井净宽大于0.20m时，必须采取防止少年儿童攀滑的措施，楼梯栏杆应采取不易攀登的构造，当采用垂直杆件做栏杆时，其杆件净距不应大于0.11m"。

根据上述规定，虽然"可踏面"和"易攀登"在字面上具有不同含义，但从确保安全考虑，托儿所、幼儿园、中小学及其他少年儿童专用活动场所（含住宅）的栏杆高度，还是从实际的易攀登面（尽管可能不属"可踏面"）算起更为合适。

【问题 2.2.8】 《民用建筑设计通则》（GB 50362—2005）第 6.8.2.6 条有关自动扶梯的规定："……当提升高度不超过 6.0m，额定速度不超过 0.5m/s 时，倾斜角允许增至 35°"，而《商店建筑设计规范》（JGJ 48—2014）第 4.1.8 条规定，自动扶梯倾斜角不应大于 30°。此问题如何处理？

【解析】 关于自动扶梯倾斜角大小的问题，商店建筑应执行《商店建筑设计规范》（JGJ 48—2014）；除此之外的其他民用建筑，执行《民用建筑设计通则》（GB 50362—2005）。

【问题 2.2.9】 建筑设计技术措施中注明高层建筑不应采用外开窗，这条是否需执行？

【解析】 《建筑设计技术措施》具有很好的参考意义，但是当《建筑设计技术措施》与规范标准不一致时，应以后者为准。具体的设计可执行《民用建筑设计通则》（GB 50362—2005）第 6.10.3 条第 2 款："当采用外开窗时，应加强牢固窗扇的措施"。

【问题 2.2.10】 《民用建筑设计通则》（GB 50362—2005）提到楼梯休息平台宽不得小于 1.2m；而《住宅建筑规范》（GB 50368—2005）也仅提到楼梯梯段净宽不应少于 1.1m。如何把握？

【解析】 《民用建筑设计通则》（GB 50362—2005）适用于所有民用建筑，《住宅建筑规范》（GB 50368—2005）仅适用于住宅建筑；而且"平台"与"梯段"含义不同，二者并不矛盾。《民用建筑设计通则》（GB 50362—2005）第 6.7.3 条规定："梯段改变方向时，扶手转向端处的平台最小宽度不应小于梯段宽度，且不得小于 1.20m"；《住宅建筑规范》（GB 50368—2005）第 5.2.3 条："其梯段净宽不应小于 1.1m。六层及六层以下住宅，一边设有栏杆的梯段净宽不应小于 1.00m"。特别要提请注意的是：上述"宽度"或"净宽"，是指工程施工完毕后所实际测量的建筑完成面的净空尺寸。

【问题 2.2.11】 在所有场合，是否都可采用钢化夹胶安全玻璃，来代替安全防护栏杆？

【解析】 有关玻璃栏板的选用，首先应满足《建筑玻璃应用技术规程》（JGJ 113—2009）第 7.2.5 条："室内栏板用玻璃应符合下列规定：1 不承受水平荷载的栏板玻璃应使用符合本规程表 7.1.1-1 的规定且公称厚度不小于 5mm 的钢化玻璃，或公称厚度不小于 6.38mm 的夹层玻璃。2 承受水平荷载的栏板玻璃应使用符合本规程表 7.1.1-1 的规定且公称厚度不小于 12mm 的钢化玻璃或公称厚度不小于 16.76mm 钢化夹层玻璃。当栏板玻璃最低点离一侧楼地面高度在 3m 或 3m 以上、5m 或 5m 以下时，应使用公称厚度不小于 16.76mm 钢化夹层玻璃。当栏板玻璃最低点离一侧楼地面高度大于 5m 时，不得使用承受水平荷载的栏板玻璃。"

此外，从安全角度考虑，在学校、幼儿园等儿童专用活动场所不宜采用全玻璃栏板。《建筑玻璃应用技术规程》（JGJ 113—2009）第 7.3.2 条规定："根据易发生碰撞的建筑玻璃所处的具体部位，可采取在视线高度设醒目标志或设置护栏等防碰撞设施，碰撞后可能发生高处人体或玻璃坠落的，应采用可靠的护栏。"

全玻璃栏板（即没有金属受力构件的玻璃栏板）需提供结构计算书。复合型玻璃栏板

（由金属立杆、横向扶手等承担主要受力构件）的玻璃，应采用不小于 12mm 厚钢化夹胶玻璃（其中 PVB 夹胶厚度应不小于 0.76mm）。玻璃栏板的固定方式应结实、可靠。低窗台如不做护窗栏杆而采用固定安全玻璃防护，则等同于玻璃栏板的要求。

【问题 2.2.12】 对于某些屋面与立面一体化的建筑，整个屋顶四周封死，女儿墙与屋顶的分界不明显。此时的建筑物高度，是否还按"从建筑物室外地面到其檐口或屋面面层的高度"来计算？

【解析】 建筑物高度还是以室外地面至屋面高度计算，但不赞成设计过高的封闭女儿墙。这种设计对于消防救援十分不利，应报消防部门审批、认可。

【问题 2.2.13】 《民用建筑设计通则》（GB 50362—2005）第 6.5.1 条："厕所、盥洗室、浴室不应直接布置在餐厅、食品加工、食品贮存等有严格卫生要求或防水、防潮要求用房的上层"。如果增设一层夹层板或局部降板，能否满足要求？

【解析】 增设一层符合一定条件的夹层板，可满足要求；而局部降板不能满足要求。根据《民用建筑设计通则》（GB 50362—2005）第 6.5.1 条，可换另一种表达方式："在餐厅、食品加工、食品贮存等有严格卫生要求或有防水、防潮要求用房的'直接'上层，不应设置厕所、盥洗室、浴室等"。因此，当增设的夹层板，能满足"严格卫生要求或有防水、防潮要求"时，则厕所、盥洗室、浴室应可布置在餐厅、食品加工、食品贮存等场所的上方（此时实际是"非直接上方"了）。而"局部降板"实际只有一层楼板，故不符合规范要求。

【问题 2.2.14】 有个别设计项目紧贴道路红线布置建筑物，或者出入口台阶、散水和地下的基础凸出红线，甚至影响到市政建设。是否可以如此设计？

【解析】 不允许如此设计。《民用建筑设计通则》（GB 50362—2005）第 4.2.1 条（强条）规定："建筑物及附属设施不得突出道路红线和用地红线建造"。显然，建筑物主体、台阶、平台、散水或建筑基础等，都是不允许突出用地红线的。而且还要按规定后退用地红线一段距离（特殊允许者除外）。

道路红线以内属城市道路用地，地上设置车行道、人行道、绿化园林及路灯照明等，而地下铺设各种市政管线。道路红线以内的地下、地上空间，均不属建设单位所有。若建筑突出物突入道路红线，将会影响城市空间景观、交通、市政管网或相邻地块的建设，故为设计规范所不允许。

【问题 2.2.15】 紧贴地界布置建筑物，面向邻地的建筑立面能否开窗？

【解析】 建设单位为了获得用地的最大利益，常不顾相邻基地建筑之间的防火、日照通风和采光要求，紧贴地界建设，因而造成各种有碍安全卫生的后患和民事纠纷。针对相邻基地的关系，《民用建筑设计通则》（（GB 50362—2005））4.1.4 条作了规定。按规定相邻基地的房屋前后各自留有空地或道路，符合防火规范规定时，可以毗连建造（山墙端用防火墙分隔）；若为南北方向则须考虑日照影响，原则上双方应按城市详细规划中的建筑控制高度各自留出建筑日照间距的一半。地方规划管理条例有具体规定的按规定执行。贴邻地界的建筑不应向相邻基地方向设门窗、阳台、挑檐、空调外机、废气排出口及排泄雨水。若所建的建筑物必须开窗、排雨水，则应按要求后退用地界限建造。

第二节　居　住　建　筑

【问题 2.2.16】　住宅设计中，公共走道净宽或候梯厅深度等怎么理解？设计中怎么具体执行？

【解析】《住宅建筑规范》（GB 50368—2005）5.2.1 条规定："走廊和公共部位通道的净宽不应小于 1.20m"；《住宅设计规范》（GB 50096—2011）6.4.6 条规定："候梯厅深度不应小于多台电梯中最大轿厢的深度，且不得小于 1.50m"；《无障碍设计规范》（GB 50763—2012）3.7.1 条规定："候梯厅深度不宜小于 1.50m，公共建筑及设置病床梯的候梯厅深度不宜小于 1.80m。"上述的"净宽"或"深度"，都是指工程施工完毕后所实际测量的建筑完成面的净空尺寸。但目前尚有不少设计人员，未充分重视上述条款，一味屈从于建设单位意志，过分压缩公摊面积，片面追求户内面积实用率，从而在设计中，不考虑建筑面层自身厚度，或者直接以结构尺寸代替建筑尺寸，致使实际施工后的候梯厅深度或公共走道净宽尺寸等，无法满足规范要求，甚至无法交付验收和使用。值得注意的是，《建筑设计防火规范》（GB 50016—2014）5.5.28 条第 4 款规定："楼梯间的前室或共用前室不宜与消防电梯的前室合用；楼梯间的共用前室与消防电梯的前室合用时，合用前室的使用面积不应小于 12.0m²，且短边不应小于 2.4m。"

【问题 2.2.17】《住宅建筑规范》（GB 50368—2005）4.3.1 条要求："每个住宅单元至少有一个出入口可以通达机动车"。这里的"出入口"指的是哪些部位？地下车库里的各单元楼梯间口或电梯厅口算不算？

【解析】　地下车库里的各单元楼梯间口或电梯厅口，都不能算作可通达机动车的出入口。原因如下：《住宅建筑规范》（GB 50368—2005）4.3.1 条条文解释摘录如下："随着生活水平提高，老年人口增多，购物方式改变及居住密度增大，在实践中出现了很多诸如机动车能进入小区，却无法到达住宅单元的事例，对急救、消防及运输等造成不便，降低了居住的方便性、安全性，也损害了居住者的权益。为此，提出'每个住宅单元至少有一个出入口可以通达机动车'的要求。执行本条规定时，为保障居民出入安全，应在住宅单元门前设置相应的缓冲地段，以利于各类车辆的临时停放且不影响居民出入"。同时，参照《〈住宅建筑规范〉实施指南》（该规范编制组编著）P25 内容："条文中'通达机动车'是指机动车能到达住宅单元门，但不包括通过地下车库到达住宅单元门的情况"。

因此，地下车库里的各单元楼梯间口或电梯厅口，都不能算作可通达机动车的出入口。

【问题 2.2.18】　如何理解《住宅设计规范》（GB 50096—2011）第 5.8.1 条："窗外没有阳台或平台的外窗，窗台距楼面、地面的净高低于 0.90m 时，应设置防护设施。"？

【解析】《住宅设计规范》（GB 50096—2011）的该条文是针对"窗外没有阳台（或平台）的外窗低窗台"而言的。如外窗窗台距地面净高较低，则易发生儿童坠落事故，故要求采取防护措施。有效的防护高度应保证净高 0.9m，而窗台的净高或防护栏的高度均应从"可踏面"起算。根据上述条文的条文解释，距楼（地）面 0.45m 以下的、容易造成无意识攀登的台面、横栏杆等应视为"可踏面"。《民用建筑设计通则》（GB 50352—2005）第 6.10.3 条的注 2 也明确规定："低窗台、凸窗等下部有能上人站立的宽窗台面时，贴窗护栏或固定窗的防护高度应从窗台面起计算"。如果窗户外面有阳台或者平台，则不太可能发生安全坠落事故，可以不采取防护措施。

【问题 2.2.19】 塔式住宅、单元式住宅及通廊式住宅的定义是什么？

【解析】 目前，《住宅建筑规范》（GB 50096—2005）、《住宅设计规范》（GB 50096—2011）以及《建筑设计防火规范》（GB 50016—2014）中，都没有对住宅的这种分类进行定义。但很多地方规范对于何谓塔式住宅、单元式住宅及通廊式住宅，已有定义，但存在理解上的歧义。参照上海市工程建设规范《住宅设计标准》（DGJ 08—20—2007）中的相关提法，一般可认为：①塔式住宅：楼梯间等垂直交通通道集中布置在建筑物的核心，且每户户门到楼梯间或前室门的距离不超过 10m 的住宅；②单元式住宅：由两个或多个塔式住宅单元组合而成的住宅；③通廊式住宅：通过一段长度大于 10m 的走道而联系多个住户单元的住宅。具体住宅项目，应以何种类别进行消防设计，建议事先咨询当地消防局，征得其消防审批部门认可。

【问题 2.2.20】《住宅建筑规范》（GB 50368—2005）第 5.2.4 条："住宅的公共出入口位于阳台、外廊及开敞楼梯平台的下部时，应采取防止物体坠落伤人的安全措施"。"安全措施"的具体标准是什么？当首层为架空层时，凡是人员可以通行的部位，是否都要满足上述规定？

【解析】 （1）"安全措施"应保证高空坠物不会伤及行人，构件应有一定的强度。如设置足够强度的混凝土雨罩等。

（2）当其上方为阳台、外廊或开敞楼梯平台时，架空层凡是人员可以正常通行的部位，都应满足上述要求。具体设计时，也可通过设置绿化、灌木等措施，引导人员在规定的安全区域内通行。

【问题 2.2.21】 七层住宅设计注明六、七层上下为一户，却不按跃层设户内楼梯，走单元楼梯上七层，是否可不设电梯？

【解析】《住宅建筑规范》（GB 50368—2005）条文 4.1.0 的条文说明中对七层及其以上住宅必须设置电梯的四条原因说得非常清楚，但当前房地产开发中追求短期利益，牺牲居民利益的情况依然存在。明明建的七层住宅，为逃避设置电梯的要求，却说住宅只有六层，第七层是单身宿舍。也有的说第七层是储藏间。即使六七层按跃层设计了，也让设计人注明户内楼梯住户自理。施工时户门照做，实际还是七层住宅。施工图审查对后一种情况难以控制，但必须坚持：六七层必须符合跃层设计，才可不设电梯。

【问题 2.2.22】 中小套型住宅设计中，面积超过 10m² 无直接采光的暗起居厅是否满足设计要求？

【解析】 住宅起居厅设计在住宅套型中已成为必不可少的居住空间，良好的采光、通风是基本要求，不能因为套型面积的压缩却不满足其基本要求。设计应根据时代要求不断创新，不能走回头路，把过去淘汰了的东西又搬出来。起居厅应满足《住宅设计规范》（GB 50096—2011）第 5.2.4 条。暗厅只能作为餐厅和过厅，而且一定要控制面积不大于 10m²，否则套内无直接采光空间过大，会降低居住生活标准。

【问题 2.2.23】 高层住宅设置电梯，按《住宅设计规范》（GB 50096—2011）第 6.4.2 条规定：十二层及十二层以上的住宅，每栋楼设置电梯不应少于两台。本条不是强制性条文，执行难度较大，设计和审查中如何掌握？

【解析】 十二层及十二层以上的高层住宅，每栋设置电梯不应少于两台，这是规范编制组经广泛调查，参考各国规范，并根据我国当前的经济条件做的决定。电梯在使用过程中难免出现故障，电梯使用一定周期也需要大修。如果只设一台电梯，当出现故障或检修会影响居民使用。如果在十二层以下，住户尚能承受暂时的不便，对于十二层以上住户只能望楼兴叹。因此，尽管此条文未列入强制性条文，为了居民的公共利益，还是应认真执行的。对于单元式住宅，当每个单元只设一部电梯时，必须在适当层数之间用连系廊连通，便于特殊情况下互相交换使用。

【问题 2.2.24】 封闭阳台低窗、落地窗设置护栏常有按外窗护栏 900mm 高设置的，是否符合规范要求？

【解析】 封闭阳台低窗、落地窗的防护常有按普通外窗设 900mm 高护栏的，这里存在个概念问题，首先需明确护栏是阳台护栏，不是窗护栏。《住宅设计规范》（GB 50096—2011）第 5.6.3 条规定："阳台栏板或栏杆净高，六层及六层以下不应低于 1.05m；七层及七层以上不应低于 1.10m。"第 5.6.4 条规定："封闭阳台栏板或栏杆也应满足阳台栏板或栏杆净高要求。"阳台栏杆高度是根据人体重心稳定和心理要求而定的，封闭阳台并没有改变人体重心稳定和心理要求，因此，封闭阳台栏杆也应满足阳台栏杆净高要求。需要附带提醒的是，《住宅设计规范》（GB 50096—2011）第 5.6.4 条最后的一句话，"七层及七层以上住宅和寒冷、严寒地区住宅宜采用实体栏板。"在大刮通透风的当前似乎已被住宅开发商和一些设计人员遗忘。在寒冷、严寒两区，设计不能不顾当地的气候环境，一味去追南方的时尚。

【问题 2.2.25】 上人屋面的女儿墙（或栏杆）的高度，究竟要做多高才能满足规范要求？

【解析】 上人屋面女儿墙（或栏杆）做为临空处的防护措施，其高度应满足安全保障的要求，应严格执行《住宅设计规范》（GB 50096—2011）第 6.1.3 条："外廊、内天井及上人屋面等临空处的栏杆净高，六层及六层以下不应低于 1.05m，七层及七层以上不应低于 1.10m。"需注意条文里说的是净高，从屋顶结构板面计算就不是净高，需要扣除板上屋面各层构造厚度和屋面、天沟的找坡高度。关于栏杆净高计算，《民用建筑设计通则》（（GB 50362—2005））6.6.3 条第 2 款的注中规定：栏杆高度应从屋面至栏杆扶手顶面垂直高度计算。如底面有宽度大于或等于 0.22m，高度低于或等于 0.45m 的可踏部位，应从可踏部位顶面起计算。一般情况下，屋面女儿墙的结构高度至少要做到 1500mm，才能满足足够的净高要求。

【问题 2.2.26】 附建在住宅楼中社区服务项目，如物业、居委会等常有与住户共用楼梯的情况，能否允许？

【解析】 《住宅设计规范》（GB 50096—2011）第 6.10.4 条规定："住户的公共出入口与附建公共用房的出入口应分开布置。"出入口包含平面交通和垂直交通，垂直交通指楼梯、电梯。在住宅建筑中布置商店及社区服务用房时，除要解决使用功能的相互影响外，还要解决人流交叉干扰的矛盾，保证防火安全疏散。因此，规范要求住宅和公共用房的出入口分开布置、不能共用楼梯间。实施中建设单位常以不愿增加公摊面积为由，要求共用楼梯间，这种做法是不应该的，应在设计前期权衡得失，不能以此作为降低安全和使用功能要求的理由。

【问题 2.2.27】《住宅设计规范》（GB 50096—2011）第 6.4.2 条规定："十二层及十二层以上的住宅，每栋楼设置电梯不应少于两台，其中应设置一台可容纳担架的电梯。"担架电梯有哪些具体要求？

【解析】 担架电梯的尺度如何控制，并没有统一的国家规范规定，一直有很大争议，现收集整理一些资料，供同行们参考：

一、《住宅设计规范》（GB 50096—2011）规范组答复：

（1）不能盲目选用医用电梯，医用电梯的设计针对的是病床，尺寸较大，需要配套较大的走道净空及转弯半径，往往是担架能进电梯但是进不了家门；

（2）正在协调工程建设标准与产品标准的矛盾；

（3）从改造担架和利用住宅电梯轿厢对角线入手，提出"容纳担架电梯"的设计参数；

（4）支持各地采用论证会议，形成实施细则，选用 1500mm×1600mm 轿厢基本可行，目前是 1000kg，今后 800kg 的就能满足要求。

二、天津地区执行的标准：2600mm×1800mm 井道。

三、青岛规划局发的文件执行的标准：其中至少 1 台电梯保证手把可拆卸的担架平放进去（最小轿厢尺寸为 1100mm×2100mm 轿厢）。

四、温州地区设计和图审统一的标准：1400mm×1600mm 轿厢。

五、宁波地区讨论稿：住宅楼可容纳担架电梯的轿厢内净尺寸不应小于 1600mm×1500mm，轿箱门洞净宽不应小于 900mm（当门洞不居中开设时，其净宽可适当缩小，但最小不得小于 800mm，且应确保担架的出入）。

六、上海住宅设计标准-2011：

5.2.2 十二层及以上高层住宅每栋楼设置电梯不应少于两台，其中一台电梯的轿厢长边尺寸不应小于 1.60m。

七、担架电梯的侯梯厅进深，建议不要小于 2000mm，这个尺寸比无障碍设计要求的 1800mm 进深适当加大。值得注意的是，设计中要具体分析担架进出电梯，转弯以及通过各种门洞进入住户的行进线路，才能真正满足使用要求。

【问题 2.2.28】《住宅建筑规范》（GB 50368—2005）第 7.1 节与《住宅设计规范》（GB 50096—2011）第 7.3 节中，对于室内环境的隔声性能要求不一致，应以哪种要求为准？

【解析】 应以《住宅设计规范》的相关规定为准。

《住宅建筑规范》（GB 50368—2005）的相关规定如下：

"7.1.1 住宅应在平面布置和建筑构造上采取防噪声措施。卧室、起居室在关窗状态下的白天允许噪声级为 50dB（A 声级），夜间允许噪声级为 40dB（A 声级）。

7.1.2 楼板的计权标准化撞击声压级不应大于 75dB。应采取构造措施提高楼板的撞击声隔声性能。

7.1.3 空气声计权隔声量，楼板不应小于 40dB（分隔住宅和非居住用途空间的楼板不应小于 55dB），分户墙不应小于 40dB，外窗不应小于 30dB，户门不应小于 25dB。应采取构造措施提高楼板、分户墙、外窗、户门的空气声隔声性能。"

《住宅设计规范》（GB 50096—2011）的相关规定如下：

"7.3.1 卧室、起居室（厅）内噪声级，应符合下列规定：

1 昼间卧室内的等效连续 A 声级不应大于 45dB；

2 夜间卧室内的等效连续 A 声级不应大于 37dB；

3 起居室（厅）的等效连续 A 声级不应大于 45dB。

7.3.2 分户墙和分户楼板的空气声隔声性能应符合下列规定：

1 分隔卧室、起居室（厅）的分户墙和分户楼板，空气声隔声评价量（R_w+C）应大于 45dB；

2 分隔住宅和非居住用途空间的楼板，空气声隔声评价量（R_w+C_{tr}）应大于 51dB。"

近些年，住宅行业的发展可以说是一日千里，相关规范的编制和修改也很频繁，不同规范之间出现不一致的现象也是正常的。《住宅建筑规范》（GB 50368—2005）采用的计权标准化撞击声压级标准是现场综合各种因素后的现场测量指标，设计人员在设计时采用计权标准化撞击声压级标准设计难以把握最终的隔声效果。为便于设计人员在设计中选择相应的构造、产品和做法，《住宅设计规范》（GB 50096—2011）对楼板的撞击声隔声性能采用了计权规范化撞击声压级作为控制指标，该指标是实验室测量值。值得注意的是，很多情况下，不同规范的这些差异只是概念上的差异，或者采用了不同的量化概念，本质上的差异并不大。2010 年修订的《民用建筑隔声设计规范》（GB 50118—2010）针对建筑的隔声做出了统一规定。2011 年新版的《住宅设计规范》充分考虑了这种因素。

第三节 公 共 建 筑

【问题 2.2.29】 中小学校门紧贴城镇干道，校门前不留缓冲距离；教学楼距城镇道路的距离很近，不满足《中小学校设计规范》（GB 50099—2011）中，有关主要教学用房距道路路边距离不小于 80m 的规定。设计中如何把握？

【解析】 中小学学生活泼好动，放学后经常出校门就跑，为了保障学生出入安全，防止冲出校门的学生与过路行人车辆相撞，《中小学校设计规范》（GB 50099—2011）4.1.5 条规定"与学校毗邻的城市主干道应设置适当的安全设施，以保障学生安全跨越。"同时，随着人民生活水平的提高，小汽车早已经走入了千家万户，入口应考虑适当的停车场，满足家长接送孩子临时停车的需求。

为了保证学校安静的教学环境，《中小学校设计规范》（GB 50099—2011）4.1.6 条提出："学校教学区的声环境质量应符合现行国家标准《民用建筑隔声设计规范》GB 50118 的有关规定。学校主要教学用房设置窗户的外墙与铁路路轨的距离不应小于 300m，与高速路、地上轨道交通线或城市主干道的距离不应小于 80m。当距离不足时，应采取有效的隔声措施。"规范的规定是强制性条文，应认真执行。但是由于城市用地紧张，加大防护距离和用地的矛盾越来越突出，在满足不了间距的情况下，就应在"采取有效的隔声措施"上想办法，如采用隔声墙、种植绿化带等均属有效措施。

【问题 2.2.30】 中小学外廊栏杆高度小于 1100mm，同时栏杆很长，未采取加固措施，不符合《中小学校设计规范》（GB 50099—2011）第 8.1.6 条和《民用建筑设计通则》（GB 50352—2005）第 6.6.3 条规定。设计中如何把握？

【解析】　中小学校教学楼多采用外廊形式的布置，外廊栏杆的高度要合适，栏杆材料要坚固、耐久，栏杆不应采用易于攀登的花格形式。《中小学校设计规范》（GB 50099—2011）第 8.1.6 条规定："上人屋面、外廊、楼梯、平台、阳台等临空部位必须设防护栏杆，防护栏杆必须牢固、安全，高度不应低于 1.10m。防护栏杆最薄弱处承受的最小水平推力应不小于 1.5kN/m。"同时，《民用建筑设计通则》（GB 50352—2005）第 6.6.3 条的条文解释中说得很清楚，栏杆高度是根据人体重心和心理因素确定的，少年儿童生性好动，容易翻越栏杆。故少儿活动场所一律不应低于 1100mm 高。为保证安全，栏杆应采用防止攀登的构造，不宜采用横向花饰；做垂直栏杆时，栏杆间净距不应大于 0.11m，以防少儿头部、身体穿越而坠落。所有这些要求，在施工图中必须明确体现。

【问题 2.2.31】　按相关规定，幼儿园不能置于地下车库上方。此规定可否适当突破？

【解析】　此规定可以突破。理由如下：《汽车库、停车库、设计防火规范》（GB 50067—2014）第 4.1.3 条规定："组合建造时，应满足下列要求：1. 应组合建造在上述建筑的地下；2. 应采用耐火极限不低于 2.0h 的楼板防火分隔；3. 汽车库的楼梯要独立设置；4. 除楼梯间外的开口部位距上述建筑的外墙间距不小于 6m。"值得注意的是，规范中很多要求在不同地方有不同的解释，例如深圳市规定，幼儿园的下方可建设幼儿园自用的地下车库。在城市用地日益紧张的今天，笔者认为这种规定是合适的。

【问题 2.2.32】　合建在住宅楼里的幼儿园，没有独立的室外儿童游戏场地。

【解析】　小区总平面布置中，过于追求住宅出房率，而将幼儿园附设在住宅楼里或与其他公建合建的现象并不少见。但是，一定要保证幼儿园的基本使用条件。《托儿所、幼儿园建筑设计规范》（JGJ 39—1987）第 2.1.1 条规定："四班以上的托儿所、幼儿园应有独立的建设基地，……规模在三班以下时，也可设于居住建筑物的底层，但应有独立的出入口和相应的室外游戏场地及安全防护措施。"幼儿园的活动场地应该保证《托儿所、幼儿园建筑设计规范》（JGJ 39—1987）第 2.2.3 条规定"每班的游戏场地面积不应小于 60m²"。

【问题 2.2.33】　幼儿园的阳台栏杆高度和上人屋面的女儿墙高度常按一般临空栏杆高度设计。

【解析】　临空栏杆的高度是防护安全的关键，为保护少年儿童的生命安全，《托儿所、幼儿园建筑设计规范》（JGJ 39—87）第 3.7.4 条（强制性条文）规定：阳台、屋顶平台的护栏净高不应小于 1.20m，内侧不应设有支撑。护栏的净高较中小学校的阳台、上人屋面的护栏规定提高了 100mm，同时要求内侧不得设支撑，防止儿童攀爬发生意外。上人屋面的女儿墙通长要做到 1500mm 高度，才能保证屋面完成面净高 1100mm 以上。

【问题 2.2.34】　有些幼儿园的施工图对细部设计交代不到位。如对外墙面、室内墙角、窗台、暖气罩、窗台竖边等棱角部位的处理，1.2m 高度内门玻璃的要求等都未注明。

【解析】　《托儿所、幼儿园建筑设计规范》（JGJ 39—87）第 3.7.5 条规定：幼儿活动经常接触的 1.3m 以下的室外墙面不应粗糙，室内墙角、窗台、暖气罩、窗口竖边等棱角部位必须做成小圆角。第 3.7.2 条第一款对幼儿经常出入门要求"在距地 0.6～1.20m 高度内不应装易碎玻璃；第 3.7.2 条第二款在距地 0.70m 处宜加幼儿专用拉手；第 3.7.2 条第三款门的双面均宜平滑、无棱角"。这些规定都是从幼儿的生理特点出发，为保护幼儿的安全，避免幼儿受到伤害做出的，应认真执行。

【问题 2.2.35】 商业营业部分的楼梯设计有哪些特殊之处？疏散距离以多少为准？

【解析】 《商店建筑设计规范》（JGJ 48—2014）4.1.6 条第 1 款规定：楼梯梯段最小净宽、踏步最小宽度和最大高度应符合表 4.1.6 的规定；

楼梯梯段最小净宽、踏步最小宽度和最大高度　　　　表 4.1.6

楼梯类别	梯段最小净宽（m）	踏步最小宽度（m）	踏步最大高度（m）
营业区的公用楼梯	1.40	0.28	0.16
专用疏散楼梯	1.20	0.26	0.17
室外楼梯	1		

相对普通公共建筑，商店建筑的踏步宽度适当加大、高度适当降低，主要是考虑到商店建筑的人流较密集，使用的安全性要适当提高。商店营业区的公用楼梯的最小梯段净宽度定为 1.40m，是考虑使用时至少保证上下各一股 0.70m 宽的人流。人流定为 0.70m 宽，考虑了人们购物时可能携带的箱包等商品。

《建筑设计防火规范》（GB 50016—2014）第 5.5.17 条第 4 款规定：一、二级耐火等级建筑内疏散门或安全出口不少于 2 个的观众厅、展览厅、多功能厅、餐厅、营业厅等。其室内任一点至最近疏散门或安全出口的直线距离不应大于 30m；当疏散门不能直通室外地面或疏散楼梯间时，应采用长度不大于 10m 的疏散走道通至最近的安全出口。当该场所设置自动喷水灭火系统时，室内任一点至最近安全出口的安全疏散距离可分别增加 25%。

值得注意的是，《商店建筑设计规范》（JGJ 48—2014）5.2.1 条规定："商店营业厅疏散距离的规定和疏散人数的计算应符合现行国家标准《建筑设计防火规范》GB 50016 的规定。"新《商店建筑设计规范》删除和修改了老规范中与防火规范中不一致的规定，体现了规范修订的科学和严谨。

【问题 2.3.36】 《综合医院建筑设计规范》（GB 51039—2014）5.8.7 规定：防护设计应符合国家现行有关医用 X 射线诊断卫生防护标准的规定；5.10.5 规定：防护应按国家现行有关后装 γ 源近距离卫生防护标准、γ 远距治疗室设计防护要求、医用电子加速器卫生防护标准、医用 X 射线治疗卫生防护标准等的规定设计。具体设计中相关材料、材质厚度及构造的确定依据是什么？

【解析】 医院的放射诊断、放射治疗应用广泛，发展很快。X 光透视、摄片、X 光浅线（深线）治疗、肠胃摄片、CT 诊断、钴 60 治疗等在综合医院中已相当普及。X 射线、r 射线既能诊病、治病，也对人体细胞产生伤害。因此，医院的放射科中有较强放射能量设备的放射室，都布置在放射科的尽端或自成一区独立设置。有放射线防护要求的房间，应有足够的防护措施，保证工作人员及病人所受的剂量不超过允许标准。《综合医院建筑设计规范》（JGJ 49—88）3.7.3 条对放射防护作了规定，对诊断室、治疗室的墙身、楼地面、门窗、防护屏障等部位的构造提出严格要求，以防范放射性物质对人体的伤害和对周围环境的破坏。具体的防护措施应根据设备 X 管电压、X 线、r 线的辐射能量，按《医用 X 射线诊断放射防护要求》（GBZ 130—2013）的相关规定执行。常规的 X 线机防护厚度可不经计算直接从《建筑设计资料集》中查表选用。

【问题 2.2.37】 大型超市倾斜式自动人行道，是否可作为无障碍设计的辅助，而无须采用无障碍电梯？

【解析】 不可以。超市的倾斜式自动人行道，主要是为了满足购物车的垂直通行要求，一般坡道表面要做特殊处理，与购物车的车轮牢固而又方便地连接，防止购物车在斜坡道上的滑动带来危险。而一般的轮椅车轮不可能和坡道斜面很好地契合，不可避免地会产生滑动，从而带来安全隐患。因此倾斜式自动人行道，不能代替无障碍电梯。

【问题 2.2.38】 综合体内的电影院要求有独立的竖向交通，设计中该如何执行？

【解析】《电影院建筑设计规范》（JGJ 58—2008）3.2.7 规定："综合建筑内设置的电影院应设置在独立的竖向交通附近，并应有人员集散空间；应有单独出入口通向室外，并应设置明显标示。"就是说，除了从综合体内部出入外，还应有至地面的单独出入口，并设有电梯，提高电影院专用疏散通行能力，并解决晚场电影商场停止营业后的交通疏散问题，同时在非正常情况下，能够尽快到达安全地带。因此可以简单理解为有"任何独立的竖向交通"，可以不做独立的疏散楼梯。

【问题 2.2.39】 公共建筑里的无障碍卫生间，是否应层层设置？

【解析】《无障碍设计规范》（GB 50763—2012）第 8.2.2 条第 5 款规定："（办公等建筑）供公众使用的男、女公共厕所均应满足本规范第 3.9.1 条的有关规定或在男、女公共厕所附近设置 1 个无障碍厕所，且建筑内至少应设置 1 个无障碍厕所，内部办公人员使用的男、女公共厕所至少应各有 1 个满足本规范第 3.9.1 条的有关规定或在男、女公共厕所附近设置 1 个无障碍厕所。"《无障碍设计规范》（GB 50763—2012）第 8.8.2 条第 3 款规定："（商业等）供公众使用的男、女公共厕所每层至少有 1 处应满足本规范第 3.9.1 条的有关规定或在男、女公共厕所附近设置 1 个无障碍厕所，大型商业建筑宜在男、女公共厕所满足本规范第 3.9.1 条的有关规定的同时且在附近设置 1 个无障碍厕所。"对于其他类型的公共建筑，规范也作出了类似的相关规定。

因此，严格的说，所有的公共卫生间都应考虑无障碍的要求。值得注意的是，这些规定并不是强制性的规定。实践中，可以根据地方建设管理部门的有关规定，结合具体工程的功能、性质、经济条件等具体情况而酌情设置。无障碍卫生间的设置体现了对无障碍人士的关怀，随着经济的发展，我们应在设计中更多地表达这种关怀。

【问题 2.2.40】 中小学及托幼等建筑，何时要设计无障碍电梯？何时要设计无障碍楼梯？

【解析】《无障碍设计规范》（GB 50763—2012）第 8.3.2 条规定："教育建筑的无障碍设施应符合下列规定：

1 凡教师、学生和婴幼儿使用的建筑物主要出入口应为无障碍出入口，宜设置为平坡出入口；

2 主要教学用房应至少设置 1 部无障碍楼梯；

3 公共厕所至少有 1 处应满足本规范第 3.9.1 条的有关规定。"

此外，《无障碍设计规范》（GB 50763—2012）第 8.1.4 条规定："（公共建筑的）建筑内设有电梯时，至少应设置 1 部无障碍电梯。"

因此，可以看出，教育建筑一般要设置一部无障碍楼梯。至于是否设置无障碍电梯，并没有强制性的规定。随着经济的发展，我们在设计中应加强无障碍的有关设计，体现对无障碍人士的关怀。无障碍电梯可以有效解决无障碍人士的垂直交通问题，应当在设计中尽量考虑设置。

【问题 2.2.41】 高层办公建筑人员到底应该按多少计算？

【解析】 按《办公建筑设计规范》（JGJ 67—2006）第 4.2.3 条规定："普通办公室每人使用面积为 4m²，单间办公室 10m²，研究工作室 5m²"明确了普通办公室的指标是 4m²，指的是使用面积（即除去核心筒、楼梯、走道后）；还有一种算法，采用用房人口密度，（依据，可见《建筑专业常用数据》第 84 页或《深圳市建筑设计技术细则与措施》第 14 页）。经比较，每人使用面积为 4m² 与人口密度的算法基本一致，故取值在 4m²/每人～10m²/每人中间值合理。

其他设计方面：（1）15m²/每人建筑面积。（电梯也是参考此值或 10m²/每人使用面积，即建筑面积的 30％）；（2）甲级办公楼得房率为 60％～65％（即核心筒占层建筑面积的 40％）；（3）电梯选用，一般写字楼 5000m²/1 吨梯，高级写字楼 4000m²/1 吨梯，超级写字楼 3000m²/1 吨梯。

注意：《办公建筑设计规范》（JGJ 67—2006）第 5.0.2 条，明确了室内任何一点至最近的安全出口小于 30m。

【问题 2.2.42】 幕墙开启扇为百叶，如何计算开启面积？与排烟口计算有何区别？

【解析】《全国民用建筑工程设计技术措施规划·建筑·景观》（2009）10.4.8 条技术措施：外窗的有效开启面积应符合各类用房的相关规范的规定。对房间的自然排烟设计，其外窗有效开启面积计算如下：

平开窗、推拉窗按实际打开后的开启面积计算；上悬窗、中悬窗、下悬窗按其开启投影面积计算。

$$F_P = F_C \times \sin\alpha$$

式中 F_P——自然排烟的有效开启面积；

$\quad\quad F_C$——窗的面积；

$\quad\quad \alpha$——窗的开启角度

注明：

（1）当窗的开启角度大于 70°时，可认为已经基本开直，有效开启面积可认为与窗的面积相等。

（2）当采用百叶窗时，窗的有效面积为窗的净面积乘以系数，当采用防雨百叶时系数取 0.6，当采用一般百叶时系数取 0.8。

（3）上悬窗为玻璃上悬窗不宜作为排烟使用。

【问题 2.2.43】 幕墙一定要设防护栏杆吗？能不能用幕墙的玻璃为防撞玻璃代替？（比如用夹胶玻璃）。

【解析】《全国民用建筑工程设计技术措施规划·建筑·景观》（2009）5 幕墙、采光顶第 5.10.1 条第 5 款技术措施规定："人员流动密度大、青少年或幼儿活动的公共场所及使用中容易受到撞击部位的玻璃幕墙应有防撞设施、设置明显的警示标志。"第 6 款技术措施规定："当与玻璃幕墙相邻的楼外缘无实体墙时，应设置防撞设施。"根据上述技术措施规定，幕墙一定要设防护栏杆，不能用幕墙的玻璃为防撞玻璃代替。

【问题 2.2.44】 无障碍设计中，建筑物出入口处室内外高差不大于 15mm，经常被忽视。

【解析】 由于室内外地面的装修做法不同，两者完成面高度差经常大于 15mm。《无障碍设计规范》（GB 50763—2012）第 3.5.3 条第 7 款规定："门槛高度及门内外地面高差不应大于 15mm，并以斜面过渡。"本条规定主要是为了轮椅的通行。实践证明，高差大于 15mm 时，轮椅很难启动，需要轮椅乘坐着后退一定距离，赋予轮椅一定初速度，才能越过 15mm 高的坎。高度差采用斜面过渡，也是为了方便轮椅通行。

第四节 防 水 设 计

【问题 2.2.45】 地下工程设计图纸中，防水设计内容不完整，常常不说明防水等级，仅在墙身详图中引注外墙、底板防水做法，未标明其他工程细部防水构造。

【解析】《地下工程防水技术规范》（GB 50108—2008）3.1.8 条规定："地下工程防水内容应包括：1. 防水等级和设防要求；2. 防水混凝土的抗渗等级和其他技术指标，质量保证措施；3. 其他防水层选用的材料及其技术指标，质量保证措施；4. 工程细部构造的防水措施，选用的材料及其技术指标，质量保证措施；5. 工程防排水系统、地面挡水、截水系统及工程各种洞口防倒灌措施。"

因此，这五项设计内容必须在设计文件中全面体现，一般在建筑设计总说明中，要有专门的地下室防水章节，明确选用各种防水材料的技术指标，还要绘制相当数量的节点详图，例如施工缝节点、管道穿墙节点、桩顶防水节点等。

【问题 2.2.46】《住宅建筑规范》（GB 50368—2005）5.4.4 条规定："住宅地下室应采取有效的防水措施。"砖混住宅地下室常做条形基础、砖砌外墙，实际形成此类工程发生渗漏多为雨季地表水造成地下室底板和外墙渗漏，一些设计单位采取外墙外围灰土回填，地面做防水面层，便称之为做了有效防水。这种处理是否符合《住宅建筑规范》（GB 50368—2005）5.4.4 条要求？

【解析】 上述做法其实是地下室防潮的做法。地下室工程不按防水设防，仅做防潮处理与《住宅建筑规范》（GB 50368—2005）5.4.4 条要求不符。按《地下工程防水技术规范》（GB 50108—2008）3.1.3 条规定："地下工程的防水设计应考虑地表水、地下水、毛细管水等的作用，以及由于人为因素引起的附近水文地质改变的影响，并根据工程实际合理确定防水等级和设防要求。"因此，上述做法不可取，必须改用满足规范要求的防水构造。例如可以选用现浇钢筋混凝土＋卷材防水的构造做法。

【问题 2.2.47】 聚合物水泥砂浆能否用作地下室迎水面附加防水层，是否应限制其使用范围或面积？

【解析】 根据《建筑防水工程技术规程》（DBJ 15—19—2006）表 3.4.2-3：聚合物水泥砂浆属于刚性防水，若结构主体出现裂缝，它将随着一起开裂。因此，聚合物水泥砂浆不能用作地下室的附加防水层，可以选用反应型聚合物水泥防水涂料。

【问题 2.2.48】《建筑防水工程技术规程》（DBJ 15—19—2006）表 4.2.1："重要的工业与民用建筑、高层建筑要求二道防水设防，其中应有一道防水卷材"，此条能否改为"其中应有一道柔性防水或只需设一道金属压型板防水"？

【解析】 上述做法都是可行的。

在建筑技术日益发展的今天，防水材料的进步也是很快的，本规范中的不少规定已经跟不上这种发展变化。《屋面工程技术规范》（GB 50345—2012）中，将屋面防水等级分为Ⅰ级和Ⅱ级，规定Ⅰ级屋面原则上两道设防。但在4.5.1条的附注中明确指出："在Ⅰ级屋面防水做法中，防水层仅作单层卷材时，应符合有关单层防水卷材屋面技术的规定。"在4.9.1条附注中规定："1 当防水等级为Ⅰ级时，压型铝合金板基板厚度不应小于0.9mm；压型钢板基板厚度不应小于0.6mm；

2 当防水等级为Ⅰ级时，压型金属板应采用360°咬口锁边连接方式；

3 在Ⅰ级屋面防水做法中，仅作压型金属板时，应符合《金属压型板应用技术规范》等相关技术的规定。"

因此，采用单层卷材和单层金属屋面防水构造，只要满足相关的规范要求，都是可行的，能达到一级防水的要求。

【问题 2.2.49】 屋面雨水口的间距往往较大，但还要求檐沟、天沟纵坡不小于1％。这是否合理？

【解析】 屋面防水设计的一个大原则是将屋面雨水尽快地顺畅排走，如果屋顶天沟、檐沟比较长，纵向坡度小，就难以做到不积水和排水通畅，使得渗漏或卷材发生霉烂和损坏的现象容易出现。因此，《屋面工程技术规范》（GB 50345—2012）第4.2.11条规定："天沟、檐沟纵向坡度不应小于1％，沟底水落差不得超过200mm"。这意味着，雨水落口距离分水线最远不得超过20m。当该坡度难以满足时，可采取减小雨水口间距等办法来解决。设计实践中，雨水口间距40m是非常大的，通常意味着巨大的汇水面积，一般不会出现。因此，要求檐沟、天沟纵坡不小于1％是合理的。

第五节 人 防 设 计

【问题 2.2.50】 平战转换措施中采用预制构件时，建筑或结构设计说明对施工的要求不明确或不加说明，人防地下室未设预制构件存放间。

【解析】 平战转换措施中采用预制构件时，人防施工图设计中要注明预埋件、预留孔（槽）等的尺寸和位置等必要信息，所需要的预制构件应与工程施工同步做好并应在封堵孔口附近设构件存放间。应按照《人民防空地下室设计规范》（GB 50038—2005）第3.7.1条第三款严格执行。

【问题 2.2.51】 专供平时使用的出入口，其临战时采用的封堵措施不能满足战时的抗力、密闭等防护要求，洞口封堵数量太多。

【解析】 有的设计仅在建筑平面中注明临战封堵，并无具体封堵措施；有的设计洞口封堵数量过多，如采用预制构件进行封堵，将会给临战时带来巨大的工作量，因此《人民防空地下室设计规范》（GB 50038—2005）第3.7.5条，给出了不宜超过2个的限制。如果超过限制时，设计人员应该采用防护密闭门式的封堵做法。

【问题 2.2.52】 专供平时使用的进风口、排风口的临战封堵措施不能满足战时的抗力、密闭等防护要求。

【解析】 人防设计中，专供平时使用的进、排风洞口未采取临战封堵措施，或仅在通风图中注明临战封堵，而在建筑平面图中无具体对应的临战封堵措施及封堵位置；有的设计在竖井处的洞口封堵采用防护单元间的封堵做法等。这些做法实际上达不到人防密闭防护的要求。实际设计中，设计人员应根据孔口所处的墙是临空墙还是密闭墙等不同情况采取不同的封堵措施，并在建筑图中明确标注。应按照《人民防空地下室设计规范》（GB 50038—2005）第3.7.7条执行："专供平时使用的进风口、排风口的临战封堵措施，应满足战时的抗力、密闭等防护要求（甲类防空地下室还需满足防早期核辐射要求）。"

【问题2.2.53】 扩散室侧壁是否必须设置防护密闭检修门？

【解析】 对于扩散室侧壁处设置一道防护密闭检修门的问题，可以从设计的合理性考虑，不仅要有利于战时活门的开启，也有利于平时对活门的检修，亦有利于此处的施工，还可以为战时预留逃生的通道，规范中虽然未加要求，但设计中应充分考虑。

【问题2.2.54】 关于防空地下室室外出入口（战时主要出入口）设置的问题。设计中，在执行《人民防空地下室设计规范》（GB 50038—2005）第3.3.2.2条时，关于"地下室占满红线"的描述容易产生理解混乱，导致执行规范不一致的情况。

【解析】 战时城市遭到空袭后，地面建筑会遭到严重破坏，以至于倒塌，防空地下室的室内出入口极易被堵塞。因此，必须强调设置室外出入口（战时主要出入口）的必要性。当防空地下室在地面建筑投影范围以内时，符合"地下室占满红线时"的要求可按照《人民防空地下室设计规范》（GB 50038—2005）第3.3.2.2条执行。当防空地下室超出地面建筑投影范围时，通过在防空地下室顶板适当部位开口，已经具备设置室外出入口条件，所以应按照《人民防空地下室设计规范》（GB 50038—2005）第3.3.1条执行。

【问题2.2.55】 人防工程中的掩蔽面积，是否有规定限值？

【解析】 掩蔽面积的大小原则上按地区"人防办"针对该工程的批文要求设置，大体可以按照以下原则确定：（1）十层以上（含十层）的建筑，应修建"满堂红"防空地下室，可按其第十层标准面积指标计算；（2）十层（不含十层）以下，基础埋深超过3m（含3m）的建筑，应按其面积（含地下）的3%修建；（3）十层（不含十层）以下，基础埋深不超过3m的建筑，应按其面积（含地下）的2%修建；（4）单建地下工程（无地上建筑的地下建筑）应按其面积的30%修建。如一栋建筑既有高层又有多层，应按上述要求对建筑进行竖向分割后，分类计算应建设人防面积指标。

【问题2.2.56】 对于人防工程中通行汽车的出口，是否一定要设防护密闭门？可否采用封堵板？

【解析】 根据《人民防空地下室设计规范》（GB 50038—2005）第3.7.5条及条文解释，考虑临战时间紧迫、情况复杂、战时条件困难，对人防工程平时的汽车出入口要设防护密闭门，不赞成用封堵板。同样道理，战时不用而平时使用的其他出入口，也应尽量使用防护密闭门，而少用封堵板。

实际设计中，还要充分结合本市"人防办"对于具体工程的审批意见。

【问题2.2.57】 防空地下室战时"室外出入口"，有没有明确的定义？

【解析】 《人民防空地下室设计规范》（GB 50038—2005）第2.1.24条，对"室外出入口"有专门的解释："通道的出地面段（无防护顶盖段）位于防空地下室上部建筑投影范围以外的出入口"。直通室外出入口一般不能就认为是室外出入口，判定室外出入口的条件就是要看其出地面时的开口部分是否在上部建筑投影范围以外，且防倒塌棚架结构与地面建筑脱离。

【问题 2.2.58】 哪些地方必须设置洗消污水集水坑?

【解析】 《人民防空地下室设计规范》(GB 50038—2005)第 3.4.10 条规定:"防空地下室的战时主要出入口的防护密闭门外通道内以及进风口的竖井内,应设置洗消污水集水坑"。规范对战时主要出入口做了规定,对次要出入口没提出要求,亦即次要出入口染毒后不进行洗消,这是以次要出入口破坏不可使用为前提的。如考虑次要出入口不破坏可投入二次使用,建议次要出入口亦考虑设置洗消污水集水坑,这样设计更合理、更全面。

【问题 2.2.59】 关于人防门的选用。在实际设计中,有些人防门不按标准图集选用,或标注型号不规范,或无抗力等级代号,还有些设计采用非标准洞口尺寸的人防门,给人防工程带来安全上的隐患。

【解析】 国家人防办、住房和城乡建设部编制的标准图集中的人防门均要经过一个研制的过程,按照人防门的材质、单双扇、有无门槛、门轴位置、尺寸大小等特征区分不同的型号,这一系列的型号能满足各种使用要求,在设计中应严格遵守。设计中还要注意,应在施工图中明确注明人防门所选的标准图集名称,保证建设单位采购的相关产品满足设计要求。

【问题 2.2.60】 战时作为主要出入口的室外出入口处于地面建筑物倒塌范围以内,而未作防倒塌棚架,或防倒塌棚架达不到施工图设计深度。

【解析】 人防工程室外出入口是战时人员出入的主要通道,应保证其在周围建筑物倒塌时不受破坏。《人民防空地下室设计规范》(GB 50038—2005)中第 3.3.3 条规定了地面建筑物的倒塌范围,第 3.3.4 条规定了战时主要出入口处于地面建筑物的倒塌范围之内及以外时的不同做法,应严格按规范进行设计。防倒塌棚架设计要满足施工要求,一般可选用国家标准图集,并按照图集的规定明确相应的参数和选项。

【问题 2.2.61】 在人员掩蔽工程设计中,战时出入口的门洞净宽之和不满足规范要求;或战时出入口门洞净宽之和虽满足规范要求,但疏散的楼梯净宽不满足要求。

【解析】 对于人员掩蔽工程,战时出入口是人员疏散及撤离的主要通道,足够的宽度能保证人员在规定的时间内及时掩蔽疏散,所以《人民防空地下室设计规范》(GB 50038—2005)第 3.3.8 条规定了门洞净宽之和的最小值,且出入口通道和楼梯的净宽不应小于该门洞的净宽。需注意的是:竖井式出入口以及与其他人防工程的连通口、防护单元之间的连通口均不应计入有效的疏散宽度。每樘门的通过人数不应超过 700 人,即门宽超过 2.1m 的只能按 2.1m 计算疏散宽度。

【问题 2.2.62】 附建式防空地下室底板及侧墙的防水设计不符合规范要求,顶板的防水被忽视。

【解析】 人防工程造价很高且均为地下工程,一旦漏水会严重影响其使用功能,所以做好防水设计十分重要。《人民防空地下室设计规范》(GB 50038—2005)第 3.8.2 条规定:"防水设计不应低于《地下工程防水技术规范》(GB 50108—2008)规定的防水等级二级标准"。查规范可知"二级标准"要有混凝土自防水和外围防水层两道防水设防。人防工程战时要受震动荷载作用,据《地下工程防水技术规范》(GB 50108—2008)第 3.3.4 条,外围防水层应选用卷材、涂料等柔性防水层。由于附建式防空地下室的地上建筑内一般设有给排水管道,战时一旦遭到破坏,顶板上会滞留大量的水,因此,顶板也要采取防水设施。《人民防空地下室设计规范》(GB 55038—2005)第 3.8.3 条对此做了相应规定，设计中不要遗漏。

【问题 2.2.63】 设计中人防门安装和开启尺寸不满足标准图集要求。

【解析】 人防门安装时对两侧门框墙和门前尺寸均有要求。由于人防门的门扇尺寸要比预留的门洞大，且为外贴式安装，门轴设于门洞的一侧，所以四周要求有安装距离。门在外开时，门洞外开启空间所需长度要明显大于门洞的净宽，一般不小于门洞宽加500mm；门扇安装时要利用洞口外顶部预设的吊环吊装，所以顶部也要求有足够的空间。人防门安装尺寸在相应的图集中均有标注。需注意的是：图集中所注尺寸均为净尺寸，设计中还应考虑抹灰层的厚度，尺寸应留够。

【问题 2.2.64】 人防物资库的战时主要出入口的门洞要做多大？

【解析】 《人民防空地下室设计规范》（GB 50038—2005）中第 3.3.5.2 规定："人防物资库主要出入口宜按物资进出口设计，建筑面积不大于 2000m² 物资库进出口门洞净宽不应小于 1.50m，建筑面积大于 2000m² 物资库进出口门洞净宽不应小于 2.00m"。

【问题 2.2.65】 人防工程设计中，人防建筑面积的计算和防护单元、抗爆单元划分问题。

【解析】 人防建筑面积指与防护密闭门（和抗爆波活门）相连接的临空墙、外墙外边缘形成的建筑面积。据此按照《人民防空地下室设计规范》（GB 50038—2005）中第 3.2.6 条的规定划分防护单元和抗爆单元。值得注意的是，人防建筑面积的计算，还必须满足地方人防部门的一些规定。

【问题 2.2.66】 人防工程室外出入口设计中经常出现的问题，一是室外出入口防护密闭门外的通道中心线的水平投影折线长度不满足要求；二是防护密闭门的设置未考虑常规武器破片的影响。设计中要怎样处理才满足规范要求？

【解析】 首先，独立式室外出入口的外走道不宜采用直通式，最好采用至少有 90°拐弯的设置。由于考虑常规武器的破坏效应，根据《人民防空地下室设计规范》（GB 50038—2005）中第 3.3.10 条及第 3.3.12 条，独立式室外出入口、附壁式室外出入口防护密闭门外的通道中心线的水平投影折线长度均不小于 5.00m。值得注意的是：只要是室外出入口，不管是主要出入口、次要出入口还是设备用出入口均须执行本条规定。

对于常规武器爆炸破片对防护密闭门的破坏影响，主要措施就是隐蔽防护密闭门，使门凹入墙内或避开爆破点心，可根据《人民防空地下室设计规范》（GB 50038—2005）中第 3.3.17 条执行。

第三章　建　筑　节　能　设　计

【问题 2.3.1】　在进行本专业节能设计时，设计人员一般需要配备哪些常用的设计规范、规程或标准？

【解析】　在进行本专业节能设计时，设计人员至少应配备如下规范、标准：

(1)《夏热冬暖地区居住建筑节能设计标准》(JGJ 75—2012)；

(2)《夏热冬冷地区居住建筑节能设计标准》(JGJ 134—2010)；

(3)《公共建筑节能设计标准》(GB 50189—2015)；

(4)《民用建筑热工设计规范》(GB 50176—1993)；

(5)《建筑外窗气密性、水密、抗风压性能分级及检测方法》(GB /T 7106—2008)；

(6)《建筑幕墙》(GB /T 21086—2007)；

(7)《外墙外保温工程技术规程》(JGJ 144—2014)；

(8)《建筑照明设计标准》(GB 50034—2013)；

(9) 国家、各地区地方其他现行建筑节能设计标准、规范和建筑节能法律、法规。

【问题 2.3.2】　在进行节能设计时，设计人员一般需要配备哪些设计标准图集？

【解析】　在进行本专业节能设计时，设计人员一般需要配备如下设计标准图集：

(1) 国标图集：《公共建筑节能构造—夏热冬冷和夏热冬暖地区》06J908-2；

(2) 国标图集：《屋面节能建筑构造》(06J204)；

(3) 国标图集：《建筑外遮阳（一）》(06J506-1)；

(4) 国标图集：《建筑节能门窗（一）》(06J607-1)；

(5) 国标图集：《墙体节能建筑构造》(06J123)；

(6) 国标图集：《外墙内保温建筑构造》(11J122)；

(7) 国标图集：《外墙外保温建筑构造》(10J121)。

值得注意的是，我们国家幅员辽阔，跨越多个不同的气候带。实际工作过程中，设计人员要认真了解地方的气候特征，尽量选用地方编制的标准图集和地方开发的节能建材，最佳节能组合配置。

【问题 2.3.3】　当建筑图纸修改（如构造做法、外窗等）时，是否要重新进行节能计算？

【解析】　建筑物的节能设计是一项巨大的系统工程，各部分密切相关。局部的变化或者修改往往会影响整体的节能效果。因此，当建筑图纸进行修改，尤其是改变围护结构、外窗时，均需重新进行节能计算，并重新送审。

【问题 2.3.4】　在节能计算中，怎样理解地面热阻中的"结构持力层"概念，究竟是指结构基础（如桩基）的持力层，还是地面板的持力层？；

【解析】"结构持力层"和"地面热阻"均为旧规范用语，在新的《公共建筑节能设计标准》(GB 50189—2015) 中，已用"与土壤接触的地下室外墙"等概念代替，具体可以查阅规范。节能设计的一个大前提，就是明确建筑物的围护结构。建筑下部的围护结构是指整个地面构造，与结构深层构件例如桩基没有太大关系。

【问题 2.3.5】 "参照建筑"的窗墙比，是否可按照规范限值设定？

【解析】 当设计建筑的窗墙比不小于规范限值时，"参照建筑"的窗墙比取节能标准限值；当设计建筑的窗墙比小于节能标准限值时，"参照建筑"的窗墙比，应取与设计建筑窗墙比相同的数值。

【问题 2.3.6】 计算外墙的窗户可开启面积时，是否要如实扣除窗框面积？

【解析】 严格来说，计算外墙窗户可开启面积时，是应如实扣除窗框面积。而在工程实践中，为了简化计算，也可不扣除实际窗框面积而采用将可开启面积比例从 10% 扩大到 12% 左右的方法。这种调整并不影响最终的最终效果。

【问题 2.3.7】 在做建筑节能设计时，居住建筑与公共建筑在外窗开启面积的计算要求上，有何异同？

【解析】 二者有如下异同点：

（1）二者的计算，均须提供外窗开启面积计算书；

（2）居住建筑的外窗开启面积属于强制性条文，而公共建筑的不是强制性条文；

（3）计算所控制标准不同。《夏热冬暖地区居住建筑节能设计标准》规定，居住建筑外窗（包含阳台门）的通风开口面积不应小于房间地面面积的 10% 或外窗面积的 45%；《夏热冬冷地区居住建筑节能设计标准》规定：居住建筑外窗可开启面积（含阳台门面积）不应小于外窗所在房间地面面积的 5%。而《公共建筑节能设计标准》（GB 50189—2015）则要求：外窗的可开启面积不宜小于房间外墙面积的 10%；透明幕墙受条件限制无法设置可开启窗扇时，应设置通风换气装置。

【问题 2.3.8】 在计算外墙平均传热系数 K_m 时，热桥部分（如梁、柱）的计算厚度如何选取？

【解析】 为简化计算，在计算结构性热桥部位的传热系数 K 时，一般取钢筋混凝土结构性热桥部位的计算厚度与外墙主体部位的计算厚度相同。详见《全国民用建筑工程设计技术措施·节能专篇建筑》第 69 页。

【问题 2.3.9】 在计算屋面传热系数 K 时，有何计算要点？

【解析】 在计算屋面传热系数 K 时，计算要点有如下几点：

（1）外表面的换热阻为 $0.4m^2 \cdot K/W$；

（2）内表面的换热阻为 $0.11m^2 \cdot K/W$；

（3）平屋面的找坡层的计算厚度取最小厚度，即起坡高度；

（4）防水层的热阻忽略不计；

（5）保温层材料的导热系数应取计算导热系数，即应以实验室测定的导热系数乘以大于 1.0 的修正系数。

具体要求可以参考《全国民用建筑工程设计技术措施·节能专篇建筑》第 70 页。

【问题 2.3.10】 外窗的热工性能参数在哪里可以查到？

【解析】 外窗的热工性能参数，可在《全国民用建筑工程设计技术措施·节能专篇建筑》P45～P47 查阅选用。

【问题 2.3.11】 外窗的 K 和 S_w 如何取值，才比较合适？

【解析】　在满足节能要求的基础上，外窗的 K 和 S_w 取值尽量靠近上限。如此既可满足节能标准，又可降低工程造价。

【问题 2.3.12】　塑钢窗在节能设计中有何优势？

【解析】　新型的塑钢型材为多腔式结构，具有良好的隔热性能，传热系数甚小，仅为钢材的 1/357，铝材的 1/1250。塑钢型材自身具有良好的隔热保温性能，在组装过程中两个型材相连的角部处理采用焊接工艺，再加上所有缝隙由胶条、毛条密封，因而隔热保温效果显著。同时，新型塑钢窗框架内部衬有碳钢片，从而保证了框料有足够的强度，不容易变形。

几种窗材料的传热系数如下：单玻钢、铝窗的传热系数为 6.4W/(m² · K)，单玻塑钢窗的传热系数是 4.7W/(m² · K)左右。普通双玻的钢、铝窗的传热系数是 3.7W/(m² · K)左右，而双玻塑钢窗传热系数约为 2.5W/(m² · K)。可见，塑钢隔热性能优于铝合金。一般使用塑钢窗的房间比使用铝合金窗的房间，冬季室内温度提高 4～5℃。

同时，塑钢门窗的广泛使用能给国家节省大量的木、铝、钢材料，生产同样重量的PVC 型材的能耗是钢材的 1/14.5，铝材的 1/8.8，其经济效益和社会效益都是巨大的。

【问题 2.3.13】　节能设计中，倒置式屋面应用情况如何？

【解析】　倒置式屋面工程采用高绝热系数、低吸水率材料作为保温层，并将保温层设置在防水层之上，具有节能、保温隔热、延长防水层使用寿命、施工方便、劳动效率高、综合造价经济等优点。倒置式保温防水屋面的应用在国内，特别是在夏热冬暖的南方地区发展得很快，为此住房和城乡建设部编制了《倒置式屋面工程技术规程》行业标准，编号为 JGJ 230—2010，确保屋面防水和保温质量，促进倒置式屋面工程的发展及推广应用。

【问题 3.1.14】　公共建筑的节能设计中，外窗的开启面积要达到外墙面积的 10%，玻璃幕墙的开启面积要达到多少？

【解析】《公共建筑节能设计标准》（GB 50189—2015）3.2.7 条要求：甲类建筑外窗的有效通风面积不宜小于房间外墙面积的 10%，透明玻璃幕墙受条件限制无法设置可开启窗扇时，应设置通风换气装置。但规范没有明确规定玻璃幕墙的开启面积百分比。一般情况下，地方管理部门会根据地方气候的不同，要求透明幕墙有不同的开启比例，例如深圳市规定，透明幕墙要有不小于 10% 透明面积的开启部分，大于 100m 的高层建筑的100m 高以上部分的透明幕墙的开启比例要做专项论证。

【问题 2.3.15】　住宅综合楼的下部为商业功能，节能备案表究竟是按住宅还是按公建来填？

【解析】　具体要看地方建筑管理部门的规定。一般情况下，综合楼的一、二层如果定性为商业网点，整体可按住宅填写一个民用建筑节能设计审查备案表；如果商业部分定性为非商业网点，则按"公建"及"民用"分别填写节能备案表。

【问题 2.3.16】　墙身剖面详图中，有关建筑外墙保温构造的设计不到位，存在大量热桥的状况比较普遍。

【解析】　墙身详图是施工的直接重要依据，热桥又是保温节能设计的重点部位，因此，墙身剖面详图必须将包含热桥部位在内的具体保温构造交待清楚。

【问题 2.3.17】　建筑窗墙面积比的计算，凸窗本应按展开面积计算，但因标准规定不明确，有的设计人为避免凸窗所在墙面的窗墙比超限而将凸窗两侧面积计算到山墙的一面去。这样做是法正确？

【解析】 这样做是不正确的。《公共建筑节能设计规范》GB 50189—2015 中已经有明确规定，凸窗的不透明部分不计入墙体面积，透明部分的总面积为外凸窗的实际计算面积。值得注意的是，凸窗耗能较大，施工安装复杂，保温困难，在北方地区住宅中特别是北立面要慎用。

【问题 2.3.18】 公共建筑节能中"参照建筑"的建立不够明确。

【解析】 公共建筑节能设计中的"参照建筑"是一个虚拟的建筑，其建立的条件在《公共建筑节能设计规范》GB 50189—2015 中有明确规定，必须严格满足，否则节能计算也就失去了对比依据。规范具体规定如下：

3.4.3 参照建筑的形状、大小、朝向、窗墙面积比、内部的空间划分和使用功能应与设计建筑完全一致。当设计建筑的屋顶透光部分的面积大于本标准第 3.2.7 条的规定时，参照建筑的屋顶透光部分的面积应按比例缩小，使参照建筑的屋顶透光部分的面积符合本标准第 3.2.7 条的规定。

3.4.4 参照建筑围护结构的热工性能参数取值应按本标准第 3.3.1 条的规定取值。参照建筑的外墙和屋面的构造应与设计建筑一致。当本标准第 3.3.1 条对外窗（包括透光幕墙）太阳得热系数未作规定时，参照建筑外墙（包括透光幕墙）的太阳得热系数应与设计建筑一致。

【问题 2.3.19】 工业厂区内的建筑是否要做节能设计？

【解析】 工业厂区内的厂房、仓库等工业建筑，一般不需要做节能设计。但是不少类型的厂房和仓库由于生产工艺需要，采用了集中空调，正常使用过程中，要耗费大量的电力，这类建筑尽管属于工业建筑，也要进行必要的节能设计。工业厂区内的宿舍、办公楼等类型的建筑，实际上属于民用建筑的范畴，不应按工业建筑对待，必须要做节能设计。此外，随着国家各种新兴产业的发展，出现了大量的"研发厂房"，这种研发厂房的使用功能实际上更接近办公用房，也应该考虑节能设计。当然，是否做节能设计，具体情况还要看地方建设主管部门的规定。

【问题 2.3.20】 旅馆饭店的节能设计按哪个标准控制？

【解析】 建设部关于发布国家标准《公共建筑节能设计标准》（GB 50189—2005）的公告中，明确指出：原《旅游旅馆建筑热工与空气调节节能设计标准》（GB 50189—93）同时废止。因此，旅馆饭店的节能设计按《公共建筑节能设计标准》（GB 50189—2005）执行。值得注意的是，新版《公共建筑节能设计标准》GB 50189—2015 已于 2015 年 10 月 1 日正式执行。

【问题 2.3.21】 在节能设计中，有像传达室等建筑体量规模小，体形系数偏大，往往超过 0.4，通过参照建筑权衡判断后，使外墙或保温层过厚，造价太高，业主难以接受，此类问题如何解决。

【解析】 在新版《公共建筑节能设计标准》GB 50189—2015 中，对规模过小的单一建筑例如传达室等统一定义为乙类公共建筑，节能设计时满足 3.3.2 条的规定性指标就可以了，不需要通过参照建筑权衡判断。不过，还要了解地方建设主管部门的有关规定。

【问题 2.3.22】 对于在竣工验收中的建筑节能问题。有的工程因投资紧缺，建设单位省去节能保温层，在验收环节提出整改意见后，建设单位仅作形式上的答复，主管部门又要求尽快通过验收，怎么办？

【解析】 节能是一项基本国策，参与设计、审查、施工、验收各方都应执行节能的有关规定，这是一个基本原则。业主不能因为资金短缺就省去保温投资，在无设计单位文字变更的情况下，施工单位照业主的旨意施工也是违法的，应坚决纠正。在没有纠正的情况下，主管部门要求通过验收是不应该的。

第四章 设 计 深 度

【问题 2.4.1】 设计深度是否属于施工图审查内容？对于设计深度不够，或设计图面错误较多但又不违反规范或强条的设计，审查该如何把握？

【解析】 （1）2013 年颁发的《建筑工程施工图设计文件技术审查审查要点》中第一部分的第 1.0.3 条、第 1.0.4 条、第 1.0.5 条，明确规定了施工图审查的要点，从第二部分开始，分专业列举了审查的详细内容。以建筑专业为例，《要点》第 2.3 条是强制性条文的要求，其余第 2.1 条、第 2.2 条以及第 2.4 条的全部内容等都是有关施工图设计深度和具体内容的有关表述；

（2）施工图设计深度不符合要求的，必须责成设计单位补充、完善，以确保施工图质量合格、深度满足要求，从而正确指导施工。

【问题 2.4.2】 施工图中的平面图设计深度，常见都有哪些问题？

【解析】 建筑专业平面图是施工图中最重要、最基本的图纸之一，也是其他工种进行设计和制图的主要依据之一，因此平面图设计应表达全面、准确、细致。具体应执行《建筑工程设计文件编制深度规定》（2008 年版）4.3.4 条。

"平面图设计深度常见问题：缺少标高及房间名称；缺少主要建筑设备和固定家具布置；缺少地下室汽车库停车位的标示及通行路线；屋顶平面表达过于简单，屋面上的女儿墙、排气道、排烟管、变形缝、上人孔等未画出；屋面找坡方向、坡度未注出；未注明相关做法的详图索引等等。"

【问题 2.4.3】 施工图中的设计说明，一般都应标明哪些内容？

【解析】 设计依据、工程概况、技术指标、主要工程做法等，都是设计文件的重要组成部分，故应在设计说明中详细标明。设计说明中常见问题有：设计依据表达不全，如可能缺少地下室防水、内装修、屋面工程等的设计依据；项目概况常缺工程性质、建筑基底面积、建筑工程等级、设计使用年限、屋面、地下防水等级以及能反映建筑规模和性能的主要技术经济指标等，可参见《建筑工程设计文件编制深度规定》（2008 年版）。此外，还应包括防火、无障碍、节能、环保和绿色建筑等内容。

【问题 2.4.4】 绘制建筑剖面图时，应注意哪些问题？

【解析】 剖面图是建筑物竖向剖视投影图。它主要表达建筑的层数、层高、内外空间的相互关系或变化情况等。图中一般用粗实线画出所剖墙体、梁、板、楼地面、楼梯、屋面等建筑实体的切面。一般以细实线画出剖视方向可见的建筑构造和构配件以及室外的局部立面，并标注出必要的相关尺寸和标高。对于剖面图，《建筑工程设计文件编制深度规定》（2008 年版）第 4.3.6 条有具体规定。尤其应注意的是：剖视位置一般要选在能反映不同层高、不同层数、内外部空间较为复杂、具有代表性及典型性的部位，且剖视方向宜为向左或向上看。

【问题 2.4.5】 总平面设计深度不够。总平面图中对现状地形和周围环境不做表达，

171

只是标注了平面定位尺寸，不考虑道路坡度和场地排水，也不标注建筑室内外地面标高。还常有注明"建筑±0.000绝对标高由甲方现场定"的情况。

【解析】 近年来，设计队伍发展很快，不少年轻设计人员对设计文件的编制深度的规定不熟悉，需组织学习《建筑工程设计文件编制深度的规定》（2008年版）。该《规定》4.2.4条对总平面图的深度作了9款规定，4.2.5条对竖向布置图也有9款规定。应严格执行这些规定，将保留的地形和地物，场地四界测量坐标、道路红线和建筑红线或用地界线，四邻原有建筑的位置、名称、层数，以及设计建筑物的名称、编号、层数、定位坐标或定位尺寸，道路、广场、停车场、无障碍设施，绿化布置等表达清楚，并在图中列出主要技术经济指标和说明。要标示周边市政道路的控制标高、新建工程的室内外设计标高、场地道路布置及排水方向。建筑室内地坪±0.000的绝对标高也是确定建筑基础埋深和室外设备管线设计的依据。±0.000的绝对标高不确定，基础埋深、基础持力层无法确定。因此，审查要点中规定：对总平面图没有标高的，不允许"等施工现场再定"。竖向设计方面的内容，成片的建筑场地应单作竖向设计。简单工程项目竖向设计的内容可表达在总平面中。

第 三 篇
案　　例

案例　3-1

1 工程概况:

某多层办公建筑,4层,建筑面积 1920m²,其发电机房贮油间布置如图 3-1 所示:

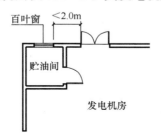

图 3-1　某发电机房局部平面图

2 问题:

该发电机房贮油间油箱下部未设置防止油品流散的设施,不符合《建筑设计防火规范》(GB 50016—2014)5.4.15 条第 2 款的要求。同时,由于规范规定了贮油间与发电机房之间的隔墙为防火墙,则按照《建筑设计防火规范》(GB 50016—2014)6.1.3 条的要求,贮油间百叶窗与发电机房的门的水平距离应大于 2m。

3 点评:

设计中不注重对于具体建筑平面细部的推敲往往会造成大的火灾隐患,对于贮存易燃易爆、火灾危险性较高的物品的场所,应格外引起重视。

案例　3-2

1 工程概况:

某小学教学楼屋面排水设计如图 3-2 所示:

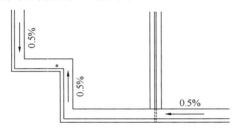

图 3-2　屋顶排水组织

2 问题：

天沟（檐沟）的纵向坡度为 0.5%，不符合《屋面工程技术规范》（GB 50345—2012）第 4.2.11 条规定，天沟（檐沟）的纵向坡度不应小于 1%。天沟排水流经防火墙或变形缝，不符合上述条款的规定。檐沟底未注水的落差，从雨水管间距计算，沟底水的落差也不符合上述条款"不得超过 200mm"的规定。

3 点评：

天沟纵向坡度太小，排水不畅、容易积水，长期积水卷材会发生霉变和损坏。纵向坡度一般是用材料找坡，沟底落差越大，材料越厚，这就直接影响到天沟中水的容积和天沟有效荷载。设计天沟深度不够，扣除构造层后，已没有纳水深度，这是不恰当的。"天沟、檐沟排水不得流经变形缝和防火墙"这主要是考虑容易漏水或使防火墙失去应有功能。

案例　3-3

1 工程概况：

某高新技术园区内，拟建一座高层板式办公楼，建筑面积 24650m²，建筑高度 46m，11 层，是政府在该园区的配套工程，该建筑作为政府重点扶持的产业孵化基地，主要用途为产品研发。

2 问题：

该建筑处于高新园区，用地性质为工业用地，建筑的用途也与生产密切相关，设计单位对该建筑定性为戊类厂房，按照普通厂房进行防火设计。

3 点评：

建筑的火灾分类应密切根据建筑的实际使用用途来确定，作为高科技企业的研发楼，该建筑的日常使用情况与普通办公楼完全一样，根据该建筑的高度、规模，该建筑应该按《建筑设计防火规范》（GB 50016—2014）5.1.1 条，表 5.1.1 的规定划为二类高层公共建筑，消防设计应按高层办公楼对待。该建筑的用地性质是工业用地，并不能作为确定建筑物火灾分类定性的决定因素。

案例　3-4

1 工程概况：

某社区服务站配套工程因投资概算中未考虑无障碍设施建设部分的投资，施工图设计中也未进行无障碍设计。设计单位按业主要求，采取预留方式，不做具体设计，待补齐资金后再完善无障碍设计内容。

2 问题：

社区服务站配套工程建筑，未根据《无障碍设计规范》（GB 50763—2012）7.3.1 条的规定，设计无障碍的出入口、专用的无障碍厕所和无障碍电梯。

3 点评：

社区服务站是服务社区群众的重要场所，日常运行也需要搬运笨重物品，伤残、老、弱、幼人群更需要场所的无障碍化。故该建筑应在使用者可达的各个方面精心设计，为他们提供便捷的无障碍化服务。无障碍环境是当今城市环境建设主流之一，是建筑物设计中"以人为本"的具体表现，是社会文明和社会进步的标志，是社会弱势群体平等参与社会生活的基本物质保证，不能因资金短缺，而忽略了对弱势群体的关怀和弱势群体的需要。无障碍设施建设应与主体同步进行。

案例　3-5

1 工程概况：

无障碍设施的配套在建筑设计中已形成广泛的共识，但也存在着无障碍设施的细部设计不到位，导致使用中的诸多不便，甚至使部分无障碍设施无法使用，形同虚设，在工程审查中，在无障碍卫生间的门的细部设计上，出现问题较多。

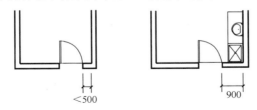

图 3-5　无障碍设计门垛尺寸

2 问题：

《无障设计规范》（GB 50763—2012）3.5.3 条第 5 款规定：供轮椅者开启的平开门，在门把手一侧的墙面，应留有不小于 0.4m 的墙面宽度；《住宅设计规范》（GB 50096—2011）6.6.2 条第 5 款和《住宅建筑规范》（GB 50368—2005）5.3.2 条第 4 款均规定：供轮椅者开启的平开门，在门把手一侧的墙面，应留有不小于 0.5m 的墙面宽度。

部分设计，虽留有 0.9m 的墙面宽，却被其他设备占用，乘轮椅者无法靠近门边。

3 点评：

残疾人使用的门如不按规范要求留足 0.4～0.5m 墙面宽度，部分设计，虽留有 0.9m 的墙面宽，却被其他设备占用，残疾人乘坐轮椅无法靠近门边将门打开，所设之门形同虚设，无法使用。设计人员要结合残疾人生活的特点，从设计上考虑照顾这些弱势群体的需求，满足其使用功能。

案例　3-6

1 工程概况：

某 29 层的高层住宅楼，设置有无障碍电梯，住宅出入口处的设计存在的问题（如图 3-6 所示）。

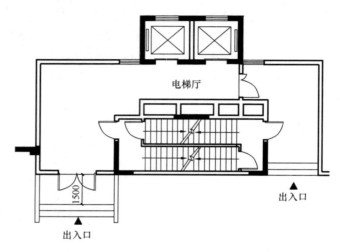

图 3-6　建筑入口未满足无障碍设计要求

2 问题：

本案例为 29 层的住宅楼，设置无障碍电梯的住宅公共出入口，未根据《住宅设计规范》（GB 50096—2011）6.6 章节和《住宅建筑规范》（GB 50368—2005）5.3 章节的规定：七层及七层以上的住宅，建筑入口设台阶时，设轮椅坡道和扶手，轮椅通行平台最小宽度不应小于 2.00m。

3 点评：

根据《无障碍设计规范》（GB 50763—2012）7.4 章节规定：设置电梯的居住建筑应至少设置 1 处无障碍出入口，通过无障碍通道直达电梯厅。《住宅设计规范》（GB 50096—2011）6.6 章节和《住宅建筑规范》（GB 50368—2005）5.3 章节的规定：七层及七层以上的住宅，建筑入口设台阶时，应设轮椅坡道和扶手，轮椅通行平台最小宽度不应小于 2.00m。公共出入口无坡道时，乘轮椅者、老人、孕妇、携带重物者出入不方便。无障碍设施是社会对弱势群体的关爱，是体现"以人为本"的施政理念的具体措施，是社会进步的表现。无障碍设施不仅要满足残疾人的需求，而且要关怀照顾到乘坐轮椅的老、弱人员。该案例中的住宅楼高 29 层，有上百户居民，却未设计轮椅坡道，入口平台宽度也不能满足规范的要求。设计人员忽视了对弱势群体的关心、照顾。

案 例 3-7

1 工程概况：

夏热冬冷气候区某住宅小区高层住宅楼，5 栋，建筑面积约 39500m²。

2 问题：

未计算体形系数；未交待外门窗的气密性指标；卧室、客厅的窗墙面积比大大超过标准的规定，且未交待有关措施；外墙做法未考虑其平均传热系数，架空楼板未考虑保温措施等。与《夏热冬冷地区居住建筑节能设计标准》（JGJ 134—2010）有关条款不符。

3 点评：

随着我国经济的快速发展，生活水平大幅度提高，城市居民纷纷采用空调、供暖设备来解决室内环境舒适性问题，但由于设备利用率低、能效低、耗电量大，又加上对围护结构的保温隔热的要求不够重视，使住宅的热工性能很差，二者叠加，造成了能源的极大浪费。按照《夏热冬冷地区居住建筑节能设计标准》（JGJ 134—2010）4.0.3条规定，主要是控制建筑物的体形系数，根据其建筑层数，分别为≤3 层 0.55、（4～11 层）0.4、≥12 层 0.35。第 4.0.5 条规定，主要是控制建筑物外门窗的窗墙面积比，根据不同朝向、不同窗墙面积比，选定不同传热系数的外门窗。但在实际设计中，一种情况是：窗墙面积比超过 0.6，简单采用单框中空玻璃门窗，也无法满足标准要求，应该减小门窗面积；另一种情况是：不管窗墙面积比的大小，统统采用中空玻璃窗，也不符合经济性要求。《夏热冬冷地区居住建筑节能设计标准》（JGJ 134—2010）4.0.9条规定，应根据建筑物不同的层数，设计要求不同的气密性等级。针对建筑外门窗气密、水密、抗风压性能，国家有新的技术标准出台，图纸审查中发现个别设计人员未能注意此类问题，导致设计文件中相关性能分级标注错误、混乱。第 4.0.4 条规定，对于围护结构各部分的传热系数和热惰性指标的要求，在设计中通常会忽略外墙的传热系数应按照平均传热系数计算考虑，未考虑结构构件与墙体材料之间的冷桥；另外，在底层为架空层时，未按照底部自然通风的架空楼板，考虑传热系数的要求。要达到可持续发展的要求，既要改善我们的生活环境又要节约能源，这就要求设计人员认真执行节能设计标准。住房和城乡建设部规定近两年建筑节能工作重点是确保新建建筑严格执行建筑节能标准，加强对标准实施的监管。

案例 3-8

1 工程概况：

某临街住宅楼底层设有穿过建筑的消防通道，但在节能设计中却未作架空层楼板的

K 值计算：

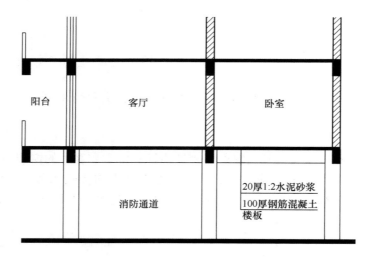

图 3-8 建筑物消防通道剖面图

2 问题：

《夏热冬冷地区居住建筑节能设计标准》（JGJ 134—2010）4.0.4 条规定：体形系数不大于 0.4 时，自然通风的架空层楼板传热系数 K 值，应等于 1.5（W/m²·K）。在被审查的设计中常照抄标准中的数据或根本不作说明，而其实际上是达不到要求的，现以此案例作计算：

查导热系数 λ 值，水泥水浆 $\lambda_1=0.93$m²·K/m，钢筋混凝土板 $\lambda_2=1.74$m²·K/m

计算热阻值 $R_2(\delta/\lambda)$

水泥砂浆 $R_1=0.02/0.93=0.022$，钢筋混凝土板 $\lambda_2=0.10/1.74=0.0575$m²·K/m

两个热阻常数值：

夏季外表面换热阻 $R_3=0.05$m²·K/m

夏季内表面换热阻 $R_4=0.11$m²·K/m 计算该架空楼板的传热系数 K 值：

$$K=1/\Sigma R$$
$$=1/(0.05+0.022+0.0575+0.11)$$
$$=4.175\text{W/m}^2\cdot\text{K}$$

通过以上计算可见该楼板不符合《夏热冬冷地区居住建筑节能设计标准》（JGJ 134—2010）要求，应增加保温层，且其厚度由计算确定。

3 点评：

节约能源是我国可持续发展的基本国策，建筑节能关系重大，因此在施工图设计及审查中，应全面、严格贯彻《夏热冬冷地区居住建筑节能设计标准》（JGJ 134—2010）中的各项要求，对一些节能指标，应按规范进行必要的计算。

案例 3-9

1 工程概况:

某住宅楼在节能计算中,外墙未考虑钢筋混凝土梁、剪力墙的冷桥作用,导致计算过程错误。见图 3-9。

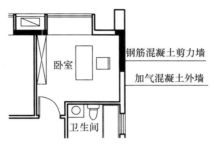

图 3-9 住宅户型平面局部

2 问题:

《夏热冬冷地区居住建筑节能设计标准》(JGJ 134—2010) 第 4.0.4 条规定,围护结构各部分的传热系数和热惰性指标应符合表 4.0.4 的规定。其中外墙的传热系数应考虑结构性冷桥的影响,取平均传热系数。

3 点评:

本工程为高层居住建筑,框架结构,外墙大部分为剪力墙,传热系数较大,设计人员考虑加气混凝土的传热系数能够满足要求,但未考虑剪力墙冷桥的影响,而需计算取其平均传热系数。

案例 3-10

1 工程概况:

某项目为山地多层住宅,依山就势层层后退,即第二层露台为前一层的屋顶。见图 3-10。

2 问题:

通过计算证实屋面保温存在问题。经过对屋面层的传热计算,得出以下数据:

$$K = 1.637(\text{W/m}^2 \cdot \text{K}) > 1.0(\text{W/m}^2 \cdot \text{K}); \quad D = 3.0775 > 2.5$$

计算结果显示:屋面的热惰性指标满足《夏热冬冷地区居住建筑节能设计标准》(JGJ 134—2010) 中表 4.0.4 的 D>2.5 的要求。屋面的传热系数未达到《夏热冬冷地区

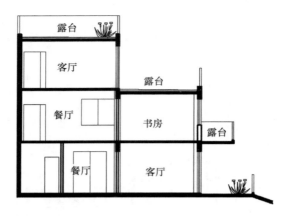

图 3-10　住宅户型剖面

居住建筑节能设计标准》（JGJ 134—2010）中表 4.0.4 的 $K \leqslant 1.0$ 的要求。

3　点评：

针对以上问题，我们建议设计单位应对屋面保温层的厚度或保温材料进行调整，以保证符合《夏热冬冷地区居住建筑节能设计标准》（JGJ 134—2010）中表 4.0.4 的规定。设计单位接受了审查意见，将该露台改为有保温层的屋面，既保证了使用者利益，又节约了能源。

案例　3-11

1　工程概况：

图 3-11 是某高层住宅工程生活阳台防护栏杆设计，栏杆高度从楼地面至扶手顶面垂直高度为 1.10m。

2　问题：

该栏板由于局部有镂空部分，该处形成可踏面，阳台栏杆的高度未从可踏面起算，存在安全问题，严重违反规范。

3　点评：

根据《民用建筑设计通则》（GB 50352—2005）6.6.3 条注规定：如栏杆底部有宽度大于或等于 0.22m，且高度低于或等于 0.45m 的窗台的可踏部位，栏杆的高度，应从可踏部位起计算。保证净高达到规范规定防护高度，防止人们不慎坠落。

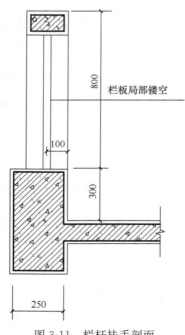

图 3-11　栏杆扶手剖面

案例 3-12

1 工程概况：

图 3-12 是图纸审查中发现的几种放置花盆的阳台栏板形式：

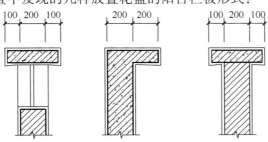

图 3-12 典型阳台栏杆扶手剖面

2 问题：

图 3-12 中的几种放置花盆的阳台栏板设计形式，均未采取防坠落措施。均不符合《住宅设计规范》（GB 50096—2011）5.6.2 条的规定。

3 点评：

阳台栏杆扶手设计多选用建筑标准图，其扶手宽度可放置花盆均未采取防坠落措施，起大风或人们活动不慎时，会造成花盆等坠落伤人事故，具有较大的安全隐患，违反了强条，应引起设计人员的重视。

案例 3-13

1 工程概况：

图 3-13 是施工图审查过程中发现的两种住宅卫生间布置缺陷：

2 问题：

《住宅设计规范》（GB 50096—2011）6.8.1 条规定，无外窗的卫生间，应设置有防回流构造的排气通风道，并预留安装排气机械的位置和条件。本案例（图 3-13a）中，无外窗的住户卫生间均将外窗开向封闭楼梯间内，而没有设置排气通风道等措施，违反了上述条款。同时，根据《建筑设计防火规范》（GB 50016—2014）6.4.2 条规定：封闭楼梯除楼梯间的出入口和外窗外，楼梯间的墙上不应开设其他门、窗、洞口。显然，本案例（图 3-13a）卫生间设计不符合国家强制性防火规范的规定。

《住宅设计规范》（GB 50096—2011）5.4.4 条规定，卫生间不应直接布置在下层住户的卧室、起居室（厅）和厨房的上层。本案例（图 3-13b）中，有一卫生间局部布置在下

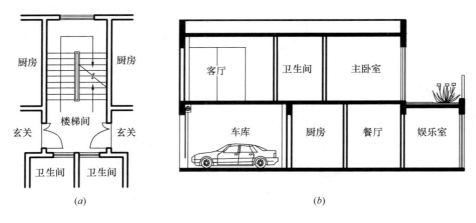

图 3-13 卫生间布置缺陷

（a）住宅户型局部平面；（b）住宅户型剖面

层住户厨房的上方，故不符合该条款的要求。

3 点评：

住宅内卫生间的外窗开向封闭楼梯，主要是设计人员对封闭楼梯间内环境及防火设计重视不够。封闭楼梯间也属于住宅的室内空间，本案例中将没有排气通风的卫生间的窗开向封闭楼梯间，使用中会造成该楼梯间的空气污染。同时，封闭楼梯间也是住宅发生火灾时，用于逃生的通道，为了保证其疏散安全，《建筑设计防火规范》的上述条文，做了强制性规定。

卫生间的地面防水，因施工质量等问题，往往发生漏水现象，同时管道噪声、水管冷凝水下滴等现象均较严重，故《住宅设计规范》（GB 50096—2011）第 5.4 项有相关规定。本案例中卫生间虽然只有局部位于下层住户厨房的上方，即便是地漏、排水弯管的设置均避开了下层的厨房，亦会在使用中存在因上层卫生间的翻修、使用造成下层住户厨房污染等问题，引起邻里纠纷。

案例 3-14

1 工程概况：

图 3-14 是某商业大楼的商场公共疏散楼梯：

2 问题：

《商店建筑设计规范》（JGJ 48—2014）第 5.2.3 条要求，商店营业厅的疏散门应为平开门，且应向疏散方向开启，其净宽不应小于 1.40m，并不宜设置门槛。本案例商业楼的商用楼梯间，其梯段宽为 1.350m，不满足《商店建筑设计规范》（JGJ 48—2014）的要求。

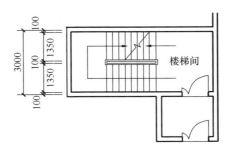

图 3-14 某商场楼梯大样

3 点评：

一般规模不大的商住楼为节省面积，商业部分的楼梯间的开间尺寸选择较小，本案例楼梯间开间为 3.0m，其墙面至扶手中心线的宽度为 1.350m，不满足 1.40m 的要求。

案例 3-15

1 工程概况：

某饮食建筑，在西端和东端各有一部开敞楼梯间，1 层布置有厨房、水泵房、配电房，还有一个装有 1MPa 的蒸汽锅炉的锅炉房，锅炉房紧连厨房，有管道通过间隔墙进入厨房。

2 层除部分作配餐间外，其余均为餐厅，餐饮厨房没有设置厕所和洗手池等相应设施，厨房内部也没有主、副食品加工、备餐、餐具洗存等工艺流程布置。

2 问题：

《饮食建筑设计规范》（JGJ 64—89）第 3.2.7 条第 1 款规定：①一、二级餐馆应设洗手间和厕所……一、二级食堂和餐厅内应设洗手池和洗碗池，本食堂均未设；②厨房与饮食制作，应按原料处理，主、副食加工、备餐、食具洗存等工艺流程合理布置。本厨房设计中均无表示。

《锅炉房设计规范》（GB 50041—2008）第 5.1.4 条规定：锅炉房严禁设在人员密集场所的上面、下面、贴邻和主要通道的两旁。本设计将具有一定压力的蒸汽锅炉房紧邻厨房设置，上面是餐厅的楼板而不是能泄压的轻型屋盖，一旦发生了事故，后果不堪设想。

《建筑设计防火规范》（GB 50016—2014）第 5.5.21 条规定：民用建筑中的楼梯的总宽度，应根据疏散人数及相关规定的净宽度指标计算，一、二级耐火等级的一、二层建筑每百人需要 0～65m 宽，楼梯间疏散宽度应为 5.9m。本食堂楼梯内总宽度实为 3.5m，不能满足规范规定的疏散宽度要求。

3 点评：

应将锅炉房从食堂中迁出，另行择地修建，这样与之相关的问题都不复存在。

楼层食堂疏散宽度问题，应根据实际用餐人数增加疏散宽度，或在适当位置增设一个室外疏散楼梯，这样既不改动原有设计，又解决了疏散宽度不足的问题。

应根据就餐人员数量增设公共卫生间和洗碗池，以满足其使用功能。

厨房宜布置一个工艺流程示意，区分生熟切、加工洗切、蒸煮烹调，排水沟走向、排烟设施等，以便设备工种配合设计。

案例 3-16

1 工程概况：

某小学校区内有工业用架空高压输电线穿过，如图 3-16 所示：

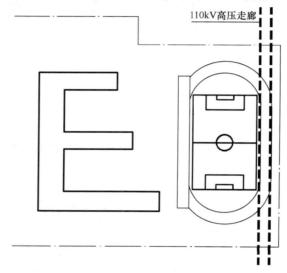

图 3-16 某工矿配套区小学总平面图

2 问题：

《中小学校设计规范》（GB 50099—2011）第 4.1.8 条规定：高压电线、长输天然气管道、输油管道严禁穿越或跨越学校校园。本案例中小学校区内有 110kV 高压线穿过，虽与教学楼的水平距离较远且其下无建筑，但仍与上述条款规定不符。

3 点评：

校区内如果有架空高压线过境，很难避免发生触电事故，学生的人身安全无法保障。校址应远离架空高压线影响范围内。《城市电力规划规范》（GB 50293—1999）第 7.5.5 条（表 7.5.5）规定，110kV 高压架空线路走廊宽度为 15～25m。校址选择应以此规定为依据。

案例 3-17

1 工程概况：

某幼儿园设计设于高层住宅底部及与之相连的裙房内，3层，建筑面积约1200m²。

2 问题：

1处安全出口。在同一安全出口处并排设有相距仅1.0m的二樘外门，不符合只设1个安全出口的条件，且安全出口外门未向疏散方向开启。底层幼儿活动室、寝室位于袋形走道尽端，房间门到安全出口距离超过25.0m。

3 点评：

在同一安全出口处并排设有相距仅1.0m的二樘外门，不符合2个安全出口或疏散出口最近边缘之间的水平距离不应小于5.0m的规定。不能视为2个安全出口。且安全出口外门未向疏散方向开启。底层幼儿活动室、寝室位于袋形走道尽端，其房间门到安全出口距离超过25.0m。不符合《建筑设计防火规范》（GB 50016—2014）5.5.17条表5.5.17的规定。显然，此案例在防火安全疏散上都存在问题。

案例 3-18

1 工程概况：

某医院4层，总建筑面积6310m²。1～3层为门诊的诊断室、治疗室、检查室、药房，其中一层还设有急诊；4层局部为病房、手术室及医院办公用房。设有2台医用电梯、3座疏散楼梯。

2 问题及点评：

在电梯处没有形成前室。"每层电梯间应设前室，由走道通向前室的门，应为向疏散方向开启的乙级防火门"，是《工程建设标准强制性条文》中，对原《综合医院建筑设计规范》（JGJ 49—1988）的第4.0.4条新增加条文，其目的在于保证病人的疏散。电梯间没有前室，对烟火没有阻隔作用，在发生火灾时产生的浓烟，使病人的安全疏散得不到保障。

一层的X光机诊断室部分无防护措施，仅在图纸上写明"X光机室装修另定"。X光机诊断室的内、外墙面的墙体材料分别是厚200mm及250mm的加气混凝土墙体，是无防辐射功能的多孔材料。X光机诊断室的外墙窗户为上、下连通的玻璃幕墙，内墙则用带亮子木门、塑钢玻璃推拉窗。以上的墙体、门窗均无防御辐射功能，形成不了防护屏蔽，靠装修是不能解决问题的。另外如果X光机诊断室直接上层有用房时，还要做好顶棚的防护措施。X光机诊断室在设计图纸中，若不设计安全可靠的防护措施，将会造成损害医护及病人健康的严重后果。

案例 3-19

1 工程概况：

某商业和高层住宅楼总建筑面积 91150m²，包括 3 栋高层住宅，分别有 25、27、29 层，住宅总建筑面积 66530m²。2 层裙房面积共 11560m²，均为商业建筑。地下二层为车库，面积 13340m²，裙房顶为屋顶花园，供高层住宅住户休闲用。

2 问题：

该设计主要问题如下：

高层住宅与 2 层裙房（商场）合用部分疏散楼梯。这样共用疏散楼梯间的设计无论是按《建筑设计防火规范》（GB 50016—2014）5.4.10 条还是按《住宅设计规范》（GB 50096—2011）6.10.4 条均是不允许的。

按《商店建筑设计规范》（JGJ 48—2014）第 5.2.3 条规定：商店营业厅的疏散门应为平开门，且应向疏散方向开启，其净宽不应小于 1.40m，并不宜设置门槛。该设计有两处公用疏散楼梯，梯段净宽仅为 1.30m。

2 层商场疏散楼梯在第二层中，为封闭楼梯，但在底层直接开向营业厅，未作封闭处理，不符合《建筑设计防火规范》（GB 50016—2014）5.5.12 条规定的裙房应设封闭楼梯间。也不符合《建筑设计防火规范》（GB 50016—2014）第 6.4.2 条第 4 款规定的楼梯间的首层紧接主要出口时，应作扩大的封闭楼梯间的要求。

第二层商场疏散楼梯间总宽度不够。第二层商场营业部分面积为 2278.35m²，按《商店建筑设计规范》（JGJ 48—2014）4.2.6 条规定，定额标准为每顾客占 1.35m²，则 2278.35/1.35＝1687.66 人。再按《建筑设计防火规范》（GB 50016—2014）5.5.21 条规定，每层疏散楼梯总宽度应按其通过人数每 100 人不小于 0.65m 计算，则第二层疏散楼梯总宽度应为 10.977m，而设计第二层楼疏散楼梯总宽仅为 8.675m，与规范要求相差甚远。

3 点评：

以上问题均属违反安全疏散方面的强条问题，如不修改设计，则必存在安全隐患。

案例 3-20

1 工程概况：

某工程地上 11 层 37m 高，地下 1 层。每层建筑面积约 2610m²，系一类高层民用建筑，耐火等级设计确定为一级，地上每层分为 2 个防火分区，地下层分为 5 个防火分区。

2 问题：

（1）主要建筑构件的耐火极限和燃烧性能方面：

该设计未确定建筑内部各类墙体的材质和厚度，如防火墙、疏散楼梯间墙、疏散通道侧墙、电梯井道和管道井隔墙，各类不同功能用房之间的隔墙等。

建筑内的疏散通道、门厅和防烟前室的吊顶，设计采用矿棉装饰（吊顶龙骨等材质未交待），其燃烧性能等级为 B_1 级，用于安全出口的门厅不满足《建筑内部装修设计防火规范》（GB 50222—1995）3.1.13 条的要求。

（2）防火分区及防火建筑构造方面：

相邻防火分区间防火墙端部两侧外窗窗口的水平距离没有满足规范规定的最小距离。

各楼层的楼面变形缝未作防火构造设计（无变形缝详图）。

建筑外墙的跨层竖窗和玻璃幕墙，在上下楼层间未按规范规定作防火构造设计。

各类竖向管井未按规范规定设计防火分隔，且检修门采用普通木门（应为丙级防火门）。

（3）安全疏散方面：

第十层的"新技术开发机房"位于走道端部，距疏散楼梯间的距离达 33m，超过规范规定的 20m。

地下室楼梯间与地面建筑共用，在首层楼梯间内未按规范规定设置防火隔墙和防火门，也未设明显的标志。

（4）消防设施方面：

消防电梯前室的门口未按规范规定设计挡水设施。

消防泵房的门未按规范规定设计甲级防火（设计为普通木门），泵房隔墙未交待墙体材质或耐火极限。

3 点评：

建筑耐火等级是抵抗火灾的能力，如主要建筑构件的耐火极限和燃烧性能等级低于该建筑耐火等级的规定，就是降低了建筑物的耐火等级，从而降低了建筑物防火抗灾的能力。

由于防火分区间未按规定作防火构造设计，一旦起火，火势易在各建筑内迅速蔓延，烟气迅速扩散。

由于疏散距离过长和疏散路线上存在误导，一旦发生火灾，人员就不能在允许疏散时间内到达安全地带。

如果有大量消防用水进入消防电梯井道，就会损坏安装在井壁上的专用操纵按钮，使电梯无法操控，消防人员和器材就无法及时到达上层火灾现场。消防泵房内水泵机组如果受火灾破坏，就不能在火灾延续时间内供水。

案例 3-21

1 工程概况：

某小区会所设于 3 栋高层住宅裙房内，按一类高层建筑、耐火等级一级设计，会所 2

层，建筑面积 6430m²，由商店、健身、娱乐、物业管理、办公等用房组成。采用钢筋混凝土框架结构，加气混凝土砌块填充墙。

2 问题：

经审查发现存在如下问题：

该会所为高层住宅楼的服务性公共建筑部分，底层为商场，二层分别设有健身、文化娱乐和办公等用房，本设计将会所中两个封闭楼梯间底层的安全疏散门直接开向商场，不符合《建筑设计防火规范》（GB 50016—2014）第 5.5.17 条第 2 款的规定。

会所中，中庭净高 14m、第三层的内走道长度 23m，均未按《建筑设计防火规范》（GB 50016—2014）8.5.3 条的规定设计机械排烟设施。

商场位于住宅的底层，本设计文件中未按《住宅设计规范》（GB 50096—2011）6.10.1 条对商店经营存放物品和经营性质等加以规定。

3 点评：

规范规定楼梯间的疏散门直接通向室外的目的，在于提高封闭楼梯间的安全度，以保障火灾时各类人员的安全疏散，如果将会所内封闭楼梯间的疏散门直接开向商店，并与商店共用一个对外出口，一旦发生火灾，就可能造成楼梯间疏散门的堵塞，影响人员的安全疏散。

由于上述部位不能采用自然排烟，又未设计机械排烟系统，当火灾发生时，高温烟气会很快充满作为安全疏散通道的内走道和中庭，会给消防扑救和人员疏散造成困难。

根据火灾现场调查，多数伤亡人员是在高温烟气下窒息而死或失去逃生能力的，所以如果设计采用自然排烟，外窗的可开启面积应达到规范规定的最低要求。

根据规范规定，住宅建筑内严禁布置存放和使用火灾危险性为甲、乙类物品的商店、仓库，并不应布置产生噪声、振动和污染环境卫生的商店和娱乐设施。

案例 3-22

1 工程概况：

某大型城市综合体总建筑面积 213660m²，是由数幢高层建筑组合而成的大型建筑群体，大面积的双层地下室及 2 层裙楼把 6 栋高层建筑联成一体。空间组合采用围合式布局，中间是中央大庭院。

2 问题：

本建筑面积较大，平面关系较复杂，经审查发现存在如下几个典型问题：

问题一、一栋 50m 的两个单元拼接的住宅，每单元设置一个疏散楼梯，其中一个单元的楼梯间由于造型需要不出屋面。

问题二、地下 1、2 层防烟楼梯间合用前室的门，因人防需要设了人防的防护密闭门。

3 点评：

新版《建筑设计防火规范》（GB 50016—2014）5.5.26 明确规定：建筑高度大于 27m，但不大于 54m 的住宅建筑，每个单元设置一座疏散楼梯时，疏散楼梯应通至屋面，且单元之间的疏散楼梯应能通过屋面连通，户门应采用乙级防火门。当不能通至屋面或不能通过屋面连通时，应设置 2 个安全出口。这与旧版的相关规定做了较大的调整，需要引起设计人员的重视。

本设计地下 1、2 层防烟楼梯间合用前室的门应为自行关闭的乙级防火门。该门洞因人防需要设了人防的防护密闭门。众所周知，人防密闭门的材料是钢筋混凝土，非常重、很难推动，更不能自行关闭（平时是常开的状态），所以起不到防火防烟的作用。装了人防门不装防火门这类情况比较多，其实这个问题还是比较容易解决的，即使平时装了人防门，还是可以再装防火门，临战时只需拆除防火门，就可以关闭人防门，达到平战结合的效果。

案例 3-23

1 工程概况：

某大学校区食堂，总建筑面积 4375m²，建筑高度 17.90m²，耐火等级为一级；一、二层为普通食堂，三层为自助餐厅，四层为多功能厅。其中多功能厅大厅建筑面积 698.58m²，桌球室 65.34m²，咖啡厅 160.38m²，还有洗衣房、宿舍等，不算楼梯间的建筑面积为 924.50m²。

2 问题：

四层多功能厅设计中的建筑面积 698.58m²，超过 400m²，不符合《建筑设计防火规范》（GB 50016—2014）5.4.8.1 条的要求；如果多功能厅为含具有卡拉 OK 厅功能的餐厅，宜设置在一、二级耐火等级建筑内的首层、二层或三层的靠外墙部位，当必须设置在建筑的其他楼层时，尚应符合：（1）一个厅、室的建筑面积不应大于 200m²；（2）应设置防烟、排烟设施等规定。

3 点评：

近年来，歌舞、娱乐、放映、游艺场，火灾多发且造成群死、群伤，为了保证安全，减少财产损失，对此类建筑作出相应的严格规定，建筑面积的限定 200m²，是为了将火灾限制在一定的区域内，减少人员死亡。大多数火灾案例表明，人员死亡绝大部分都是因为火灾时吸入有毒烟气窒息而死，因此要求防烟、排烟。

案例 3-24

1 工程概况：

某高层住宅，由三栋住宅塔楼及一层商业服务网点组成，总建筑面积 19690m²，层数为地上 27 层，地下 2 层。

2 问题：

原设计用地四周为多层建筑，有一条 3.0m 宽的现状通道，设计人员将此通道与高层建筑消防车道共用，且未设计成环型。其消防车道的设计不符合规范要求。

3 点评：

《建筑设计防火规范》（GB 50016—2014）7.1.2 条规定："高层民用建筑，应设置环形消防车道，确有困难时，可沿建筑的两个长边设置消防车道"。7.1.8 条规定："消防通道的净宽不应小于 4.00m，且消防车道距高层建筑外墙宜大于 5.00m，可供大型消防车蹬高作业，同时消防通道的承载力也有相应的要求"。本案消防车道的设计均不符合规范要求。若不满足这些要求，火灾发生时，消防车无法靠近建筑物，会延误火灾扑救时机。对于高层建筑的火灾危险性较大，且建筑面积、使用人数均较大，一旦发生火灾，扑救难度相比多层建筑亦较大，所以在实际工程设计中，对于消防车道的设计一定要严格按规范设置，特别是要避免由于局部细节设计的缺陷导致消防车道无法满足消防车的操作需要，形同虚设。

案例 3-25

1 工程概况：

某知名品牌汽车 4S 店，总用地面积 15970m²，建筑面积 4690m²，4 层，其中销售展览中心 2950m²。底层为汽车测试大厅和展览销售大厅；二楼设有销售办公室、图书室；三楼及以上有会议室、写字间。维修中心紧贴销售中心，共 2 层，面积 1990m²。底层为检修中心（维修车位大于 15 辆），二楼除了有汽车配件仓库外，还有定员 30 人的技术培训室、理论教课等。

2 问题：

经审查发现该建筑规模虽然小，但涉及强制性条文的范围却比较广。其中尤为严重的是汽车维修中心（属于Ⅰ类修车库）与销售展览中心紧贴并有大门相通，二楼还设置定员有 30 人以上的培训中心。这样的布局违反了《汽车库、修车库、停车场设计防火规范》（GB 50067—2014）4.1.6 条的规定：Ⅰ类修车库应独立建造。

3 点评：

Ⅰ类修车库的特点是车位多、维修任务大，往往包括很多工种，如用汽油清洗零件，喷漆时使用有机溶剂等，火灾危险性大。如果设计的布局不进行修改，一旦发生火灾，不仅危及二楼的培训中心，还影响到贴邻的销售展览中心及其楼上的销售办公室、图书室、写字间等，造成较大的人员伤亡和财产损失。

案例 3-26

1 工程概况：

某职业培训机构培训教室，局部一层，建筑面积 390m²，设有四个安全出口，其中一个安全出口如图 3-26 所示：

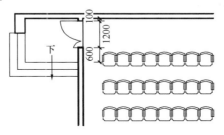

图 3-26 某培训中心教室

2 问题：

《建筑设计防火规范》（GB 50016—2014）第 5.5.19 条规定："人员密集的公共场所、观众厅的疏散门不应设置门槛，其净宽度不应小于 1.40m，紧靠门口 1.40m 内不应设置踏步。"

本工程门洞宽度 1.20m，距门口 1.40m 内设有踏步，均不符合上述规定。

3 点评：

本条文的规定是为了保证安全疏散，在火灾发生的时候，人们慌不择路，极易发生摔倒及踩踏，造成疏散通道堵塞，疏散门不设门槛，有较大的宽度，踏步距门边保持一定的距离，均为安全疏散的有利保证，如有违反就存在着安全隐患，火灾时可能带来人身伤害。

案例 3-27

1 工程概况：

某政府机关办公楼，三层，局部五层，总建筑面积 3390m²，局部高处部分四层为会议室、五层为活动室，每层建筑面积 310m²。见图 3-27。

2 问题：

《建筑设计防火规范》（GB 50016—2014）第 5.5.11 条规定，设置不少于 2 个疏散楼梯的一、二级耐火等级的公共建筑，如顶层局部升高时，其高出部分的层数不应超过 2 层，人数之和不超过 50 人且每层面积不超过 200m² 时，高出部分可设 1 部疏散楼梯，但

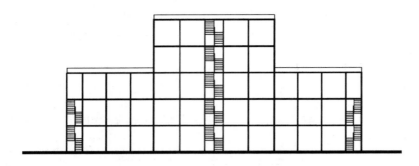

图 3-27 某办公楼剖面示意图

至少应另设置 1 个直通平屋建筑主体上人平屋面的安全出口，且上人平屋面应符合人员安全疏散的要求。

本工程为二级耐火等级公共建筑，局部升高 2 层，每层面积 310m²，人数超过 50 人，设 1 个楼梯与上述条款要求不符。

3 点评：

本工程局部升高部分的每层面积超过 200m²，人数也超过 50 人，在功能上为会议室、活动室。高出部分设 1 个楼梯出口，不满足安全疏散要求。此种问题多在一些小型办公楼中出现。

案例 3-28

1 工程概况：

某娱乐场所营业厅，建筑面积 150m²，平面布置如图 3-28 所示：

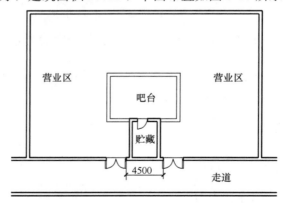

图 3-28 某歌舞娱乐场所平面示意图

2 问题：

《建筑设计防火规范》（GB 50016—2014）5.5.2 条规定："建筑中的安全出口或疏散出口应分散布置，建筑中相邻 2 个安全出口或疏散出口最近边缘之间的水平距离不应小于

5.0m。"

本工程的营业区围绕服务区布置，节省了面积，平面布局较为紧凑，从营业区内部来看，两个出入口较为分散，但从其总体布局来看，是不符合上述规范条款规定的。

3 点评：

本娱乐厅不符合"允许只设1个门"的规定，必须设置不少于2个疏散出口，但由于本案所设的2个门相距过近，一旦发生火灾，易导致两个疏散出口同失去作用，故不能视为符合规范要求。

案例 3-29

1 工程概况：

某城市综合体地下3层，地上三栋塔楼分别为15层、19层和21层，中间有3层裙房连接体。1～3层均为商场，四层及以上有办公、住宅，总建筑面积约91660m²，总建筑高度分别为54.0m、66.3m、72.5m。属一类高层建筑，一级耐火等级。

2 问题：

一类建筑未设置防烟楼梯间，防烟楼梯间应设前室、阳台或凹廊。部分地下室的楼梯没有设置直接对外的出口，并且地下、地上共用楼梯时未设置隔墙和乙级防火门。商场与办公部分，竖向功能分区混杂。楼梯、电梯混用，建设单位认为方便、省梯，因此造成住宅区使用的楼梯、电梯在办公、商场区亦设门，而办公区使用的楼梯、电梯也在商场区设门，交通混乱。

3 点评：

高层建筑，尤其是一类高层建筑，垂直疏散距离很大，楼梯间火灾时作为主要垂直交通，一旦发生火灾，是人员疏散的唯一安全通道。《建筑设计防火规范》（GB 50016—2014）5.5.12条规定："一类高层建筑疏散楼梯应采用防烟楼梯间。"前室不仅起防烟作用，疏散时人员必须先进防烟前室，既能保证前室内的人员安全，又能减缓楼梯间的拥挤程度，保证楼梯间和前室的畅通无阻，这样才能保障火灾时人员疏散的安全。地下、地上合用楼梯间，如果没有进行有效的分隔（设防火墙、防火门）容易造成地下火灾蔓延到地上，地上人员疏散时又会误入地下室，将会扩大火灾区域或造成疏散混乱。不符合《建筑设计防火规范》（GB 50016—2014）6.4.4条第3款的规定。住宅、商场与办公合用垂直交通，平时使用就不便利、不安全，火灾时更会造成混乱、阻塞。此设计不仅违反《建筑设计防火规范》（GB 50016—2014）5.4.10条的规定，还违反了《住宅设计规范》（GB 50096—2011）6.10.4条、《商店建筑设计规范》（JGJ 48—2014）5.1.4条和《办公建筑设计规范》（JGJ 67—2006）5.0.3条的规定。

案例 3-30

1 工程概况：

某住宅小区的工程设计人员，不理解剪刀楼梯的设置原理，在设计中依照普通楼梯的画法，出现剪刀楼设计不合格，在防火疏散起不到两个安全出口的作用。见图 3-30。

图 3-30 某住宅楼剪刀梯平面图
（a）正确作法；（b）顶层的错误分隔；（c）剪刀梯未分隔

2 问题：

《建筑设计防火规范》（GB 50016—2014）5.5.28 条规定："住宅单元的疏散楼梯，当分别设置确有困难且任一户门至最近疏散楼梯间入口的距离不大于 10m 时，可采用剪刀楼梯间，但应符合下列规定：2 梯段之间应设置耐火极限不低于 1.00h 的防火隔墙。"本案例中，在剪刀梯段中间，部分设计人员采用栏杆形式，也有的在两梯跑中间虽采用了实心墙，但在顶层水平段平台处采用栏杆，以上两种设计都是错误的，这样的处理方式，就将 2 个楼梯空间混为一体，没有起到 2 个安全出口的作用，与规范要求不符。

3 点评：

采用剪刀楼梯对于节约平面空间，无疑是一种很好的选择。在三维空间上，剪刀梯是 2 部互不连通、各自独立的楼梯，2 部梯像麻花一样绞在一起。若在两个梯段中间采用栏杆形式，使两梯空间相互连通，失火时烟火相互渗透，起不到 2 个安全出口作用。

案例 3-31

1 工程概况：

某住宅工程为 5 栋 15 层高层住宅，底部设计有停小汽车的半地下车库，总建筑面积

96710m²。底层半地下车库为保持良好的通风，设侧面采光、通风的洞口。

2 问题：

按《汽车库、修车库、停车场设计防火规范》（GB 50067—2014）5.1.6 条规定，汽车库外墙门窗洞口的上方，应设置不燃烧体的防火挑檐，防火挑檐的宽度不应小于 1.0m，耐火极限不应低于 1.0h。或者是外墙上、下门窗洞口的窗间墙的高度不应小于 1.2m。其目的是防止设在建筑物地下或下部的汽车库，一旦发生火灾阻止火灾向上蔓延、扩大。

3 点评：

该项目设计单位未能按规范要求进行设计，工程建成后，底层半地下汽车库一旦失火，火势便顺着汽车库外墙的开口部分向上面几层蔓延，势必造成部分住户、人员伤亡及则产的损失。

强条的要求是体现工程安全的最低要求。如有违反，就会留下安全隐患。

案例 3-32

1 工程概况：

某办公楼地上 13 层，地下 2 层车库，结合地下车库局部修建人防，总建筑面积 17600m²，塔楼疏散楼梯直通地下室，局部平面如图 3-32 所示：

2 问题：

《建筑设计防火规范》（GB 50016—2014）6.4.4 条第 3 款规定，地下室或半地下室与地上部分不应共用楼梯间，确需共用楼梯间时，应在首层采用耐火极限不低于 2.00h 的防火隔墙和乙级防火门将地下室或半地下室部分与地上部分的连通部分完全分隔，并应设置明显的标志。此案例存在两个问题：

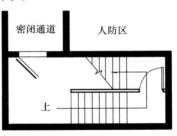

图 3-32　楼梯间地下室平面图

（1）地下层的出口处未设防火门，与上述条款规定不符。

（2）该楼梯与地上层共用楼梯间，楼梯隔墙上的门未设为乙级防火门且未设在首层出入口处，与上述规定不符。

3 点评：

地下层疏散楼梯间应为封闭楼梯间，地下层入口处应为乙级防火门，人防门不具备防火门功能要求。地下层与楼梯间没有进行有效的分隔。

防火门设置部位不对，未设置在首层出口处，仍易导致上面人员在疏散时误入地下层。

案例 3-33

1 工程概况：

某别墅区烟囱出屋面的几种情况（见图 3-33）：

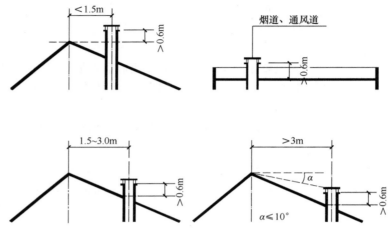

图 3-33 烟道、通风道出屋面示意图

2 问题：

《民用建筑设计通则》（GB 50352—2005）6.14.4 条规定，烟道和通风道应伸出屋面，伸出高度应有利烟气扩散，并应根据屋面形式、排出口周围遮挡物的高度、距离和积雪深度确定。平屋面伸出高度不得小于 0.60m，且不得低于女儿墙的高度。坡屋面伸出高度应符合下列规定：

烟道和通风道中心线距屋脊小于 1.50m 时，应高出屋脊 0.60m；烟道和通风道中心线距屋脊 1.50～3.0m 时，应高于屋脊，且伸出屋面高度不得小于 0.60m；烟道和通风道中心线趴屋脊大于 3.0m 时，其顶部同屋脊的连线同水平线之间的夹角不应大于 10°，且伸出屋面高度不得小于 0.60m。坡屋面烟囱设计选用标准图集时，故明确交待烟囱的设计高度。

3 点评：

该烟囱设计只简单选用标准图集，而未考虑到其距离屋脊很近，仅仅高出屋面，对于烟囱的排烟效果是很不利的。因此，在设计坡屋面的烟囱高度时，不能简单的选用标准图集，而应该根据工程的具体情况按规范的具体条款要求，设计烟囱的高度。另外，烟囱的计算高度应计算至排烟口下缘，所以，对于通风道、烟道的设计应留足余地。

案例 3-34

1 工程概况：

某退台式住宅局部平面如图 3-34 所示：

2 问题：

《城镇燃气设计规范》第 10.7.7 条之（4）规定，当用气设备的烟囱伸出室外时，其高度应符合"在任何情况下，烟囱应高出屋面 0.6m"的要求。《民用建筑设计通则》（GB 50352—2005）第 6.14.4 条对建筑烟道和通风道应伸出屋面有相关规定。

3 点评：

在设计中，如果烟囱直接伸出顶层屋面，按照标准图集选用，就能够满足规范要求，不会发生任何问题。但是，在住宅进行局部退台处理时，如果仍然按照标准图集的做法直接选用，就会出现"烟囱长在露台上"的问题。因此，在进行此类住宅设计时，应该予以注意。在退台处理所露出的露台或阳台处，下方是否布置有厨房，如果有，就要着重交待厨房排烟道的出屋面做法，可调整烟囱在厨房中的位置或升高烟囱的高度，保证烟囱高出顶层屋面，以避免此类问题的出现。

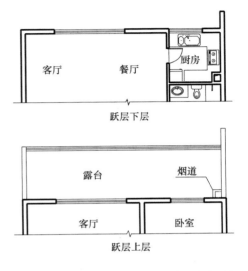

图 3-34 某复式住宅烟囱设置存在的问题

案例 3-35

1 工程概况：

某综合体建筑，地下 1 层，地上 3 层裙房。裙房部分为购物中心，建筑面积 51330m²。高层塔楼部分为一栋办公楼，建筑面积 33910m²，23 层。

2 问题：

该综合办公楼的建筑专业图纸在地下室东南角有一座通往地上 1 层的疏散楼梯，而暖通专业图纸中没有这座楼梯，并且在 -1.6m 处有排烟管道在楼梯的中间平台上方通过，使得楼梯平台上部净高小于 2m，与《民用建筑设计通则》（GB 50352—2005）6.7.5 条第 5 款不符。

因为该购物中心超市每层的建筑面积均超过 10000m²，分为几个防火分区，防火分区分隔处有些是采用特级防火卷帘代替防火墙。在审查中发现，给水排水及暖通专业的管道均穿越了防火卷帘，使得防火卷帘不能动作，与《建筑设计防火规范》（GB 50016—

2014）第 6.1.6 条不符。

3 点评：

由于目前市场原因，施工图设计的工期往往没有满足规定的周期要求，各专业之间的协调不够，某一专业在设计过程中作了局部修改，又没有及时通知其他专业，就会产生一些错误和疏漏。因此，在施工图审查过程中，各专业审查工程师应能相互配合，从而发现设计文件中，各专业之间的这一类问题，以保证审查工作和设计一工作的质量。

另外，设计单位在做施工图设计时，各专业亦应加强协作配合，加强校、审工作，避免设计文件各专业间的错、碰、漏问题。

案例 3-36

1 工程概况；

某综合楼总建筑面积 41310m²，地上 24 层，地下 2 层。框架筒体结构，建筑高度地下室层高 4.5m、4.2m，地上 99.6m。属一类高层建筑。

2 问题：

该工程设计中未完整表达地下防火要求；高层建筑消防水泵房和地下风机房、配电房和消防控制中心均未按规定设直通室外的安全出口；楼层疏散梯出口在一层与商店空间未进行防火分隔，商店安全出口也未与其他部分隔开；双扇、多扇防火门未交待应具有按顺序关闭功能和常开防火门的应具有自行关闭和信号反馈功能；大空间及餐厅人员密集场所的门应按规范要求向疏散方向开启；对钢结构部分的防火涂料及耐火极限未交待；地下汽车库出口视线不满足视线不受遮挡的安全要求；地下汽车库楼梯间门未作平时与战时区别，未按要求设置非战时的乙级防火门。这类问题若不事先纠正，均会在防火安全疏散上造成安全隐患，一旦发生火灾就会危及人民的生命安全，增加消防人员扑救难度，增加灾害的严重程度。

3 点评：

审图中发现的有些问题，是在设计方案阶段就应考虑而未重视所造成的，这必然引起施工图设计阶段大改、大动，甚至不得不改变使用功能，既影响了设计工期，又影响到建筑物功能的完整性。我们更担心在今后使用过程中会擅自更改平面布置和使用功能造成其他隐患。希望建筑师能在业主的配合下在设计全过程中切实注意到强条和"要点"的规定，并将其贯彻在设计的全过程中。

案例 3-37

1 工程概况：

某建筑内的公共厕所剖面布置如图 3-37 所示：

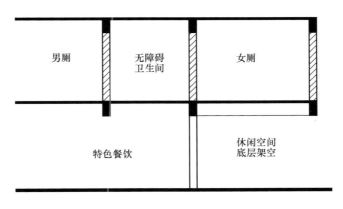

图 3-37 建筑物的厕所不应直接布置在餐厅的上层

2 问题:

《民用建筑设计通则》(GB 50352—2005) 6.5.1 条第 5 款规定:"建筑物内的公用厕所,不应布置在餐厅的直接上层,其楼地面、楼地面沟槽、管道穿楼板及楼板接墙面处应严密防水、防渗漏。"该案例设计的卫生间直接布置在酒吧的上层,且未做防水层,不符合《民用建筑设计通则》(GB 50352—2005) 的要求。

3 点评:

该卫生间除直接布置在酒吧上层不符合《民用建筑设计通则》(GB 50352—2005) 6.5.1 条第 5 款外,卫生间楼地面应采取防渗漏措施,应设置地漏,并做防水层,沿四周墙面上翻一定高度,防止地面、墙面渗漏水,造成对下层酒吧的污染,以符合本条第四款的要求